［ MindSpore计算与应用丛书 ］

MindSpore
科学计算

陈 雷◎编著

[M]S

人民邮电出版社
北 京

图书在版编目（CIP）数据

MindSpore 科学计算 / 陈雷编著. -- 北京 : 人民邮
电出版社, 2025. -- (MindSpore 计算与应用丛书).
ISBN 978-7-115-65401-4

Ⅰ. TP181

中国国家版本馆 CIP 数据核字第 20242C813P 号

内 容 提 要

本书全面、系统地探讨科学计算的背景、机器学习的重要性以及昇思 MindSpore
框架在科学计算中的广泛应用。科学计算作为一门交叉学科，融合了数学、计算机科
学与技术等领域的专业知识，在现代科学研究和工程实践中起着关键作用。本书以
MindSpore 为平台，深入研究这一全场景 AI 框架在科学计算中的探索与实践，通过
对基础理论、行业应用和实际案例的详细介绍，为读者提供全方位的学习和参考资料。

全书共8章，首先详细介绍科学计算的基础理论，包括数学模型、算法原理等，
为读者打下坚实的理论基础。然后，通过 MindSpore 在电磁学、生物计算、流体力学、
气象学、材料化学及量子计算等领域的实际案例，帮助读者深刻理解 MindSpore 在现
实场景中的应用，为未来的科学计算实践提供实际的指导和参考。

本书不仅适合 AI、智能科学与技术、计算机科学与技术、电子信息工程、自动
化等相关专业的本科生和研究生阅读，也可为软件开发工程师和科研人员提供深入了
解 MindSpore 框架及其实践的丰富资料。

◆ 编　著　陈　雷
　　责任编辑　郭　家
　　责任印制　马振武
◆ 人民邮电出版社出版发行　　北京市丰台区成寿寺路 11 号
　　邮编　100164　　电子邮件　315@ptpress.com.cn
　　网址　http://www.ptpress.com.cn
　　固安县铭成印刷有限公司印刷
◆ 开本：787×1092　1/16　　　　彩插：4
　　印张：18.25　　　　　　　　 2025 年 4 月第 1 版
　　字数：489 千字　　　　　　　2025 年 4 月河北第 1 次印刷

定价：109.80 元

读者服务热线：(010) 81055410　印装质量热线：(010) 81055316
反盗版热线：(010) 81055315

专家推荐

很荣幸能够推荐《MindSpore 科学计算》一书。本书作者陈雷深入探讨了科学计算的背景及科学计算如何与机器学习紧密结合，尤其是 MindSpore 框架在科学计算领域的广泛应用。本书不仅涵盖了科学计算的理论基础，还通过详细的行业应用和实践案例，为读者提供全面的学习和参考资料。

当前，人工智能快速发展，深度学习和大语言模型的兴起为社会各个层面带来了深刻的变革。本书正是在这一背景下应运而生，它不仅为工程实践提供了理论指导，也为学界与业界的交流提供了良好的平台。

本书对于科研人员、软件开发工程师及相关专业的本科生和研究生而言是一份宝贵的参考资料。读者将在阅读过程中深入理解 MindSpore 框架及其在各个科学计算领域中的应用，进而提升自己的专业技能。

我相信，《MindSpore 科学计算》将有力推动科学计算与人工智能技术的融合应用，尤其在高性能计算、数据分析以及复杂系统建模等领域，将为研究人员提供重要的工具和资源。

Daehong Tao

澳大利亚科学院院士，南洋理工大学教授　陶大程

《MindSpore 科学计算》是陈雷教授的最新力作，深入探讨了科学计算在人工智能时代的重要性。本书全面介绍了科学计算的背景、基础理论，以及科学计算在电磁学、生物计算、流体力学等多个领域的应用，揭示了科学计算如何在未来加速推动各学科突破，特别是在解决复杂问题和实现跨领域创新方面发挥着至关重要的作用。通过对各个领域

应用实例的深入分析，本书展示了科学计算在各行各业中的潜力，特别是在加速科研与技术创新方面的巨大前景。无论是本科生、研究生，还是科研人员和工程师，都能从本书中获得宝贵的理论指导和实践经验。本书不仅可帮助初学者奠定扎实的理论基础，而且在科研人员和工程师应对日益复杂的科学挑战时能够提供切实可行的解决方案，助力他们在未来的科技发展中抢占先机。

微软亚洲研究院资深首席研究员，ACM Fellow，IEEE Fellow　谢幸

丛书序

在当今信息时代，深度学习和大语言模型等人工智能技术正在对整个社会产生深远的影响，经济、科技到生活的方方面面都得以革新和提升。这种革新不仅是技术上的进步，更是对人类社会发展的重大推动。

其中，深度学习和大语言模型的兴起为社会带来了前所未有的智能化革命。

通过深度学习技术，计算机能够模仿人类的认知过程，从而完成图像识别、语音识别、自然语言处理等复杂任务。这使得各行各业都能够利用人工智能技术实现效率提升和创新突破。人工智能技术为社会的可持续发展提供了巨大的助力。

大语言模型的兴起正在改变人工智能领域的面貌和应用场景。随着大语言模型的不断成熟和发展，人工智能系统的处理能力和智能水平显著提升。这为自然语言处理、推荐系统、医疗健康等领域的应用带来了更广阔的前景和更深层次的变革，推动了人工智能技术的深度融合和广泛应用。

在经济领域，深度学习和大语言模型将推动产业结构优化和经济增长模式的转变，通过智能化的生产、管理和服务，提高资源利用效率和经济效益，助力经济发展进入新的增长阶段。在科技领域，深度学习和大语言模型将推动科学研究和技术创新的突破，通过挖掘大数据的潜力、提高智能算法的能力，推动科技领域的前沿研究和应用创新，为人类社会带来更多的科技成果和福祉。

正是在这样的背景下，"MindSpore 计算与应用丛书"深入探讨了 MindSpore 框架在深度学习、大语言模型和科学计算领域的原理、方法及应用，为读者提供更加系统、全面的学习和实践指导，通过对数据处理、网络构建、分布式并行、性能优化等关键技术的详细介绍，帮助读者深入理解深度学习和大语言模型的核心思想、实现方法，从而将其更好地应用于实际项目和科学研究中。本丛书还整理了丰富的实例代码和案例分析，为读者提供丰富的实践经验和应用指导，帮助读者在人工智能领域取得更大的成就和发展。希望"MindSpore 计算与应用丛书"的出版将有助于推动人工智能技术在各个领域的创新和应用，促进社会的智能化进程和科技发展，为构建智慧社会做出更大的贡献。

陈雷

2024 年 9 月

在这个充满活力和创新的时代，AI（Artificial Intelligence，人工智能）作为一项前沿技术，近年来取得了一系列辉煌成就。AI 不仅深刻地改变了人们的日常生活，还在生物学、医学、物理学、化学等领域发挥着越来越重要的作用。AI 的广泛应用引发了人们的好奇心，让人们纷纷探寻 AI 背后的奥秘。究竟是什么高级技术让 AI 取得了如此辉煌的成就呢？

本书正是为了回答这个问题而创作的。在科学计算这一领域，我们迎来了 MindSpore 这个全场景 AI 框架，它在科学计算领域展开了广泛的探索和实践。在本书中，我们将共同深入研究科学计算和 MindSpore，并看看它们是如何共同推动 AI 发展的。

科学计算的崛起

科学计算作为一门交叉学科，融合了数学、计算机科学与技术等领域的专业知识，致力于解决科学和工程领域中的复杂问题。近年来，随着数据量的急剧增加和计算能力的提升，科学计算的应用范围也得到了扩展。它不只是理论上的概念，而是一种实际可行的工具，可用于解决天文学、气象学、生物学等领域的各种问题。

科学计算的核心思想是通过数值模拟和实验，获取对真实世界中复杂系统行为的理解。从材料科学到流体力学，从生物学到天文学，科学计算无处不在。在科学计算崛起的背景下，MindSpore 的引入使得科学计算更加高效和便捷。MindSpore 作为全场景 AI 框架，具备灵活的自动混合并行能力，为科学计算的实践提供了全新的可能性。

MindSpore 的特色与优势

MindSpore 框架的引入为科学计算注入了新的活力。它凭借多维度自动混合并行能力从众多 AI 框架中脱颖而出，与科学计算相得益彰。它不仅支持当前主流的分布式训练范式，还具备一套自动混合并行解决方案，包括数据并行、算子并行、混合专家模型并行、异构计算等关键技术，使得科研人员和工程师能够更快、更好地构建复杂的科学计算模型。

此外，MindSpore 提供了业界领先的数据集、基础模型、预置高精度模型以及前后处理工具，构建了一整套完备的科学计算行业套件。这些工具的集成不仅提高了科学计算的效率，还使得应用开发变得更加便捷。

本书的结构与内容

本书分为 8 章。首先，本书将深入介绍科学计算的基础理论，以便读者对科学计算有全面认识。然后，本书将聚焦 MindSpore 框架，分析其特点与优势，并解释为何这个框架成为科学计算的理想选择。接下来的章节将围绕 MindSpore 在电磁学、生物计算、流体力学、气象学、材料化学及量子计算等领域的应用实践展开介绍。通过深入的案例研究，本书将揭示 MindSpore 如何应用于不同领域的科学计算场景，并让读者了解其广泛的应用潜力。

本书附带基于 MindSpore 实现的科学计算应用实践的样例代码，旨在帮助读者提升将理论知识转化为实践应用的能力，从而更好地掌握科学计算和 MindSpore 的应用。

读者对象

本书适合各类院校的 AI、智能科学与技术、计算机科学与技术、电子信息工程、自动化等相关专业的本科生和研究生阅读，也可为软件开发工程师和科研人员提供丰富的实践资料。

展望未来

在科学计算与 MindSpore 的实践之路上，我们期待着更多的人加入。随着 AI 技术的不断发展，科学计算将成为推动未来科学研究和工程实践的重要引擎。我们相信，通过学习本书，读者能够更好地理解科学计算和应对科学计算的挑战，为构建更智能、更高效的科学计算模型贡献自己的力量。

与我们一同踏上这段令人兴奋的科学计算之旅，探索 MindSpore 的强大应用，共同推动 AI 的不断进步吧！通过理论和实践的结合，我们可以共同构建一个更智能、更具创新性和可持续性的未来。

目录

第 1 章　导论

▐▃1.1　科学计算的背景

　　科学计算在现代科学研究和工程实践中发挥着重要的作用，为科研人员和工程师提供了强大的工具和方法来理解自然现象、优化设计和实现预测模拟。科学计算的背景可以追溯到20世纪40年代左右，当时计算机技术刚刚起步，科研人员已意识到计算机可以帮助他们解决数值计算和模拟问题。在此之前，科学研究主要依赖于理论分析和实验观测，而数值计算的引入为科学研究提供了一种全新的方法。早期的科学计算主要关注的是通过数值方法来处理数学方程和模型，包括差分法、有限元法、数值积分和数值优化等。这些方法基于离散化和近似来处理复杂的数学方程，从而获得数值解并进行分析和解释。后来，在各个领域逐步形成了计算机学科分支，包括计算力学、计算物理、计算化学、计算生物学、计算地震学等。这些学科利用计算机和数值方法，通过模拟、仿真和数据分析来解决复杂的科学和工程问题，推动了各领域的发展以及技术成果在生产和生活中的应用。

　　从世界上第一台电子计算机 ENIAC 诞生到如今的近80年时间里，计算机的计算速度已提高了上亿倍。早期的电子计算机采用电子管作为计算和存储元件，体积庞大、功耗高、故障率高等问题限制了其广泛应用。随着半导体技术的发展，晶体管取代了电子管，使得电子计算机实现了小型化，且更节能、高效。进入20世纪70年代，个人计算机的出现使得电子计算机更加普及。随后，微处理器的发展推动了计算机的快速发展，使得计算机具备了更高的计算效率和更强大的处理能力。近年来，随着计算机架构的不断创新和并行化计算的应用，如多核处理器和图形处理单元（Graphics Processing Unit，GPU）的诞生，计算机的计算能力和计算效率又得到了大幅提升。同时，云计算和超级计算机的兴起为大规模数据处理和复杂计算提供了强大支持，进一步推动了计算效率的提升。随着计算机硬件和软件技术的不断发展，科学计算进入了一个全新的时代。计算机的计算速度和存储容量大大提高，使得科研人员能够处理更大规模的问题和数据集。传统的物理驱动的方法通常基于物理（化学）原理和数学模型，通过数值方法进行模拟和求解，以获得科学和工程问题的解析结果。然而，随着计算能力的不断增强，科研人员逐渐认识到通过对大规模数据进行处理和分析，可以从数据中挖掘出更多有价值的信息和发现模式。数据驱动的方法注重从大规模数据中挖掘信息、发现模式和预测模拟。它借助机器学习等技术，能够处理复杂的非线性问题和大规模数据，为人们提供了一种全新的视角和工具来应对科学和工程中的挑战。同时，计算机编程语言和科学计算软件的发展也为科学计算的广泛应用提供了便利，科学计算的应用范围日益扩大，涉及物理学、化学、生物学、医学、地球科学、工程学等多个领域，在理论验证、实验设计、数据处理、模型构建和仿真等方面发挥着重要作用。通过科学计算，科研人员能够模拟和预测自然现象，从宏观到微观层面深入研究物理、化学和生物系统等。例如，在天文研究中，科学计算可以帮助天文学家模拟星系的演化和行星的轨道运动；在药物研发中，科学计算可以加速蛋白质类药物筛选和分子动力学模拟进程，研发更有效的治疗方法；在气候监测中，科学计算可以模拟地球的气候系统，预测气候变化的趋势和影响。除了在学术界的应用，科学计算在工业和商业领域也发挥了重要作用。在工程设计和优化中，科学计算可以帮助工程师进行结构分析、流体动力学模拟和材料特性预测等。例如，制药公司利用科学计算来模拟分子结构、预测化合物的生物活性、评估药物相互作用以及进行虚拟筛选，从而加速药物研发进程并降低成本。

本书旨在详细介绍科学计算在电磁学、生物计算、流体力学、气象学、材料化学及量子计算等多个学科中的理论基础和应用实践。上述学科涉及复杂的物理现象和多尺度问题，传统的物理驱动的方法虽然能够利用数值分析等手段对实验结果进行描述，但在某些情况下存在局限性。随着高性能计算机系统的涌现和计算速度的显著提升，科学计算进入了一个全新的时代。数据驱动的方法为模拟和理解复杂现象提供了高效的方式，能够揭示实验现象背后的规律。本书将重点关注电磁学、生物计算、流体力学、气象学、材料化学和量子计算中的科学计算方法和技术的最新进展，通过对物理驱动和数据驱动的方法进行比较、探讨，展示科学计算如何在这些学科中发挥关键作用，为读者理解和解决实际问题提供强大的工具、方法。此外，本书还将探索高性能计算机系统、并行化计算和机器学习等领域的发展对科学计算的影响，展望科学计算在未来流体力学、生物计算和电磁学中的潜在应用和挑战。

▌1.2　科学计算在中国的发展

中国非常重视计算数学和科学计算的发展，并在多个重大项目中给予支持。早在 1956 年制定的《1956—1967 年科学技术发展远景规划》中，计算数学的发展和计算机在科学技术中的应用被同时列为重要的研究方向。这表明中国在部署科技规划早期就已经清楚地认识到了计算数学和科学计算的重要性。20 世纪 70 年代，中国开始发展自己的计算机产业，并在 1983 年推出了第一台自主研制的超级计算机——"银河 -1"。这标志着中国计算机技术发展到了一个新阶段，并为高性能计算的发展奠定了基础。20 世纪 90 年代，科学技术部连续资助了两期"攀登计划"项目，其中之一是"大规模科学与工程计算的方法和理论"。该项目的目标是研究和发展适用于大规模科学和工程计算的方法和理论，以应对日益复杂的科学和工程问题。1999 年起，科学技术部将"大规模科学计算研究""高性能科学计算研究""适应于千万亿次科学计算的新型计算模式"作为 973 计划项目，予以连续支持。2011 年，国家自然科学基金委员会启动了"高性能科学计算的基础算法与可计算建模"重大研究计划。该计划致力于解决基础算法和实际问题解决之间的"两张皮"问题，研究领域涉及计算数学、计算物理、计算力学、材料科学、生物信息学等。

2015 年 4 月，美国政府宣布，把与超级计算机相关的 4 家中国机构列入限制出口名单，目的就在于通过限售，限制中国超级计算机快速发展的脚步。科学技术部、工业和信息化部通过"核高基"重大专项，支持国产核心电子器件、高端通用芯片及基础软件产品的研发。"申威 26010"就是该专项的重大研究成果，并成功应用于"神威·太湖之光"超级计算机。"神威·太湖之光"位于清华大学委托运营的国家超级计算无锡中心，能够提供超级计算资源和技术支持。2017 年 6 月，在德国法兰克福召开的国际超级计算大会（ISC2017）上，"神威·太湖之光"超级计算机以每秒 12.5 亿亿次的峰值计算能力以及每秒 9.3 亿亿次的持续计算能力，再次斩获世界超级计算机排名榜单 TOP500 第一名，实现三连冠。"神威·太湖之光"具有强大的计算能力，可用于解决复杂的科学和工程问题，已在众多领域应用。中国于 2016 年启动了国家重点研发计划"高性能计算"重点专项。该重点专项在高性能计算应用方面启动了 2 个数值装置、4 个行业与领域应用软件和 1 个应用软件编程框架的研发，4 个并行应用软件覆盖复杂工程力学、流体机械设计、海洋环境数值模拟和材料科学等领域。此外，该重点专项推动了 3 个 E 级（百亿亿次级）原型机系统的建设——神威 E 级原型机、"天河三号" E 级原型机和曙光 E 级原型机。E 级超算是指每秒可进行百亿亿次数学运算的超级计算机，被全世界公认为"超级计算机界的下一顶皇冠"，它将在解决人类共同面临的能源危机、污染和气候变化等重大问题上发挥巨大作用。

此外，中国还积极参与国际科学计算项目。例如，中国科学院参与了"国际人类蛋白质组计划"，通过科学计算方法研究蛋白质组学，探索蛋白质功能和相互作用网络。中国还参与了"国际热核聚变实验堆计划"，该计划利用高性能计算和科学计算方法模拟核聚变反应，为核聚变的研究提供支持。2022 年，中国科研人员主导并发起了"人体蛋白质组导航国际大科学计划"（简称 π-HuB 计划），旨在使用新一代科学计算手段，如大数据分析、云计算、AI 等，寻找新的蛋白质型，解码人类蛋白质组，探索全新的理论。参与和实施这些项目，不仅加强了中国在科学计算领域的研究和创新能力，还为各领域的科研人员和工程师提供了强大的工具和平台，以解决复杂的科学和工程问题。通过积极参与国内外科学计算项目，中国的计算数学和科学计算的水平不断提升，并推动了相关领域的发展和进步。

第 2 章 　科学计算的应用与方案

▍2.1 概述

2.1.1 电磁学概述

电磁学是研究电磁现象的规律与应用的物理学分支,是现代科技不可或缺的一部分。电磁学的理论体系非常完备,包括电场、磁场、电磁波等基本概念和理论,以及麦克斯韦方程组这一理论核心,其研究对象包括静电场、静磁场、电磁感应、电磁波等。电磁学作为物理学重要的一个分支,有着鲜明的特点。首先,电磁学是一门数学性质非常强的学科,其所需的数学工具包括微积分、向量分析、复数等,电磁学在理论推导和实际应用等方面都需要运用这些数学工具。然后,电磁学有着较强的实验性质,因为电磁学是一门基于实验的自然学科,理论发展离不开实验的支持,实验数据是验证电磁学理论的重要依据。最后,电磁学在现代社会的应用极为广泛,几乎影响了现代社会的各个方面,以电磁学为基础,在通信、电力、电子、计算机等应用领域衍生出了很多改变人们生活的实际应用,包括无线电、移动通信、电机、变压器、电磁兼容、电磁屏蔽、核磁共振等。从发展的角度来看,电磁学有着广阔的应用前景,近年来的发展尤为迅速。随着计算技术的飞速发展,电磁学的计算方法也得到了极快的发展,使得电磁学在实践中的应用更加广泛和深入。

近年来,AI 技术已经被广泛用于电磁学的各个领域,各种 AI 算法(尤其是以神经网络为主的机器学习算法)有能力在大量的复杂数据集中发现人类无法察觉的特定趋势和模式,预测和识别的准确性和效率不断提高。此外,AI 算法还擅长处理高维度、多类型的数据。因此,AI 技术被广泛用于电磁学领域的分类和优化场景中。例如,由于 5G 技术使用的频谱范围较宽,5G 设备的天线设计面临着极大的挑战,包括适应更大的带宽、覆盖更多频段,以及持续增强的对抗干扰能力的需求。另外,天线阵列中的故障检测和基于逆散射的非线性问题需要复杂且具有一定成本效益的解决方案。针对这些问题,AI 算法可以提供优于其他技术的解决方案,并且能最大限度地减少设计时间,降低其间接成本,提高计算效率与准确性。

2.1.2 生物计算概述

蛋白质是生命的基础,是生物计算的核心内容。蛋白质研究领域涉及多个关键主题,包括蛋白质结构预测、蛋白质性质预测、蛋白质功能预测以及蛋白质设计等。这些研究主题旨在揭示蛋白质折叠机制,研究蛋白质序列与功能、性质的关系,指导药物设计等。蛋白质折叠是蛋白质研究的关键领域,是蛋白质设计、蛋白质性质和功能预测的基础。理解蛋白质折叠机制、蛋白质结构和功能之间的关系对于设计具有特定功能的蛋白质至关重要。蛋白质折叠涉及蛋白质从线性多肽链折叠成特定三维结构的过程,它决定了蛋白质的结构、功能和性质。蛋白质设计常依赖于蛋白质的性质预测,研究者需要通过计算模拟和优化设计,实现对蛋白质性质的精确调控。这些研究不仅促进了科研人员对生物分子行为的理解，还推动了创新性的科学计算方法和实验技术的发展。然而，蛋白质折叠的过程异常复杂，涉及数千甚至数百万个原子的相互作用和力学过程，如氢键的形成、疏水作用、静电相互作用和范德瓦耳斯力等。此外，由于蛋白质折叠过程的复杂性和耗时性，传统的实验方法难以提供全面的结构信息。科学计算提供了一种强大的工具，可帮助科研人员深入理解蛋白质折叠过程，并预测蛋白质的结构。在过去的几十年中，科学计算在蛋白质折叠领域发挥了重要作用。通过模拟和计算，科研人员能够深入探究蛋白质折叠的原理和机制，预测蛋白质的结构，并为设计新的蛋白质以及研究与蛋白质相关的疾病提供强有力的工具。通过模拟和计算，科研人员能够以原子级的分辨率模拟蛋白质折叠的动态过程。最常用的方法之一是分子动力学模拟，它通过数值求解牛顿运动方程来模拟蛋白质中原子和分子的运动。分子动力学模拟可以提供有关蛋白质折叠过程中的构象变化、相互作用以及能量变化的详细信息。除了分子动力学模拟，蒙特卡罗模拟也被广泛用于蛋白质折叠的研究中。蒙特卡罗模拟通过随机抽样和能量计算来搜索蛋白质的构象空间，以寻找最稳定的结构。量子化学计算方法则利用量子力学原理，研究蛋白质的化学反应和能量变化，从而揭示蛋白质折叠的细节和机制。

蛋白质折叠是一个复杂的过程，涉及多个层级的结构组织和相互作用。传统的物理模拟方法（如分子动力学模拟和蒙特卡罗模拟）能够提供详细的蛋白质动态信息，但这些方法的复杂性和耗时性限制了其在大规模蛋白质折叠研究中的应用。21 世纪以来，随着计算能力的提升和大量蛋白质结构数据的积累，数据驱动的方法逐渐崭露头角。数据驱动的方法利用大规模蛋白质数据库中的信息，结合机器学习和统计模型，通过建立蛋白质结构与蛋白质序列之间的关联，进行蛋白质结构预测和折叠路径分析。数据驱动的方法通过学习已知蛋白质结构的模式和规律，能够推断未知蛋白质的结构和折叠状态，在蛋白质折叠领域具有许多优势，如快速性、高效性和可扩展性。一个成功的例子是由 DeepMind 团队开发的基于深度学习的蛋白质结构预测模型 AlphaFold。AlphaFold 在 2018 年的第 13 届蛋白质结构预测关键评估（CASP）竞赛中取得了突破性的成果，准确地预测出了许多未知蛋白质的结构。AlphaFold2 的性能进一步提高，在 2020 年的第 14 届 CASP 竞赛中凭借全局距离测试总分 92.4（满分 100）的成绩夺得冠军。AlphaFold2 预测的结构可以与使用冷冻电子显微镜、核磁共振或 X 射线晶体学等实验技术解析的三维结构相媲美，但预测成本大大降低。它的成功源于深度学习模型对大规模蛋白质数据库的学习，它结合了物理约束，并利用已知蛋白质结构的模式和规律来推断未知蛋白质的结构。目前，最新的 AlphaFold 可以对大规模蛋白质数据库中的几乎所有分子进行预测，并可实现原子精度的预测。此外，最新的 AlphaFold 旨在提高预测性能，并将预测覆盖范围扩大到其他复合物，以帮助科研人员识别和设计新药物。由美国华盛顿大学的 David Baker 团队开发并率先开源的 RoseTTAFold 是效果仅次于 AlphaFold2 的蛋白质结构预测模型，其优势在于训练成本更低、计算速度更快。

2.1.3　流体力学概述

流体力学是研究流体（包含气体、液体及等离子体）现象以及相关力学行为的一门力学分支。流体力学的系统研究经历了经典流体力学、近代流体力学及现代流体力学等多个阶段，形成了理论流体力学、实验流体力学和计算流体力学等重要的研究方向。同时，流体力学与不同领域交叉结合，产生了生物流体力学、磁流体力学、物理 - 化学流体力学等多个学科分支。在工程方面，流体力学对航空航天工程、船舶工程、水利工程等大型工程的应用有重要的理论支撑作用。

虽然目前针对流体力学的研究已经比较成熟，且流体力学在大量的实际工程应用中取得了很多成果，但对一些复杂的非线性流体力学问题，使用流体力学知识仍然难以进行高效处理和求解。近年来，随着计算技术的发展，对机器学习的深入研究为解决流体力学问题提供了新思路。利用机器学习技术可以提升计算性能，提高解决流体力学问题的效率。例如，降维和特征提取作为机器学习中的常用技术，可以帮助建立流体力学降阶模型（Reduced Order Model，ROM），降低求解的计算复杂度；神经网络技术被用于求解微分方程；卷积神经网络（Convolutional Neural Network，CNN）作为计算机视觉中的重要技术，能够提高流场分辨率，进行流场重建；强化学习技术完全契合了主动流体控制与优化的需求。此外，利用机器学习技术可以帮助人们从其他角度获取物理解释，并提取流体的主要特征，获取关键流场模态；聚类和分类算法能够从数据角度对流体进行划分和解释，揭示流体行为的内在规律。

总之，机器学习被应用于降阶建模、流体重建和预测、湍流模型闭合、主动流体控制等方面的流体力学研究中，并取得了一定的进展。然而，机器学习也遇到了一些挑战。例如，将神经网络用于解决流体力学问题时，如何引入物理知识以保证物理上的可解释性和可推广性，成为深度学习与流体力学融合的重要问题。此外，在数据集方面，能够用于机器学习的大规模流体力学数据集相对较少，这在一定程度上限制了模型的训练效果和泛化能力的提升。妥善解决这些问题，对于流体力学和机器学习的融合研究有重要作用。

2.1.4　气象学概述

气象学作为一门复杂、多样化的学科，旨在理解和预测大气中的各种现象和气象条件，包括大气物理学和大气化学两个主要学科分支。

大气物理学除了关注大气的动力学和热力学等过程，还研究大气的各种物理特性（如温度、湿度、气压等），以及大气之间的相互作用。这一领域的研究方法包括物理驱动的方法，即通过数学建模和数值模拟来模拟大气过程。这些研究方法使得气象学家能够更好地理解大气的形成和演变，有助于降水量预测以及气象灾害的预测与防范。但使用物理驱动的方法研究复杂的气象时，可能需要耗费大量的计算资源，且依赖先验的专家知识。相比之下，数据驱动的方法通过学习大量气象观测数据和遥感数据中的模式和关联，能够全面地揭示气象现象的规律，无须过多考虑复杂的物理过程，降低模型建立和计算的复杂性。大规模数据分析过程能够提高气象预测的精准度和时间分辨率，从而使人们适应复杂的气象环境。

大气化学关注大气中的化学反应和大气污染物的传输，以及它们对气象和气候的影响。物理驱动的方法在这一领域同样发挥着关键作用，它们通过研究大气中的物理过程来解释化学反应的动力学。比如，大气扩散模型和大气传输模型考虑了大气中的对流、湍流、辐射传输等物理过程，这些物理过程对污染物的分布和浓度有重要影响。通过使用这些模型，研究人员可以模拟大气中污染物的扩散和传输过程，准确地评估大气中污染物的分布和浓度，以及它们对气象条件的影响。数据驱动的方法不仅依赖于物理原理，更依赖于大量观测数据和算法，优势在于能够更精确地捕捉大气中的化学过程的细节，更有效地处理非线性问题和不确定性问题，提高预测精准度，并用实际观测数据进行验证，这对于研究全球气候变暖、酸雨、大气污染等问题至关重要。

2.1.5　材料化学概述

材料化学是化学的一个重要分支，它专注于研究材料在制备和使用过程中涉及的化学反应以及材料性质的表征测量。材料化学在化学学科的基础上，结合物理、工程等多个学科，旨在优化高分子、金属、液晶等材料的性能，以满足现代科技的需求。材料化学在能源、电子、医药、环境保护等多个领域有着广泛、重要的应用。

随着计算机科学与技术的发展，近年来许多 AI 技术被广泛应用于材料化学领域。通过数据挖掘、机器学习等方法，科研人员能够更快地发现和设计新材料，预测材料性能，优化材料制备过程。同时，AI 技术还能协助科研人员在复杂的化学空间中寻找具有特定功能的材料，如能量存储材料、光电材料、生物医用材料等。此外，在材料合成方面，AI 技术有助于发现新的合成路径，提高合成效率。智能化实验室的构建和自动化技术的整合，也在不断推动材料化学研究的进步。

总体而言，材料化学作为一个重要的多学科交叉领域，研究成果不仅会深化人类对物质世界的理解，而且会在解决能源、环境和医疗等全球性的重要问题中起到至关重要的作用。随着 AI 技术的引入，材料化学领域的研究效率会不断提高，进而帮助人们更好、更快地认识、改造世界。

2.1.6　量子计算概述

量子计算是一种计算方式，利用量子力学的原理进行数据处理和解决特定问题。与传统的经典计算不同，量子计算利用量子位（qubit）而不是经典位（bit）来存储和处理信息。量子位具有一些典型特征，如叠加和纠缠，这使得量子计算在某些特定情况下可以更高效地解决问题。量子计算被视为一种更强大的科学计算工具，可以用来模拟和解决复杂的科学计算问题，如分子结构预测、量子力学模拟和优化、材料设计等。这是因为量子计算机在某些情况下可以实现指数级别的速度提升，使得在经典计算机上难以解决或需要耗费大量时间的问题变得更容易解决。随着量子计算机的制造和控制技术不断进步，利用量子计算机来实现 AI 的想法成为可能。Cirq、OpenFermion、TensorFlow Quantum 等软硬件工具的出现为量子计算与 AI 的融合提供更多可能性，有望在机器学习、优化、搜索等领域实现计算速度、精度和规模的提升。尽管量子计算在这些领域中有潜在应用，但目前量子计算机的硬件和算法仍处于发展阶段，许多应用仍然需要更多的研究和实验验证。

2.2 电磁学

电磁学不仅包括传统的以实验为基础的经典电磁学，如静电学、静磁学、电动力学、光学等分支，还包括高速领域的量子电磁学和相对论电磁学等。

2.2.1 电磁学发展

电磁学的基本定律是麦克斯韦方程组，它包含高斯定律、高斯磁定律、法拉第电磁感应定律和安培定律。麦克斯韦方程组在大部分情况下无法求得解析解，必须依赖数值方法找到数值解。计算电磁学利用数值方法求解麦克斯韦方程组，从而模拟和分析复杂的电磁问题。电磁学在科学和工程领域有广泛的应用，例如通信、雷达、遥感、生物学、材料化学等。

静电学是研究静止电荷和恒定电场的电磁学分支，它主要涉及库仑定律、高斯定律以及电势、电容等概念。静电学在静电发电机、静电喷涂、静电除尘等领域有应用。静电学与 AI 相结合可以实现更高效的静电学问题的求解和优化，例如使用深度神经网络（Deep Neural Network，DNN）来拟合静电势能函数。

静磁学是研究恒定电流和恒定磁场的电磁学分支，它主要涉及毕奥 - 萨伐尔定律、安培定律以及洛伦兹力、磁通量等概念。静磁学在磁悬浮列车、超导磁体、永磁体等领域有应用。静磁学与 AI 相结合可以实现更高精度的磁场测量和控制，例如使用深度神经网络来校准磁力计。

电动力学是研究变化的电场和磁场以及它们之间的相互作用的电磁学分支，它主要涉及法拉第电磁感应定律、楞次定律等。电动力学在无线通信、雷达成像、光纤通信等领域有应用。电动力学与 AI 相结合可以实现更高效的电磁波传播和处理过程，例如使用卷积神经网络来压缩雷达信号。

光学是研究可见光以及相对可见光频段的电磁波的电磁学分支，它主要涉及折射、反射、干涉、衍射、偏振等概念。光学在激光器、全息术、光谱仪等领域有应用。光学与 AI

相结合可以用于制备更高性能的光学系统和设备，例如使用深度强化学习来优化自适应光学系统。

量子电磁学是研究量子效应下的电磁场和物质之间的相互作用的电磁学分支，它主要涉及光子、原子能级、受激辐射等概念。量子电磁学在量子计算机、量子密码、量子隐形传态等领域有应用。量子电磁学与 AI 相结合可以实现更高精度地模拟和控制量子系统，例如使用无监督学习来优化量子逻辑门。

在传统的电磁学领域，AI 的应用主要集中在对数据的处理和优化方面，大多属于统计学范畴，涉及数据分析、模式识别以及参数优化等。本书的重点在于介绍计算电磁学领域的 AI 应用，即利用数值方法和计算技术解决电磁问题。计算电磁学与 AI 相结合具有巨大的潜力，可以以更高精度、更高效率、更高灵活性求解问题。因此，本书将主要关注计算电磁学领域的 AI 应用。

计算电磁学利用数学方法分析、模拟与解决复杂、多因素的环境中的电磁问题，例如电磁散射、电磁辐射等。计算电磁学的主要方法可以分为积分方程法和微分方程法两大类。积分方程法是将麦克斯韦方程组转化为积分形式，然后利用离散化技术和线性代数技术来求解未知量。微分方程法是将麦克斯韦方程组转化为微分形式，然后利用有限差分法（Finite Difference Method，FDM）、有限元法（Finite Element Method，FEM）、有限积分法（Finite Integration Method，FIM）等方法来离散化空间域和时间域，并求解未知量。

计算电磁学与 AI 之间有着密切的联系和互动，它们可以相互促进和借鉴。一方面，计算电磁学可以为 AI 提供丰富的数据来源和应用场景，以满足 AI 模型对数据样本量的高需求。另一方面，AI 可以为计算电磁学提供高效的算法和模型，如快速算法、深度神经网络等。在实际应用中，神经网络、遗传算法等模型都在计算电磁学的建模和优化过程中实现了广泛应用。因此，探究 AI 在计算电磁学中的应用前景是十分必要且具有现实意义的。

2.2.2 电磁学领域的 AI 应用

以高速和高带宽网络拓扑结构为特征的先进通信时代对电磁系统提出了更高的需求，如可重构性、紧凑性、指向性和能源转化效率等方面。检测和识别系统中的远程物体和故障部件，以及对电气系统中的辐射信号进行模式识别，在电磁学应用中都是必要的。其中，辐射信号的定义是电磁学的最新研究趋势，此外，在限制条件下优化电磁系统以获取更高性能一直是一个挑战。基于 AI 的计算电磁学方法有可能解决这些问题。本书接下来将讨论 AI 在电磁学领域的一些应用以及未来展望。

1. AI 在散射问题中的应用

散射是指利用电磁波照射未知的散射体，根据散射场的信息来重构散射体的形状、位置、材料等参数。散射属于电动力学领域，它在雷达成像、医学诊断、地质勘探等领域有重要的应用。

散射问题是一个非线性、非凸、不适定的问题。传统的求解散射问题的方法主要分为数值方法和分析方法两类。数值方法是先利用有限差分时域法、矩量法、有限元法、边界元法等将麦克斯韦方程组离散化，然后利用迭代法或者直接法求解线性方程组，从而得到散射场的近似解。分析方法则是先利用高频近似或者积分方程等将麦克斯韦方程组简化，然后利用特殊函数或者级数展开等求得解析解或者半解析解。这些传统方法虽然有一定的理论基础，但是存在一定的局限性。数值方法需要有大量的计算资源和时间作支撑；分析方法需要复杂的数学推导和假设条件，且所求得的解通常仍有继续优化的空间，但由于分析方法的局限性，很难继续优化。

AI 在散射问题中的应用主要利用深度学习等机器学习技术来建立入射波和散射波之间的非线性映射关系，从而实现快速、准确、灵活地求解。AI 可以作为一种补充方法，与传统方法相结合，从而提高散射问题的求解效率和精度。在正散射问题中，可以利用神经网络来拟合正散射问题的数值解或者解析解，以避免重复无效的运算。例如，Shan 等人使用多层感知机（Multilayer Perceptron，MLP）拟合了二维平面上圆形障碍物的正散射问题；Jin 等人使用卷积神经网络拟合三维空间中任意形状障碍物的正散射问题。这些方法可以快速且准确地预测正散射场，且可以适应不同频率、不同入射角度、不同形状的障碍物。

在逆散射问题中，面临的挑战在于问题固有的非线性。这也导致出现了许多不同的逆散射方法，这些方法可以分为两类：一类是确定性优化方法，包括子空间优化算法、畸变出生迭代算法，以及对比源反演算法；另一类是随机方法，包括遗传算法、进化优化算法和粒子群优化（Particle Swarm Optimization，PSO）算法。AI 出现后，基于压缩感知的方法可以用于将逆散射问题正则化，基于深度神经网络的方法已成功用于解决逆散射问题，而示例学习可以通过设计各种机器学习算法来解决逆散射问题。Wei 等人为逆散射问题开发了一个基于深度学习的方案，该方案能够通过训练 U-Net 产生良好的定量结果。

为了探索深度神经网络架构和非线性电磁逆散射迭代方法之间的关系，Wei 等人提出了 3 种基于 U-Net 卷积神经网络的反演方案。Li 等人则研究了一种用于解决非线性电磁逆散射问题的深度神经网络。该网络由 3 个级联的卷积神经网络模块组成，通过反向传播处理输入场景，并输出未知散射体的重建图像。为了弥补物理知识和学习方法之间的差距，Wei 等人整合了卷积神经网络迭代算法架构的优点，提出了一种诱导电流学习方法，以提高模型的精度和解释能力。针对具有高对比度的逆散射问题，研究人员还提出了多种方法。其中一种方法是对比源网络（CS-Net）和传统的子空间优化方法，基于 3 个阶段开发了卷积神经网络，以解决逆散射问题。此外，Yao 等人提出了一种两步深度学习方法，使用级联卷积神经网络和另一个复值深度残差卷积神经网络来再现高对比度对象。在 Guo 等人的研究中，他们采用梯度学习方法来反演瞬态电磁数据。因此，在工程应用中，仅使用无相位数据（例如仅使用振幅数据）的反演方法被认为是相对最优的选择。

2. AI 在天线设计中的应用

天线设计是计算电磁学领域的一个重要应用方向，主要涉及设计和优化用于发送和接收无线信号的天线。作为无线通信系统的核心组成部分，天线扮演着关键角色。在天线设计中，首先需要确定天线的工作频率范围，这取决于天线的应用场景及其使用的通信协议。接下来，根据工作频率范围和性能要求，选择适当类型的天线，例如微带天线、偶极子天线、方向性天线等。最后，利用计算电磁学的方法，如数值模拟和优化算法，对天线的结构进行建模、分析和优化。AI 在天线设计的实际应用中具有重要意义，为实现高效的无线信号传输和接收提供了关键的技术支持。

一些传统的全波电磁模拟方法，如有限差分时域法或有限元法，被广泛应用于天线设计和优化。然而，这些方法需要消耗大量的计算资源和时间。事实上，优化天线阵列可能需要大量重复电磁模拟过程，以微调材料参数，从而提高性能。因此，在设计具有高增益、高传输效率和高指向性的紧凑型天线或天线阵列时，应用 AI 模型选择合适的材料和适当的材料配置可以显著提高设计效率，以达到所需的性能要求。通过应用 AI 模型，可以减少对传统全波电磁模拟方法的依赖，从而加快天线设计过程并降低计算成本。

AI 在天线设计中的应用主要是利用深度学习等机器学习技术来实现天线参数的自动化、智能化和精细化优化，从而提高天线设计的效率和精度。其中，基于代理模型的天线优化是天线设计中最重要的方法之一，其目标是使用计算成本较低的估计模型来替代计算成本较高的电磁模拟，这些模型是通过统计学习技术构建的。机器学习平台 MS-CoML 通过引入多级协作，显著提升了天线建模速度，无须通过单输出的高斯过程回归来保证天线设计精度。通过联合应用单输出高斯过程回归、对称和非对称的多输出高斯过程回归方法，MS-CoML 基于有限数量的高保真响应构建了针对不同设计目标的替代模型，并实现了较高的预测精度。此外，Lecci 等人在 2020 年提出了一种机器学习框架，该框架基于蒙特卡罗方法，考虑了信噪比等网络级指标，能够对稀疏阵列进行基于模拟的优化。Koziel 等人提出了一种基于多目标优化的顺序模式算法，该算法通过数百次全波电磁仿真提供天线的优化设计参数。

仿真结果显示，MS-CoML 方法在不影响建模精度或性能的情况下能大幅缩短总体优化时间。Liu 等人在 2019 年提出了一项改进的基于并行仿真代理模型辅助系统的方法，其优化速度比传统代理建模方法快了 1.8 倍，并且能够实现更高质量的天线设计。另外，同样由 Liu 等人在 2021 年提出的方法与其他代理模型相比，节省了 90% 的天线优化时间。该方法具有以下特点：单保真、基于电磁学模型、可降低训练成本、采用代理模型辅助的混合差分进化方法。该方法适用于复杂的天线设计，是一种自适应混合代理建模框架，通过增加设计变量和设计规格来提高复杂天线的性能。

Xue 等人在 2019 年开发了一种混合模型，首先利用 10 种不同的模型对一小组样本进行基础学习，然后将初始预测插入 K 最近邻（K-Nearest Neighbor，KNN）模型。该模型实现了对三角形探针馈电贴片天线的设计参数的均方误差（Mean Square Error，MSE）的最终预测。半监督方法可以在使用少量预标记样本的条件下，同时训练高斯过程回归模型和支持向量机（Support Vector Machice，SVM）模型，通过选择所需的精度来控制模型，从而优化设计时间。

这个方法相较传统的基于监督学习的替代模型，具备高精度的预测能力，而且只需使用较少的标记数据。此外，半监督方法还能够实现高质量的天线设计，仅需进行 10 ～ 15 次电磁模拟。在提高天线的传输效率方面，机器学习已成为一种可靠的辅助技术。

天线合成涉及根据电参数的知识来确定天线的几何或物理形式。因此，在实际应用中，利用机器学习模型可以提高天线合成的效率。梯度提升树通过估计不同振幅的相位角来合成相控阵天线。使用 AlexNet 模型预测反射阵列天线的相移可以实现较高的预测准确性，该模型使用辐射方向图和波束方向图作为输入来预测相移，实验表明最终的预测误差小于 0.4%。通过引入多个神经网络回归器确定受电弓和铁路全球移动通信系统天线之间的耦合系数，该方法能够显著提高预测性能，还能保持耦合系数的准确性。神经网络在合成 H 形矩形微带天线的实验中的准确率超过 99%。径向基函数适用于评估矩形微带贴片天线的谐振频率。此外，当数据集比较小时，利用 SVM 模型在近场聚焦技术中估计辐射场，可以获得更优的预测性能。同样，可逆神经网络（Invertible Neural Network，INN）模型可以基于小型数据集精准确定不同平面的电压驻波比、增益、辐射方向图和辐射效率。INN 模型还展示了根据给定的传输系数合成发射阵列天线的可行性。

Sharma 等人的研究展示了最小绝对收缩和选择算子、KNN 以及人工神经网络（Artificial Neural Network，ANN）等现代机器学习算法如何改进基于特定带宽选择的天线设计优化和合成方法。该研究表明 KNN 算法是所有机器学习算法中计算速度最快的。类似地，Cui 等人的研究发现，与高斯过程回归、ANN 相比，优化后的 KNN 算法给出了最小的 $S11$ 参数。CNN 曾用于估计二维辐射图的相位角，实验表明该网络能够准确计算相位，以合成所需的天线模式。此外，自适应混沌粒子群优化算法可以避免陷入局部最优，从而避免天线合成中的过早收敛现象。Kim 等人提供了一种基于深度学习的方法，可以根据输入的辐射方向图确定天线元件的振幅和相位，但是在辐射角为 0°和 360°的情况下，该方法预测的准确性较低。

3. AI 在天线选择中的应用

天线选择涉及从多个可能的天线中选择一组以优化天线阵列性能，在通信、雷达、传感等多个应用场景中都有重要意义。AI 在自动选择具有特定应用需求的天线方面可能会发挥重要作用。在多输入多输出（Multiple-Input Multiple-Output，MIMO）技术中，利用机器学习进行高效发射天线的选择。为了选择适合大规模 MIMO 系统的天线子集，Gecgel 等人提出了一种采用欧几里得距离优化天线选择和 MLP 模型的动态广义空间调制框架，能够实现更高的多样性增益。de Souza Junior 等人提出了一种基于卷积神经网络的发射天线选择方法，用于 5G 应用中的非正交多址 MIMO 系统，该算法比穷举搜索快 10 000 倍，比超区域提议网络快 2 倍，并具有 89% 的验证准确率。此外，在选择不受信任的中继网络中的发射天线方面，相较于 MIMO 系统中的穷举搜索，SVM、朴素贝叶斯和 KNN 算法均表现出更高的性能，同时降低了计算复杂度。

An 等人使用了多级卷积神经网络来选择 MIMO 物联网（Internet of Things，IoT）系统的发射天线。对于现代 MIMO 通信中的发射天线选择，Diamantaras 等人采用了学习到选择（Learning to Select，L2S）方法。Zhong 等人则采用了基于深度神经网络的方法，与 MIMO 软件定义无线电系统中基于规范的天线选择方法相比，性能提高了约 53%。除了 MIMO 技术，Ma 等人还运用机器学习技术，采用高斯混合模型对射频指纹数据集的特征进行排序，并使用 SVM 对天线进行分类，以实现对不同射频信号的分类和无线识别。在射频信号受到严重噪声影响的情况下，这项研究中天线选择的准确率可以达到 75% 以上，比传统算法具有更好的特征提取性能。2021 年，Vu 等人提出了一种基于深度学习而非 SVM 的联合天线选择方法，以及使用预编码设计算法来为基站选择适合的天线组合，从而提高天线系统的总速度和服务质量。选择使用深度神经网络的原因是与基于 SVM 的超平面模型相比，深度神经网络可以通过拟合更精细的函数来提高性能。

4. AI 在预测天线位置、方向和辐射中的应用

天线位置是指天线在一个电磁结构（如天线阵列）中的位置，它会影响天线的性能和效率；天线方向是指天线在空间中的朝向，它会影响天线的辐射方向图和覆盖范围；天线辐射是指天线在给定的电磁环境中的辐射特性，如辐射功率、辐射场强、辐射效率等。与它们相关的预测问题均属于复杂的优化问题，通常难以找到全局最优解。

机器学习已经在估计天线位置和天线方向方面得到了显著应用，以实现发射和接收系统的最大增益，它能够协助检测和控制基于信号模式、强度和目标位置的天线波束相位。到达方向估计已经成为军事和民用研究中的热门领域，尤其是在远程物体探测的应用中。然而，传统的固定天线方法通常只能在一个预设方向上有效接收、发射信号，这限制了天线的灵活性和覆盖范围。因此，天线阵列作为一种实践中的替代方法得到了广泛应用。借助多个协同工作的小天线，基于天线阵列的方法不仅能够提高信号质量，还能动态调整波束方向和宽度。通过机器学习选择适合的天线和确定它们的位置，可以实现多输入单输出（Multi-Input Single-Output，MISO）配置，从而在复杂环境中优化通信效率和质量。

Barthelme 等人研究了一种基于神经网络的算法，可以以较低的计算复杂度估计到达方向（Direction of Arrival，DoA）。在 Karim 等人的研究中，他们采用了一种改进的遗传算法，以预测基于射频的高级驾驶辅助系统中天线的最佳位置。Cenkeramaddi 等人的研究描述了一种由机器学习辅助的旋转式高架天线技术，通过估计天线方向以实现更好的视野和成本效益的自动化。Ma 等人使用 ANN 来估计波束的排列和分布，无须事先了解用户的位置信息。Hong 等人描述了一种使用多目标遗传算法的定向天线设计方案，可减少天线的副瓣数量，从而提高无线通信的指向性和安全性。在 Sharma 等人的研究中，他们使用高斯过程回归来计算方形微带贴片天线的谐振频率。一些机器学习算法在解决线性问题和复杂问题方面表现出色，例如在特高频频段中，一些机器学习算法可以用于估计工作在共振频率的天线的不同散射参数。Soni 等人提供了一个使用 ANN 的预测模型，可以预测含空气隙的柔性微带贴片天线的共振频率。Shi 等人在研究中引入了支持向量回归（Support Vector Regression，SUR）方法来预测具有复杂形状的复杂反射阵列天线的电磁响应。SVR 实现了可靠、准确和快速的电磁响应估计，

与全波模拟相比，节省了 15% 的时间。此外，Subramani 等人使用递归神经网络（Recursive Neural Network，RNN）来抑制无线通信中的谐波出现。深度神经网络有助于降低计算复杂度，还能够预测最佳 DoA。研究还显示混合多层网络可以同时检测最佳天线并估计 DoA。与大多数信号处理技术相比，机器学习已被证明在复杂环境中表现得更加稳健，可以提供更高的信噪比和更好的波束成形结构。目前，不同类型的分形天线、星形天线和模式可重构天线正在利用机器学习算法实现自动可重构功能，以满足现代应用的需求。

5. AI 在遥感中的应用

遥感是利用航天器上搭载的各种传感器对地球表面或大气层进行观测和测量的一种技术。它通过获取大范围、高分辨率、多波段和多时相的电磁波信息，反映地球表面或大气层的物理、化学、生物等信息的特征和变化。遥感在地质、农业、气象、环境、城市规划等领域都有广泛的应用。传统的遥感数据处理方法主要分为图像处理和信号处理两类。图像处理利用数字图像处理方法对遥感图像进行预处理、增强、分类、分割、变化检测等操作，以提取图像中的目标和特征。信号处理利用数字信号处理方法对遥感信号进行滤波、变换、压缩、编码等操作，以提高信号的质量。

AI 在遥感中的应用主要是利用深度学习等技术来实现遥感数据的自动化、智能化和精细化处理，从而提高遥感数据的价值和推动遥感数据的应用。在遥感领域，AI 的应用可以分为以下两个方面。一方面是利用 AI 技术来提高遥感数据的质量。例如 Song 等人利用神经网络进行遥感数据的去噪、去模糊处理等，以改善数据的清晰度和优化细节。Chen 等人使用卷积神经网络对多光谱图像进行去噪，输入的是含有高斯噪声或泊松噪声的多光谱图像，输出的是去噪后的图像。该方法利用生成对抗网络（Generative Adversarial Network，GAN）对合成孔径雷达（Synthetic Aperture Radar，SAR）图像进行去模糊，输入的是含散斑噪声的 SAR 图像，输出的是去模糊后的图像。Han 等人使用深度残差网络（Deep Residual Network，DRN）进行高光谱图像超分辨率处理，输入为低分辨率的高光谱图像，输出为高分辨率的高光谱图像。这些方法一方面能够提高遥感数据的质量，并适应不同类型、不同场景、不同噪声水平；另一方面，还可以通过神经网络实现遥感数据的分类、识别、检测等操作，进而提取数据中的语义和知识。例如，Lin 等人使用卷积神经网络对多光谱图像进行分类，输入为图像块，输出为每个像素点所属的地物类别。Meng 等人利用基于层注意力的噪声容忍网络对 SAR 图像进行识别，输入为图像块，输出为每个图像块所包含的目标类型。Chen 等人使用区域卷积神经网络对高光谱图像进行检测，输入为高光谱图像，输出为每个目标的位置和类别。这些方法能够提取遥感数据中的信息，并适应不同尺度、不同复杂度、不同背景的遥感数据的复杂变化。

6. AI 在雷达信号分析中的应用

雷达是一种利用电磁波来获取目标的位置、速度和形状等信息的技术。雷达信号分析广泛应用于军事、航空、航海、气象等领域。雷达的应用可以分为不同的类型和场景，下面将介绍 3 个常见的场景。

第一，自动驾驶车辆中的雷达感知。自动驾驶车辆需要使用多种传感器来感知周围环境和交通情况，雷达是其中一种重要的传感器，可以提供目标距离、目标角度以及目标速度等信息。在雷达感知的过程中，需要从雷达信号中提取有效特征，并识别出不同类型和状态的目标，如行人、车辆、障碍物等。第二，雷达目标识别中的微多普勒特征分类。微多普勒特征指的是目标表面或内部部件的运动而产生的多普勒频移变化，它可以反映目标的细节结构和运动状态。在雷达目标识别的过程中，需要根据目标的微多普勒特征来识别不同类型和状态的目标。第三，雷达资源管理（Radar Resource Management，RRM）。它指的是在有限的资源预算下，对雷达系统中的不同任务进行优先级分配、参数选择和调度等。在 RRM 中，可以利用数学模型和优化算法，根据预定义的目标函数和约束条件，得到最优的资源分配方案。

在传统方法中，自动驾驶车辆中的雷达感知常使用基于规则或模型的方法来提取特征，并使用基于距离或相似度的方法来识别目标。在雷达目标识别中的微多普勒特征分类中，传统方法通常使用基于时频分析的方法来提取微多普勒特征，并使用模板匹配或机器学习的方法进行目标分类。在 RRM 中，传统方法利用数学模型和优化算法来得到最优的资源分配方案。

然而，AI 方法为上述应用提供了一些新的解决方案。在自动驾驶车辆中的雷达感知方面，Li 等人利用时序关系进行雷达目标识别，使用了一种基于长短期记忆（Long-Short Term Memory，LSTM）网络和卷积神经网络的混合网络结构，用于处理连续的鸟瞰视图雷达图像帧。该方法利用 LSTM 网络捕捉目标信息，并利用一个时序关系层来显性地对不同雷达图像帧中目标之间的关系进行建模。Li 等人在一个公开的雷达数据集上进行了实验，并与其他几种方法进行了比较。结果表明，该方法在雷达目标识别中具有更好的性能和鲁棒性。在雷达目标识别中的微多普勒特征分类中，Karthick 等人提出了一种使用卷积自编码器（Convolutional Auto-Encoder，CAE）进行低时延目标分类的微多普勒特征提取方法。该方法利用 CAE 对微多普勒特征图像进行无监督学习，从而提取出有效的特征向量。该方法使用了一种快速学习算法，可以在使用少量训练数据的情况下快速学习，并实现可靠的分类。对于 RRM，AI 方法可以利用机器学习的方法从历史数据中学习模式和规律，进行资源分配问题的预测、分类、聚类和优化。此外，深度学习方法可以从高维数据中提取抽象的特征和表示，实现非线性映射和近似。强化学习方法可以通过智能体与环境的交互，学习最优的行为策略，实现资源分配问题的动态决策和控制。符号 AI 方法（包括知识表示、规则推理、专家系统和模糊逻辑等）也可以应用于 RRM。

综上所述，AI 在雷达信号分析中的应用可以提高雷达感知性能、实现目标识别和分类，并优化 RRM。深度学习、强化学习和符号 AI 等方法为传统方法所面临的限制和挑战提供了新的解决方案，提高了系统性能和资源利用率。

7. AI 在波束成形中的应用

波束成形是指利用多个传感器或者发射器，对接收或者发射的信号进行加权或者滤波等处理，从而实现对特定方向的信号进行增强或者抑制，改变信号的空间分布特性。波束成形在雷达、声呐、通信、语音等领域有广泛的应用。

传统的波束成形方法主要有固定波束成形和自适应波束成形两类。固定波束成形是利用一些预先设计好的权值或者滤波器，对信号进行延时、相位调整或者加权求和等操作，从而增强某一固定方向的信号。自适应波束成形是利用一些基于优化准则或者统计模型的算法，根据信号的实时特征，动态调整权值或者滤波器，从而增强目标方向的信号或者抑制干扰方向的信号。这些方法虽然可以实现不错的效果，但是存在一定的局限性，例如使用固定波束成形需要事先知道目标方向和阵列结构参数，使用自适应波束成形需要大量的计算资源和训练数据。使用 AI 解决波束成形问题主要基于自适应波束成形的模型。AI 在波束成形中的应用主要是利用深度学习等机器学习技术来实现波束成形参数的自动化、智能化和精细化优化，从而提高波束成形的灵活性。

AI 在波束成形中的应用可以分为两方面。一方面，利用 AI 来辅助波束成形参数的设计，例如，Huang 等人在研究中，使用循环神经网络（Recurrent Neural Network，RNN）来估计语音信号源和噪声信号源的空间协方差矩阵，输入为多通道语音信号，输出为语音协方差矩阵和噪声协方差矩阵；还使用卷积神经网络来估计雷达回波信号源和干扰信号源的空间协方差矩阵，输入为多通道雷达回波信号，输出为回波协方差矩阵和干扰协方差矩阵。另一方面，也可以利用 AI 来直接实现波束成形输出，例如，Sallomi 等人使用卷积神经网络直接实现平面阵列的波束成形输出，输入为多通道雷达回波信号，输出为单通道增强后的雷达回波信号。

8. AI 在解决电磁干扰问题中的应用

电磁干扰是指电磁场对电子设备或系统产生的不良影响，如信号失真、噪声增加等。解决电磁干扰问题是电磁兼容的重要内容，对于保证电子设备或系统的正常工作和安全性具有重要意义。电磁干扰问题有诸多类型和场景，如 Torres 等人在可重构智能表面（Reconfigurable Intelligent Surface，RIS）辅助通信系统中进行的电磁干扰分析，Gulenko 等人在光声内窥镜图像处理中进行的电磁干扰噪声分析，以及 Shi 等人对纳米复合材料的电磁干扰屏蔽性能的研究等。

在不同的电磁干扰场景中，传统方法通常以建立复杂的数学模型为基础。对于 RIS 辅助通信系统中的电磁干扰，传统方法是使用数值模拟或频域分析等方法建立复杂的数学模型，并通过大量计算来评估 RIS 辅助通信系统中的电磁干扰效应。但这种方法往往需要很多先验知识和假设，难以考虑到实际情况中的各种不确定性和随机性。

在光声内窥镜图像处理的电磁干扰噪声场景中，传统方法是使用经典的滤波（如低通滤波、带阻滤波、小波滤波等）方法来去除光声内窥镜图像中的电磁干扰噪声。这些方法往往需要人为设定滤波参数，并且难以适应不同频率和强度的电磁干扰噪声。

在纳米复合材料的电磁干扰屏蔽性能场景中，传统方法是使用实验方法，如传输线法、波导法、空腔法等，测量纳米复合材料的电磁干扰屏蔽性能。这些方法往往需要消耗大量的时间和成本，并且难以覆盖不同的材料特征和工作频率。

针对不同的电磁干扰场景，可采用不同的 AI 模型。例如针对 RIS 辅助通信系统中的电磁干扰，Torres 等人使用了一种具有物理意义的电磁干扰模型，以评估 RIS 辅助通信系统的性能，并分析了 RIS 辅助通信系统的大小、位置、相移等因素对电磁干扰的影响。该模型使用了信噪比作为性能指标，并利用蒙特卡罗仿真来验证分析结果。针对光声内窥镜图像处理中的电磁干扰噪声，Gulenko 等人使用了一种基于深度学习的方法来去除电磁干扰噪声，他们选择了4 种完全卷积神经网络结构，即 U-Net、SegNet、FCN-16s 和 FCN-8s，并发现优化后的 U-Net结构在去除电磁干扰噪声方面优于其他结构。经典的滤波方法也被用来比较，以证明基于深度学习的方法的优越性。通过 U-Net 结构成功地产生了一个去噪后的三维血管图，可以描绘出分布在大鼠结肠壁上的网状毛细血管网络。此外，针对纳米复合材料中的电磁干扰屏蔽性能场景，Shi 等人以碳纳米管和石墨烯的纳米复合材料为例，使用了一种基于 ANN 和遗传算法的方法来预测和优化纳米复合材料的电磁干扰屏蔽性能，并取得了较高的预测精度和拟合效率。

9. 未来展望

时至今日，电磁学与 AI 的结合已经取得了令人兴奋的成果。AI 技术，特别是深度学习，在电磁学领域具有巨大的潜力和应用价值。电磁学与 AI 的结合为我们提供了解决复杂电磁问题的新方法和工具。然而，由于电磁学（尤其是传统电磁学方面）对实验的依赖性，目前 AI在电磁学领域的应用与发展尚处于初级阶段。由于电磁学应用需要对模型进行设计和优化，为了提高模型设计的准确性和效率，可能需要利用先验知识、物理约束、跨域学习等技术，这增加了学科融合的难度。然而，电磁学仍然具有广阔的前景。例如，利用 AI 来优化电磁设计和仿真，可以实现快速且准确地预测电磁特性。又如，利用 AI 来辅助电磁检测和诊断，以实现对电磁信号或图像的高效处理，并适应场景、信噪比、分辨率等的变化。通过应用深度学习等 AI 技术，我们可以更快速、更准确地解决电磁散射问题，实现天线精确定位和跟踪，优化天线阵列等系统的设计模式，提升电磁兼容性。这些应用前景对于无线通信、智能交通、医疗保健、安全监控和智能环境等领域具有重要意义。随着 AI 技术的不断发展和创新，在电磁学尤其是计算电磁学领域，AI 将发挥重要作用，并涌现出更多的应用场景和适配环境，为电磁学领域带来更多的机遇和挑战。

2.3　生物计算

21 世纪初期，随着人类基因组计划的完成，在生物学研究中，人们的研究兴趣逐渐从基因组序列转移到了蛋白质的结构和功能上。蛋白质的氨基酸序列可以通过翻译基因组序列获得，而且具备高可用性。理解蛋白质的结构和功能，能够帮助人们更好地理解生物体的生物学特性、进化关系以及与疾病相关的基因突变，助力生命科学和药物研发的发展。蛋白质折叠是指蛋白质链在合成后自发地形成最稳定的三维结构的过程。三维结构是由氨基酸残基之间的相互作用决定的，包括氢键、疏水效应、范德瓦耳斯力和离子键等。蛋白质可以分为三级结构：一级结构是氨基酸序列；二级结构是由氨基酸之间的氢键和其他非共价相互作用形成的局部空间构型；三级结构是整个蛋白质分子的三维立体构象，即蛋白质的空间折叠形式。蛋白质的折叠状态对于其功能至关重要，只有在正确的三级结构下，蛋白质才能与其他分子相互作用。然而，蛋白质的折叠过程并不总是顺利的。有时，蛋白质可能在折叠过程中陷入非功能性的中间态，或者无法正确地折叠成天然构象。这可能导致蛋白质的功能受损，甚至引发一些疾病，如神经退行性疾病和癌症等。

传统上，蛋白质折叠研究从动力学和热力学两个角度进行。动力学研究关注蛋白质折叠过程中的时间尺度和速度，揭示了构象转换的路径和速度。热力学研究关注蛋白质的稳定性和自由能，描述了折叠的平衡态和热力学特性。综合动力学和热力学的研究可以全面理解蛋白质折叠的过程和机制，为揭示蛋白质的功能和研究相关疾病提供基础。蛋白质的三级结构可以通过实验和计算方法确定，如 X 射线晶体学、核磁共振等实验方法。同时，计算机模拟和生物信息学方法也被广泛应用于预测蛋白质的折叠结构和研究折叠动力学。随着数据的积累，蛋白质数据库为后来的数据驱动的方法的建立提供了可能性。这些数据库包括 PDB、UniProt、DSSP、SCOP、CATH 等。随着数据驱动的 AI 技术的发展，深度学习等机器学习技术在蛋白质折叠研究中发挥了越来越重要的作用。

蛋白质结构预测，即通过实验和计算方法预测蛋白质的三维结构。蛋白质的结构对于其功能至关重要，因此，准确预测蛋白质的结构对于揭示其功能和相互作用机制具有重要意义。蛋白质性质预测，即预测蛋白质的疏水性、稳定性、溶解性和折叠速度等性质。蛋白质功能预测，即预测蛋白质的功能、结构域和相互作用等信息。蛋白质的功能包括酶活性、免疫、信号传导等。准确预测蛋白质的性质与功能对于理解生物过程、疾病机制和药物靶点的识别具有重要意义。此外，蛋白质设计也是蛋白质研究领域的重要课题之一。通过合成新的蛋白质序列并预测其在细胞中的表达和折叠情况，可以为合成生物学和蛋白质设计领域的应用提供新的可能性，从而指导药物设计和推动生物技术领域的发展。

2.3.1 蛋白质结构预测

蛋白质结构预测是指根据蛋白质的氨基酸序列来推测其三维结构。早期的蛋白质结构测序主要依靠实验和技术方法，如 X 射线晶体学和核磁共振。在"后基因组"时代，随着新一代测序技术的发展，新的序列迅速增加。尽管可以通过实验方法对越来越多的序列进行结构表征，但结构确定的序列与未表征的序列之间的数量差距却在不断增大。在蛋白质数量如此多的情况下，使用实验方法来确定蛋白质折叠状态是极其困难的，因为这些方法耗时且昂贵。因此，迫切需要开发能够自动、快速、准确地将未知序列划分为特定折叠类别蛋白质的计算预测方法。为了衡量氨基酸序列 - 蛋白质结构预测任务的进展，CASP 于 1994 年成立。CASP 是全球范围的蛋白质结构预测关键评估比赛，每两年举行一次，旨在对领域内的蛋白质结构预测技术做出客观的测试和评价。CASP 采用严格的双盲预测机制，被誉为评估蛋白质结构预测技术的"金标准"，也被业界视为"蛋白质结构预测的奥林匹克"。本节主要探讨蛋白质结构预测中的科学计算方法，在蛋白质的三级结构预测中，常见的 3 种方法包括同源建模、折叠识别和自由建模。值得注意的是，虽然蛋白质的二级结构对于理解蛋白质结构和功能至关重要，但与三级结构相比，其所表示的蛋白质的结构和功能信息不如三级结构表示的丰富。

1. 同源建模

（1）物理驱动的方法

同源建模是一种基于比较的方法。20 世纪 70 年代，Anfinsen 提出了蛋白质一级结构决定蛋白质高级结构的蛋白质热力学的著名假说。根据 Anfinsen 假说，蛋白质的折叠结构是由其氨基酸序列所决定的，并且在合适的条件下，蛋白质具有自发折叠成稳定的三维结构的能力。同源建模的基本思想是利用已知的与目标蛋白质具有较高的序列相似性的同源蛋白质作为模板来预测目标蛋白质的结构。根据同源性原理，具有相似序列的蛋白质通常会有相似的结构。然而，在 1994 年的第 1 届 CASP 竞赛中，由于目标 - 模板对齐的困难，参赛者的结果近乎是随机的。根据蛋白质动力学的能量景观理论，通过能量极小化进行预测似乎只会使得预测结果更加糟糕。在第 3 届 CASP ～第 5 届 CASP 3 届竞赛中，一系列越来越强大的基于统计的序列搜索工具能够检测到同源关系更远的同源蛋白质。Soding 等人基于蛋白质家族的多序列比对，构建隐马尔可夫模型（Hidden Markov Model，HMM），并通过比较不同家族的 HMM 之间的相似性来检测蛋白质之间的同源关系，以推断蛋白质之间的结构和功能关系。

自 2010 年起，直接耦合分析（Direct Coupling Analysis，DCA）技术的发展为进一步揭示蛋白质之间的相关性提供了可能。DCA 通过计算多序列中不同残基对的相关性，来推断蛋白质之间的耦合关系。同时，距离图预测（Distance Map Prediction，DMP）方法通过计算蛋白质中不同氨基酸残基之间的距离来预测它们的接近程度或接触概率。但是，基于氨基酸序列确定蛋白质结构在当时依然是困难的问题，为了使这个复杂问题更容易处理，可以将问题简化为识别天然结构中相互作用的残基对，并称之为"接触"（Contact）。进化耦合（Evolutionary Coupling，EC）分析则基于进化过程中的共变性原理，研究生物分子之间的相互作用和依赖关系。当两个或两个以上生物分子的位置突变在进化中发生耦合时，它们很可能在结构或功能上相互依赖。由于在接触预测领域的突出表现，EC 分析已成为当时同源建模的主流方法之一，具有代表性的 EC 分析工具包括 EVfold、PSICOV、Greemlin 和 plmDCA。EC 分析对输入数据的质量和序列比对的准确性要求较高，对噪声和误差较为敏感。此外，EC 分析可能受到序列漂移、物种偏见和序列重复等因素的影响，导致结果出现偏差。

还有一种传统策略是使用约束模型的比对方法进行同源建模。相比无约束方法，约束信息（如残基接触、二级结构等）可以限制蛋白质结构的可行空间，提供额外的信息来指导模型预测。Astro-Fold 可能是第一个应用物理约束的方法，是蛋白质结构预测领域的一个重要里程碑。Astro-Fold 基于分子力学和分子动力学技术，通过模拟蛋白质结构中的原子之间的相互作用和能量，寻找具有最低能量的结构。在此之前，蛋白质结构预测主要依赖于序列比对和统计学方法，但这些方法往往无法提供高精度的结构预测。Astro-Fold 的创新之处在于引入了物理约束，借鉴了物理学原理和力学模型，从而可以更准确地描述蛋白质折叠过程。

（2）数据驱动的方法

DCA 中的传统 EC 分析对噪声和误差较为敏感，对输入数据的质量要求高。数据驱动的有监督机器学习方法则可以从大量标记的训练数据中学习模式和关联，具有较高的灵活性和适应性。SVM 已被用于在蛋白质接触图上训练各种序列衍生特征，然后根据模板和目标之间的进化和结构距离进行分类预测。Tegge 等人使用二维递归神经网络进行蛋白质接触图预测，并在第 8 届 CASP 竞赛中被评为最准确的残基接触预测方法之一。其他数据驱动的方法还包括分组图形套索（Group Graphical Lasso，GGL）、深度学习等。这些方法的输入通常包括预测的二级结构、预测的溶剂可及性以及概况形式的进化信息，然后使用同源或线程方法来识别结构相似的模板，从中推断残基接触信息。

机器学习同样也能应用在基于物理约束的蛋白质接触图预测中，PhyCMAP 通过机器学习和整数线性规划整合了进化和物理约束，大大减小了蛋白质接触图矩阵的解空间，从而显著提高了预测准确性。机器学习应用在物理约束方法中可以提高预测准确性、处理复杂数据、加速计算过程，并能够结合多种约束和信息源，为蛋白质结构预测提供更强大和更可靠的工具。这些优势使得机器学习在物理约束方法的应用中具有重要的价值和潜力。

在深度学习兴起前的 CASP 竞赛中，排名靠前的预测方法通常基于蛋白质串线模型，并结合了结构优化方法。近年来，基于深度学习的方法通过自动特征提取和全局优化等机制，在蛋白质结构预测领域突破了传统方法的限制，可以从多序列比对中通过端到端方式提取高质量的接触映射，即使在只有少数同源物的情况下，也能取得很好的预测效果。在 2018 年的第 13 届 CASP 竞赛中，卷积神经网络在距离图预测任务中取得了优异的表现。AlphaFold2 是由 DeepMind 开发的一种基于深度学习的蛋白质结构预测模型，AlphaFold2 使用了编码器 - 解码器架构，编码器部分采用了基于注意力机制的神经网络架构，对输入的蛋白质序列进行编码，生成一系列的特征表示。解码器部分则负责根据编码器部分生成的特征表示，预测蛋白质的三维结构。AlphaFold2 利用深度学习模型学习蛋白质复杂的序列 - 结构关系，在第 14 届 CASP 竞赛中的预测结果超越了所有其他模型，并被认为"解决了单链蛋白质的结构预测问题"。RoseTTAFold 是一种基于深度学习的蛋白质结构预测模型，结合了自注意力机制、卷积神经网络和图神经网络等深度学习方法，高精度预测蛋白质的结构。RoseTTAFold 在 2020 年的第 14 届 CASP 竞赛中取得了突破性的成绩，并在部分指标上超过了 AlphaFold2。深度学习方法的引入提高了蛋白质结构预测的准确性、可靠性和计算效率，为揭示蛋白质结构和功能之间的关系提供了重要的工具，预示着深度学习在蛋白质结构预测领域具有巨大潜力。

2. 折叠识别

（1）物理驱动的方法

折叠识别也被称为远程同源识别（Remote Homology Detection，RHD），是一种在同源性较低的情况下预测蛋白质结构的方法。相比同源建模，折叠识别更关注的是寻找相似的蛋白质结构，而不仅是相似的序列。折叠识别通过扩展模板建模的思想，可以从不同模板的片段中识别出一个复合结构，然后将其组合，近似表示目标蛋白质的结构，利用结构信息和序列信息的组合来比对目标蛋白质与已知蛋白质数据库中的结构，从而识别出与目标蛋白质相似的结构。Threader 是一种经典的折叠识别方法，它基于序列比对和蛋白质数据库进行结构预测。该方法可以识别与已知结构相关的蛋白质序列，并推断目标蛋白质的结构。HHsearch 是一种常用的折叠识别工具，它基于 HMM-HMM 比对方法，通过比对目标蛋白质的序列和结构特征，将其与已知蛋白质的 HMM 进行匹配。pGenTHREADER 结合了上述方法的优点，它使用THREADER、PSIBLAST 和 HHsearch 等工具进行多序列比对和折叠识别，然后将结果进行集成和组合。pGenTHREADER 在折叠识别任务中取得了显著的成果，并被广泛应用于蛋白质结构预测的研究和实践中。上述方法代表了折叠识别在蛋白质结构预测领域的重要研究进展。然而，这些传统方法存在明显的局限性：依赖已知蛋白质数据库，如果目标蛋白质结构与已知数据库中蛋白质结构的相似度较低，这些方法可能无法提供精准的结构预测；受限于结构相似性，非 AI 方法主要基于序列和结构比对，对于与目标蛋白质结构相似度较低的远程同源蛋白质，预测准确性会受到限制；受限于模板库的覆盖范围，使用的模板库通常是有限的，往往只包含具有相对较高分辨率的蛋白质结构，这导致对于具有低分辨率或不常见的蛋白质结构的预测能力有限。

（2）数据驱动的方法

数据驱动的方法可以学习蛋白质序列与结构之间的复杂关系，通过整合多种信息源，如序列、结构、功能等，从而在目标蛋白质结构与已知蛋白质数据库中蛋白质结构的相似度较低的情况下提供准确的结构预测。数据驱动的方法可以从大规模的数据库中学习，从而扩大模板库的覆盖范围，这种方法对大规模预测更有效。在使用基于机器学习的方法进行蛋白质折叠识别时，一个关键的潜在假设是蛋白质折叠类别的数量是有限的。在蛋白质折叠识别中应用最广泛的机器学习模型是 SVM，这主要归功于 SVM 具有良好的处理高维数据的能力和可解释性，SVM 能够对特征空间进行非线性映射，通过核函数将低维输入映射到高维特征空间，从而有效地处理高维特征。除了 SVM，随机森林和集成学习也被广泛应用。相比一般的机器学习，深度学习模型具有更强的表征学习能力。DN-Fold 使用了深度学习的 ANN 算法，并通过实验证明其预测结果优于很多传统算法的预测结果。DeepFold 使用卷积神经网络作为核心模型，以蛋白质序列作为输入，经过多层卷积和池化操作提取序列特征进行结构预测。该模型通过大规模的蛋白质数据库进行训练，以学习序列和结构之间的复杂关系。DeepSVM-fold 则结合了机器学习的优点，通过卷积神经网络和双向 LSTM 进行特征学习，再将特征用于 SVM 进行分类预测。基于机器学习的方法在预测精度上已超越了传统方法，同时能实现大规模预测，成为蛋白质折叠识别的重要工具。

3. 自由建模

自由建模是一种基于物理原理的方法，试图通过物理模型和物理原理来模拟蛋白质的折叠过程，而不依赖于已知结构的模板。相对同源建模等方法，自由建模在没有结构信息或远程同源信息的情况下的预测能力较有限。传统计算方法（如分子动力学模拟）通过对蛋白质进行模拟和优化，以寻找最稳定的折叠构象。早期的体外研究表明，折叠过程通常发生在毫秒到秒的时间尺度上，比通过随机搜索所有可能的构象进行估计的速度快得多。21 世纪初，全球范围内的并行化计算和广义集合采样技术（涉及分子系统的并行模拟与蒙特卡罗方法）试图解决蛋白质折叠的模拟问题。2010 年前后，随着技术的进步，在时间尺度上模拟大分子系统成为可能。例如，可以在毫秒、秒或更长的时间尺度上模拟小蛋白质的结合、折叠和构象变化。然而，在生物时间尺度上想要实现以原子级分辨率对大分子复合物进行广泛采样，仍然遥不可及。数据驱动的 AI 方法能够在生物时间尺度上解决计算资源有限的问题。除了设计原子级力场，机器学习可用于获取更粗粒度的模型。粗粒度模型将一组原子映射为一些有效的交互"粒子"，并为这些粒子设计有效能量函数，试图重现蛋白质系统的某些性质。CGNet 是一种适用于粗粒度分子力场的神经网络，已被用于对小蛋白质的折叠和展开动力学进行建模，模型可以应用于研究更大的系统和更长的时间尺度，并节省计算资源。

自由建模方法需要在结构空间中进行搜索，以找到最佳的结构模型。由于结构空间的复杂性，搜索过程可能受到限制，导致无法找到最优解或需要大量计算资源和时间。蒙特卡罗方法作为传统计算模拟的方法，在有限时间内无法模拟玻尔兹曼分布，因此在拟合数据方面的效用有限。近些年，一些基于 AI 的方法试图弥补传统建模方法的缺陷。Ingraham 等人通过将能量函数与基于郎之万动力学的高效模拟器结合起来，试图弥补能量模型的表达能力与模拟器的实际能力之间的差距，以更好地理解蛋白质的折叠过程。机器学习可以对蛋白质模拟进行分析。即使有准确的蛋白质力场和足够的模拟时间，从模拟数据中提取关键信息并将其与实验数据有效关联仍面临挑战。在这种情况下，无监督学习方法可以从高维模拟数据中提取亚稳态，并将其与可测量的观测量联系起来。

虽然能量景观是生物物理学的基础，但计算机模拟往往无法折叠较大的蛋白质。此外，自由建模方法使用能量函数来评估不同结构模型的稳定性，但能量函数的准确评估仍然是一个挑战。在过去的几十年里，人们基于不同的思想来设计能量函数。由于蛋白质的复杂性和多样性，设计准确的能量函数仍然面临挑战。数据驱动的 AI 方法则可以通过海量数据，帮助设计能量函数。在过去的几年里，人们投入了大量的精力应用深度神经网络或核方法，从模拟中学习有效的模型，特别是从小分子的量子力学计算中学习势能表面。原则上可以使用类似的原理来定义具有较低分辨率的模型，即从精细（如原子）的分子动力学模拟数据中学习粗粒度模型的有效势能。

2.3.2 蛋白质功能与性质预测

蛋白质功能预测和蛋白质性质预测之间存在密切关系。蛋白质的结构和性质直接决定了其功能。在蛋白质功能预测中，了解蛋白质的性质有助于推测其可能的功能；而在蛋白质性质预测中，蛋白质的功能信息可以提供重要的线索和指导。因此，这两个研究任务通常是相互关联和相互促进的。

1. 物理驱动的方法

传统的蛋白质功能预测的实验过程是低通量的，因此无法适应基因组测序技术的快速发展，导致很多被发现的新蛋白质无法及时研究，这促进了利用各种高通量实验数据进行蛋白质功能预测的计算技术（如蛋白质和基因组序列、基因表达数据、蛋白质相互作用网络等）的发展。基于蛋白质和基因组序列的传统方法有同源建模方法，同源建模通过比较生物分子序列之间的相似性来推断它们之间的功能或结构相似性。随着科技的进步，人们发现同源并不等同于功能一致，即使序列相似，功能上也可能存在差异，尤其是在基因复制过程中。除了使用同源建模方法，还可以分析蛋白质的结构。Hegyi 等人对 SWISS-PROT 中的所有单域单功能蛋白质进行了相关性分析，发现超过一半的功能至少与两个不同的结构类别相关，几乎一半的结构类别至少与两个功能相关。利用蛋白质结构信息进行功能预测，研究者可以通过建模三维结构开展研究，也可以使用结构比对技术识别结构最相似的蛋白质，并对其功能进行推断，还可以构建亚结构与蛋白质的映射。传统方法依赖于先验知识，或是结合简单统计学方法和专家算法，从而对蛋白质功能的有关自变量进行分析。除了序列和蛋白质结构，还有其他常见的自变量与蛋白质功能有关，如基因组序列、基因表达数据、蛋白质相互作用网络等。

2. 数据驱动的方法

相比物理驱动的方法，数据驱动的方法能够基于大规模的实验数据和蛋白质特征进行全面分析，发现新的功能关联和功能模式，捕捉复杂的功能关系，该方法具备高度灵活性和适应性。而物理驱动或专家知识驱动的方法常常受限于已知的生物学知识或规则，可能无法覆盖所有可能的功能变化，难以及时适应新的蛋白质数据和发现新的功能模式。

数据驱动的深度学习模型需要输入向量或矩阵，因此在训练模型之前必须对蛋白质序列进行向量化。蛋白质序列向量化的结果称为分子描述符或蛋白质描述符。分子描述符可以分为基于氨基酸序列的描述符、基于结构的描述符、使用嵌入式的序列描述符以及突变指示描述符。值得注意的是，目前为止并没有一种描述符能适用于所有的任务。针对不同任务，尝试使用多种描述符是主流的做法。基于氨基酸序列的描述符主要通过分析氨基酸序列中的特定模式、组合或统计信息来表示蛋白质的特征，例如氨基酸组成、氨基酸位置相关性等。这种描述符主要使用蛋白质的原始序列信息。VHSE 是通过主成分分析（Principal Component Analysis，PCA）从独立的氨基酸家族中得出的一组新的氨基酸描述符，这些描述符包括 18 个疏水性属性、17 个立体性属性和 15 个电子性属性，共计 50 个物理化学变量，用于编码 20 个氨基酸。Zacharaki 等人提出了一种基于蛋白质结构的形状特征提取方法，通过捕捉蛋白质结构中氨基酸之间的角度和距离情况，可以更全面地表示蛋白质的结构信息。Z-scales 编码方法则描述了氨基酸的亲脂性、空间位阻和电子性质。除此以外，还有表示空间和化学特征、拓扑标度，以及使用特征工程等的分子描述符。在某些特定情形下，一组待比对的蛋白质具有高度相似的氨基酸序列，只有少量位点不同，此时可以使用突变指示描述符。上述分子描述符依赖于先验的蛋白质实验数据，而使用嵌入式的序列描述符利用了自然语言处理（Natural Language Processing，NLP）领域的嵌入模型，可以通过无监督的方式将氨基酸序列映射到连续的低维向量空间中，从而学习氨基酸之间的语义关系。使用嵌入式的序列描述符可以捕捉到氨基酸序列的隐含特征，已在大语言模型中得到广泛应用。ProtVec 是一种无监督的、数据驱动的表示方法，通过嵌入技术将每个蛋白质序列表示为一个稠密向量。这种表示方法借鉴了 NLP 中的词嵌入模型，以提取蛋白质序列的特征，并成功地应用于蛋白质家族或蛋白质性质的预测。Yang 等人使用来自 UniProt 数据库的 524 529 个未标记的蛋白质序列训练了一种无监督的嵌入模型，蛋白质序列长度为 50 ～ 999 个氨基酸。Yang 采用了分布式内存架构进行模型训练，模型通过预测中心来学习中心周围上下文窗口的嵌入。

随着技术的发展，大量的蛋白质数据得以产生。机器学习相关的方法可以用于对这些数据进行挖掘和分析，从而提取蛋白质的功能和性质信息。通过处理和分析大规模的蛋白质数据集，可以揭示蛋白质间的相互作用、功能模式和结构规律，进一步推动蛋白质功能与性质预测的研究。核方法（如 SVM 和核岭回归）是机器学习中的一种先进方法，使用核函数来计算输入对之间的相似度，能够隐式地将输入特征投射到高维特征空间中，而无须显式地计算特征在新空间中的坐标。专门用于处理蛋白质输入序列的核函数可以提高模型的预测效果。谱核能够计算两个蛋白质之间共享子序列的数目，加权分解核则考虑了蛋白质的三维结构。SVM 已被广泛应用于预测蛋白质的热稳定性。新加坡国立大学的 Han 等人测试了逻辑回归、决策树、SVM、朴素贝叶斯、XGBoost 等 7 种算法的溶解度预测模型，SVM 具有最高的预测准确性。高斯过程回归模型结合了核方法和朴素贝叶斯模型，可用于预测蛋白质的热稳定性、膜定位及光学特性。Saito 等人使用高斯过程回归模型对序列空间中的近 16 万个变体进行打分，并在打分排名靠前的变体中找到了 12 个黄色荧光强度高于参考蛋白的突变体。

深度学习在近些年也被广泛应用于蛋白质功能与性质的预测。得益于神经网络模型的非线性表达，深度学习能够学习更加复杂的序列 - 功能映射关系。中山大学的 Chen 等人使用了一种新的结构感知方法——GraphSol，该方法通过引入注意力机制的图卷积网络（Graph Convolutional Network，GCN）来预测蛋白质的溶解度。GraphSol 方法仅通过基于蛋白质序列预测的接触图来构建蛋白质的拓扑属性图，在 ESOL 数据集的交叉验证和独立测试中都具有稳定的 R^2（决定系数）值。Cao 等人将蛋白质功能问题转化为语言翻译问题，基于 RNN 构建了一个神经机器翻译模型，将"ProLan"语言翻译为"GOLan"语言，该模型在 2016 年的 CAFA 3 项目中取得良好表现。CAFA 是一个由生物信息学领域的研究人员参与的国际合作项目，旨在评估蛋白质功能预测方法的准确性。参与者需要预测蛋白质序列的功能注释，包括蛋白质的分子功能、细胞组分和生物过程等。除此以外，Jiménez 等人使用深度卷积神经网络，利用蛋白质的几何、化学和进化特征预测蛋白质中的配体结合位点，从而辅助药物开发。

NeEMO 方法使用基于残基相互作用网络（Residue Interaction Network，RIN）的方法进行稳定性预测，同时利用 RIN 来提取描述突变氨基酸与结构环境相互作用的有用特征，能够隐式地表示蛋白质中的不同化学相互作用，这些相互作用对于蛋白质的稳定性非常重要。

2.3.3　蛋白质设计

蛋白质设计是研究和改造蛋白质的结构、功能和性质的学科。它涉及利用技术手段对蛋白质进行设计、构建和优化，以满足特定的应用需求。蛋白质设计的目标包括但不限于提高蛋白质的稳定性、抗原性、催化活性、配体结合能力等。蛋白质设计主要包括定向进化和理性设计两种关键方法。根据酶定向进化第一定律，蛋白酶的自然演化已经为酶定向进化提供了很好的基础。酶定向进化第二定律则为理性设计蛋白质奠定了理论基石，该定律认为，酶催化活性的提高通常伴随着酶稳定性的降低，两者之间存在一个平衡关系。换言之，通过研究蛋白质的结构和功能，可以主动设计蛋白质。然而，目前人类对于蛋白质折叠、酶天然进化机制等基础生物学问题的理解仍很有限，因此基于理性设计方法进行蛋白质从头分子设计仍然是一个难题。

1. 定向进化

（1）物理驱动的方法

定向进化是蛋白质设计中的关键方法之一，即通过实验手段迭代生成和筛选蛋白质，以改善蛋白质的性质，无须了解其结构。定向进化的物理驱动的方法旨在引导和优化蛋白质序列的设计，以实现特定的功能或性质。常见方法包括分子动力学模拟、蒙特卡罗模拟、自由能计算等。定向进化模拟了自然选择的过程，能够提高蛋白质的稳定性、催化活性、配体结合能力等，从而实现对蛋白质的全面改造。2018 年诺贝尔化学奖授予了在定向进化领域有突出贡献的 3 位研究者：Frances H. Arnold、George P. Smith 和 Gregory P. Winter。

通过实验手段迭代生成和筛选蛋白质在蛋白质设计领域（如设计高效酶、改造抗体、优化药物等）有广泛应用，主要步骤包括：产生多样性，通过随机突变或基因重组等手段生成大量具有变异特征的蛋白质变体；筛选，使用超高通量筛选方法或其他筛选方法，筛选出具有所需性质的蛋白质变体；进化与优化，通过重复迭代上述步骤，将筛选出的蛋白质变体进一步改进，逐渐优化其性能；功能和表征鉴定，对优化后的蛋白质变体进行功能鉴定，评估其性能是否达到预期目标。下面介绍具体方法。突变累积即通过逐步积累多个突变来改变蛋白质的性质。初始蛋白质会随机突变，然后通过筛选将具有所需性质的突变积累起来。DNA 重组则通过将蛋白质的基因片段进行重组，生成具有新性质的变体。重组可能涉及不同蛋白质的片段互换，也可能涉及同一蛋白质内不同区域的重组。随机突变和筛选即通过引入随机突变，然后选择具有所需性质的蛋白质变体。筛选可以基于特定功能、结合能力、稳定性等进行。微孔板是使用最广泛的筛选格式之一，每天可分析多达 10^4 个变体；相比之下，琼脂糖平板检测通常用于处理更大规模的文库，每天可以处理多达 10^5 个变体。因此，更高通量筛选方法是探索和生成多样性的重要手段。这些方法通过模拟自然选择过程，对目标基因进行多轮突变和筛选实验，直至获得所需的优良变体，但是受限于较低的筛选速度和序列空间中庞大的变体数量，通常需要进行大量的实验操作和筛选步骤。这需要耗费大量的时间、资源和人力，且结果具有一定的随机性。此外，由于实验操作的限制性，某些变体或突变可能无法被涵盖或测试。

（2）数据驱动的机器学习方法

传统的定向进化方法会丢弃未改进序列的信息，而数据驱动的机器学习方法可以利用这些信息来加速进化。通过智能地选择新的变异体进行筛选，机器学习方法能够扩大可优化目标的范围，具有更高适应度。如今，基因合成、测序以及生物信息学工具已广泛应用于世界各地的实验室，推动了定向进化的应用。基于此，半理性设计和理性设计逐渐崭露头角。在计算机辅助下的半理性设计能够在筛选大量酶变体的情况下提高筛选效率，并减少时间投入。这种设计利用智能库、精简氨基酸字母表以及机器学习等方法，通过计算机模拟获取潜在的有益突变位点。机器学习方法以数据驱动的方式预测序列映射，无须依赖底层物理或生物模型。前面提到的方法通过学习特征来表示变体的特性，并利用这些特征来选择可能表现出改进特性的序列，从而加速定向进化。目前，在定向进化中使用了众多机器学习模型，但没有一个模型适用于所有情况。最简单的机器学习模型对输入特征（例如每个位置的氨基酸、是否存在突变等特征）应用线性变换。Wu 等人验证了机器学习引导的定向进化方法在人类 GB1 结合蛋白上的有效性。研究结果显示，利用前面提到的方法发现的变体具有高适应度，从而有效减少与定向蛋白进化相关的实验工作量，并提升定向进化的效果。DeepDrive 是一种基于强化学习的方法，用于加速药物发现过程。它结合了物理模拟和深度学习，通过优化药物分子的结构和性能，指导定向进化的设计。该方法在药物分子优化和性能预测方面取得了显著的成果。这些方法在一定程度上改善了传统方法预测结果的随机性，并节省了大量时间。

2. 理性设计

（1）物理驱动的方法

理性设计不依赖自然选择，而是依据蛋白质序列和结构信息，通过选择较少的关键位点进行精准改造，从而构建较小的突变文库，但是需要对蛋白质的结构和功能信息有深入了解。理性设计可通过预测蛋白质活性位点，考察某位点突变对催化性能的影响，对蛋白质进化进行设计指导和虚拟筛选。类似于同源建模，理性设计通过比对已知的结构和序列信息，识别出关键的保守位点和可变位点，并进行相应的突变分析。这种方法常用于改变蛋白质的特性，如稳定性、结合亲和性等。从头分子设计被视为一种特殊的理性设计，借助已有的结构功能知识，可以设计出自然界中本不存在的蛋白质。一项著名的早期研究在 David Baker 和他的团队已发表（2003 年）的论文中提到过，在该研究中，他们使用一种在序列设计和结构预测之间迭代的通用计算策略，设计了一个名为 Top7 的拥有 93 个残基的蛋白质，其具有新的序列和拓扑结构。此外，分子动力学模拟和结构模拟可以研究蛋白质的动力学行为和构象变化，从而为理性设计提供重要信息，例如揭示蛋白质的稳定性、折叠途径和功能机制。蛋白质设计软件包括 Rosetta Design 和 Foldit 等。这些软件提供了丰富的算法和工具，用于在计算模拟中优化蛋白质的结构和性质。上面提的方法也存在一些缺点，如：限制性假设，传统的理性设计方法通常基于一些已知的结构和序列信息进行，因此对于没有相关信息的蛋白质，这些方法可能无法有效应用；复杂性和计算需求，一些非 AI 方法，如分子动力学模拟，需要耗费大量计算资源和时间，即模拟蛋白质的动力学行为和构象变化可能需要长时间的计算，这降低了该方法在大规模应用中的实用性；实验验证困难，实验验证过程可能复杂且耗时，尤其对于需要大规模筛选和优化的方案而言。

（2）数据驱动的方法

相比物理驱动的方法，数据驱动的方法具有如下优点：高效性，数据驱动的方法可以通过并行化计算和优化算法，快速地进行蛋白质设计和预测，在大规模筛选和优化的任务中具有优势；全局搜索能力，AI 方法可以探索更丰富的蛋白质序列和更广阔的结构空间，从而发现更多可能的候选方案。与传统方法相比，AI 方法的解搜索空间更大，可以发现更具创新性和出人意料的设计方案。随着大语言模型的发展，具有序列结构的数据可通过模型学习复杂的特征表示。Madani 等人将氨基酸序列视为一种语言，并使用基于深度学习的蛋白质语言模型、跨家族生成功能性的人工蛋白质序列，类似于在不同主题上生成语法和语义正确的自然语言句子。该蛋白质语言模型通过简单学习，可以预测来自数千个蛋白质家族的 2.8 亿多个蛋白质序列的下一个氨基酸，从而进行训练。相比传统方法，该方法的优点是没有使用生物或者物理的先验知识。

还有一种蛋白质设计方法是基于深度强化学习的，该方法类似天然蛋白质合成过程中的硅模拟环节。随着更多先进技术的应用，数据驱动的方法可以帮助我们挖掘更多蛋白质的内在生物信息，从而得到高质量的功能蛋白质材料。2019 年提出的 Dyna-PPO 是一种基于近端策略优化的深度强化学习模型，用于序列设计。该模型基于逐个氨基酸从左到右生成序列，整个过程被视为马尔可夫决策过程。在序列生成完成之前，强化学习中的智能体的奖励值（Reward）设置为 0。在每一轮迭代时，由一组机器学习模型给出的序列适应性测量结果被视为最终的奖励值。除此以外，图神经网络（Graph Neural Network，GNN）由于具有类似蛋白质的图结构，也可用于蛋白质设计。2022 年提出的 ProteinSolver 是一种基于深度 GNN 的蛋白质设计方法。它从训练数据中学习如何解决约束满足问题，在学习如何解决数独谜题的玩具问题和设计折叠成预设几何形状的蛋白质序列的现实问题上都显示出可喜的结果。GNN能够生成新的氨基酸序列，折叠成具有预定拓扑结构的蛋白质。ProteinSolver 通过训练超过7000 万个蛋白质序列对应的 8 万多个蛋白质结构，推断蛋白质序列与结构的隐藏关系模式，阐明了控制这些约束的规则。2023 年提出的 Protpardelle 使用了目前生成模型中最先进的扩散模型，解决了蛋白质设计中结构和序列之间的连续性和离散性的问题，能够生成具有一致序列和全原子结构的完整蛋白质。Protpardelle 采用了一种"叠加"方式对可能的侧链状态进行建模，并通过反向扩散生成样本。

▎2.4 流体力学

流体力学是一门古老而重要的力学分支，关于流体的讨论可以追溯至古希腊学者阿基米德的《论浮体》。经典流体力学被认为形成于 17 世纪中叶。最初，牛顿黏性定律、伯努利定理和欧拉方程被提出，它们作为 3 块基石构成了经典流体力学大厦的基底。在这之后，随着达朗贝尔、柯西、泊松、泊肃叶等人对流体运动研究的深入，纳维 - 斯托克斯方程（N-S 方程）于 1845 年被提出，成为黏性流体运动的第一原理。19 世纪，非线性波动、旋涡运动、流动不稳定性等领域形成了一系列定理与理论。在经典流体力学阶段，物理学家们利用数学工具，用方程刻画流体运动，进而推导解析解或数值解以揭示流体运动的本质和规律，建立了流体力学的理论基础。然而，受限于研究与实验条件，这一阶段的研究只能处理简单的流体模型，难以从源头解释流体现象。

近代流体力学阶段自 19 世纪末开始，持续至 20 世纪中期。流体力学的实验技术得到发展，风洞、水槽、热线等实验装置和测量仪器的诞生推进了近代流体力学的研究。1883 年，雷诺首次通过实验展示了层流向湍流的转换，开启了对湍流的研究。普朗特在 1904 年提出突破性的边界层理论，为近代流体力学的研究奠定了基础。以泰勒、冯·卡门、柯尔莫哥洛夫、周培源等杰出物理学家为代表的研究人员，为流体力学的发展做出了重要贡献。这一阶段流体力学的研究包括利用数学工具建立严密的理论基础，与工程科学紧密联系，在航空工程等领域取得重大成就。

20 世纪中期之后，伴随着多学科领域的发展，现代流体力学有了更广阔的发展。光学技术、电子技术等的发展促进了流体力学的实验与测量技术的发展，粒子图像测速（Particle Image Velocimetry，PIV）技术、激光多普勒测速技术等多种非介入式测量技术可以提供更准确的流场信息。计算理论与计算技术的高速发展为流体力学中的数值计算提供了高效的解决方法，形成了计算流体力学这一重要分支。计算流体力学基于差分法，利用高性能的计算技术，解决流体力学中的问题，形成了一套完整的理论体系和成熟的技术方案，如今，计算流体力学已渗透流体力学的各个领域。此外，流体力学与多个学科结合，基于实际研究问题形成了生物流体力学、磁流体力学、地球流体力学等多个新兴学科分支。

目前，流体力学的理论比较成熟，通过建立流体动力学方程，并推导解析解或数值解以揭示流体运动的本质和规律。然而，对于复杂的非线性问题，仅依靠理论推导难以处理。实验流体力学通过设置流体系统，针对流体问题进行直观测量或可视化处理，获取真实流场信息等实验数据，进而验证理论模型或工程方案。但受到实验条件、设备精度等因素的限制，实验变量不易控制，实验结果难以重现。同时，实验成本比较高昂，需要大量资源和时间。计算流体力学能够对流体问题进行更加广泛、深入的探索，构建、分析更复杂的流体模型，可以快速、高效地实现实验结果的可视化与复现。然而，计算过程中依然存在着数值误差和模型不确定性。同时，流体模拟的精确性受限于边界条件的准确性。近年来，机器学习发展迅速，机器学习技术为解决流体力学问题提供了新的高效解决方案。

2.4.1　计算流体力学方法

计算流体力学（Computational Fluid Dynamics，CFD）在理论与实验之外，为流体力学的研究提供了一种新方法。流体的流动遵循物理定律，可以用积分方程或偏微分方程（Partial Differential Equation，PDE）描述。CFD 将这些方程转换为离散代数形式，求解后获得离散的空间、时间点上的流场数值。

一类常用的基于网格的方法是，先将空间区域离散化，以形成立体网格或者格点，再利用合适的数值方法求解方程。经典的方法包括有限差分法、有限体积法（Finite Volume Method，FVM）、有限元法等。有限差分法是一种基于差商近似的数值解法。它对流场进行网格剖分，在网格上将偏微分方程离散化为差分方程，进而求解得到数值解。有限差分法简单灵活，易于实现，是 CFD 中主要的数值方法之一。然而，它难以有效处理复杂流体问题和非线性问题。有限体积法将流场分割成一系列不重复的控制体，利用流体控制方程对每个控制体进行积分，建立离散方程进行求解。有限体积法具有良好的守恒性，可以解决复杂流体问题和非线性问题；但在高阶精度要求较高的情况下，有限体积法需要较多的计算资源。有限元法把流场划分成许多小区域，称为有限元。在每个有限元内将偏微分方程离散化，得到离散方程，再利用线性代数等数值方法求解。有限元法同样可以处理复杂流体问题和非线性问题，但在处理高雷诺数条件下的湍流问题时，其表现并不理想。

基于网格的方法已经被广泛用于 CFD 中，然而，这一类方法并不能有效地解决大变形、高度非均匀、运动物质交接面、变形边界等情况下的流体问题。为此，谱方法、光滑粒子流体动力学（Smoothed Particle Hydrodynamics，SPH）等方法被提出。谱方法是基于傅里叶变换的分析方法，首先利用傅里叶变换在频域上分解流体问题，用一组基函数表示流场变量；然后采用数值方法求解基函数系数；最后通过傅里叶逆变换将结果转换回物理定义域。谱方法的精度高、稳定性好，但它难以快速处理具有复杂的几何形状的流体问题。SPH 利用相互作用的质点组描述流体，各个质点上承载了质量、速度等物理量，通过求解质点组的动力学方程、跟踪质点的运动轨道，描述整个系统的动力学过程。SPH 对网格依赖性低，可以避免出现网格扭曲而导致的精度损失等问题，方便处理不同介质的边界问题。此外，SPH 作为一种纯拉格朗日方法，能够避免欧拉描述中欧拉网格与材料之间的边界问题，适合求解高速碰撞等动态大变形问题。SPH 方法的缺点是边界不够精确，积分域在边界处被截断。

在现代流体力学的发展过程中，CFD 起着至关重要的作用，是流体力学中不可或缺的一部分。然而，CFD 方法存在计算开销大，难以处理高速湍流、多相流等复杂流体问题等方面的困难与限制。机器学习（尤其是深度学习）在近年来的高速发展，为 CFD 研究提供了新模式。

2.4.2 机器学习在流体力学中的应用

近十年，以深度学习为代表的机器学习成为计算机领域的研究焦点之一，并在各个领域中得到广泛应用。机器学习与流体力学的结合也成为一个热门的研究方向。机器学习将在很大程度上突破流体力学的许多限制，同时，在流体力学中引入机器学习也会带来一些新的挑战。

对于流体力学，引入机器学习带来的帮助可以分为两方面。一方面，机器学习能够建立新的计算模式——加速计算。例如，机器学习中的降维与特征提取方法可以建立降阶模型，从而降低流体力学问题的计算复杂度；一些神经网络技术被应用于微分方程的求解，以计算N-S方程等方程；对于提高流场分辨率、流场重建等问题，卷积神经网络等机器学习技术被应用于多个流体力学研究领域；强化学习技术极好地解决了主动流体控制与优化问题。另一方面，机器学习也可以建立物理解释。例如，通过机器学习能够提取流体的主要特征，获取关键流场模态；聚类和分类作为机器学习中的关键任务，在流体力学任务中可以从数据角度对流体进行划分与解释。

机器学习在流体力学中的应用也面临一些挑战。例如，可解释性和可推广性一直是物理研究中重要而基本的要求，如何引入物理知识，在利用神经网络完成任务的同时保证可解释性和可推广性，成为机器学习与流体力学结合的重要问题。解决这些在学科结合中出现的问题不仅会促进流体力学的发展，还会对机器学习有所裨益。

2.4.3 流体建模

在流体力学研究中，流体动力学的模拟和分析一直是热点领域。如今，人们不仅能够借助高速发展的 AI 技术对流体行为进行建模模拟，还能够深入分析探索底层物理机制。本节将介绍 AI 技术在微分方程求解、流体特征提取、流场重建与预测等多个方面的应用。

1. 微分方程求解

将神经网络应用于流体力学已有数十年，自 1994 年开始，人们利用神经网络求解微分方程。Dissanayake 和 Phan-Thien 将求解偏微分方程的数值问题转变为求解无约束的最小值问题。Lagaris 等人利用全连接神经网络求解微分方程，以解决初值和边界问题。随着近年来深度学习的兴起，利用神经网络求解微分方程有了进一步的发展。Raissi 和 Karnia 研究了隐藏物理模型，该模型通过时间依赖的非线性偏微分方程描述潜在物理规律，进而在高维数据中提取模式。内嵌物理知识神经网络（Physics-Informed Neural Network，PINN）能够将物理知识嵌入学习过程，并通过偏微分方程进行描述。除此之外，近年来强化学习与深度强化学习也被用于求解偏微分方程、倒向随机微分方程、非线性常微分方程。目前的研究表明，利用深度学习模型可以挖掘和揭示潜在变量，减少对参数化研究的依赖。同时，在复杂物理系统的研究中，将物理知识嵌入模型可以在数据量不足时有效帮助神经网络学习。

2. 流体特征提取

流体运动具有复杂的时空特征，在分析复杂流动之前，提取、分析主导流动的特征成为常用的研究方法。对于流体的物理研究而言，流动特征提取可以帮助人们理解 N-S 方程的主导因素，获取关键流场模态，还原流动本质，发现流动机理，提高物理认知。而对于流体计算而言，提取流体特征，降低属性维度，建立降阶模型，有助于提升计算性能。

流体特征提取通常需要进行流场模态分解，分解方法大致可以分为两类：一类是数据驱动的方法，如本征正交分解（Proper Orthogonal Decomposition，POD）方法和动力学模态分解（Dynamic Mode Decomposition，DMD）方法；另一类是算子驱动的方法，如 Koopman 分析。前一类方法主要依赖于分析流场数据，如 CFD 的计算结果或实验测量数据；而后一类方法则基于线性化 N-S 方程进行求解。

POD 是非常经典的模态分解方法，它提供基于数据驱动的正交分解方式，与 PCA 有着完全相同的数学理论——奇异值分解（Singular Value Decomposition，SVD）。DMD 是另一种模态分解方法，它将时间分辨数据分解成不同的模式，每个模式都有独立的振荡和频率特征。DMD 与 Koopman 算子密切相关，Koopman 算子提供无限维的线性变换，描述了系统中的各个函数在时间上的演变。

与 POD 相比，DMD 不需要任何先验流体力学知识，是一种纯粹的数据驱动的方法，因此它也难以将分解后的模式排序，从物理角度衡量各个模式的重要程度。此外，POD 单独处理每个瞬时流场，很难利用非稳态流场的时间效应。这些模态分解方法都是线性的，能够处理的流动类型有限，可能无法应对非线性情况。

通过神经网络技术，PCA 可以表示为一个拥有两层网络的自编码器（Auto-Encoder，AE）。第一层编码器网络将原始输入压缩至低维空间，第二层解码器网络将低维空间张量还原至高维空间。如果网络节点采用线性函数，同时编码器层与解码器层互为转置时，整个网络与 PCA/POD 密切相关。引入非线性激活函数时，自编码器能够提供更加紧凑的表示。基于此，Milano 和 Koumoutsakos 最早在近壁面湍流的流体力学研究中应用了神经网络技术。如今，深度神经网络被越来越多地用在复杂流场数据中，以获取有效的低维表示。自编码器可以在降维和特征提取方面提供更加丰富、直观的解释，这对揭示流体运动的深层机理有帮助。

3. 流场重建与预测

流场数据通常维度较高，在处理时会面临维数灾难。随着机器学习（尤其是深度学习）的发展，出现了基于数据驱动的方法，以缓解这一困境。神经网络通过学习，建立流体参数之间端到端的映射以及流体参数之间的内在关系。基于此，可以进行流场的重建与预测任务，减少计算量与数据量。

Jin 等人通过卷积神经网络，利用圆筒表面的压力预测尾流速度。Lee 和 You 使用生成对抗网络提取流体动力学特征，分析了损失函数对预测结果的影响，损失函数中的物理信息为模型学习提供了额外的帮助，将物理信息应用于神经网络表明了将物理定律与深度学习模型结合的重要性。Han 等人基于 Conv LSTM（卷积 LSTM）网络预测圆柱体周围的流场，将卷积与 LSTM 网络结合，可以在不使用降维算法的情况下，在高维复杂流场中有效捕获时空动态关系。除了预测湍流特征，Kim 和 Lee 通过卷积神经网络预测局部热通量，并对实验结果进行了统计和概率上的分析和比较。Raissi 等人利用神经网络，通过离散时空数据计算圆柱体周围的速度场和压力场变化情况。其中，支配方程作为正则项用于损失函数。综上所述，将流体力学知识嵌入神经网络会提高模型的可解释性和学习能力，LSTM 网络会获取非稳态流场的时空信息。

流场重建与预测在实际工程中有着重要的作用。例如在航空工程中，无论是计算压强、表面摩擦力还是研究流动分离、尾流涡旋等，都需要机翼周围的流场信息。物理参数和流体特性对机翼、旋翼的设计至关重要。传统方法通过在具有适当边界条件的网格上求解 N-S 方程，以获得流场信息。然而，在优化机翼设计、解决流体与结构的相互作用等任务中，CFD 需要大量迭代计算，计算开销大。深度学习为高效解决这些物理问题带来了新的解决方案。机翼周围的流场被设置为一个与几何参数、攻角和雷诺数有关的函数。Sekar 等人使用卷积神经网络提取机翼的几何特征，并将其与攻角和雷诺数一起输入多层感知机来预测机翼周围的流场。Zhang 等人和 Yilmaz 等人用同样的思路预测机翼的升力系数。Hočevar 等人利用径向基函数神经网络估计湍流尾流。Bhatnagar 等人提出基于卷积神经网络的框架预测不同机翼在不同流动中的流场，可以实时研究机翼几何形状和流动情况对空气动力参数的影响。目前的研究利用深度学习建立机翼几何参数与流场信息之间的映射关系，而神经网络在此类应用的泛化能力上还有待验证。

锥套检测是自主空中加油中的一个基础任务。Wang 等人利用卷积神经网络实现了锥套检测，解决了传统方法需要在锥套上设置人工特征的这一限制的问题。实验结果表明，深度学习方法在计算精度、模型性能和参表鲁棒性方面相比传统方法都有优势。

电子发动机控制器的可靠性是影响飞机发动机安全的关键因素，对其进行准确评估具有重要工程意义。Wang 等人针对平均故障间隔时间（Mean Time Between Failures，MTBF）提出了基于贝叶斯深度学习的可靠性评估方法，该方法不需要物理实验就能够准确评估 MTBF。

对于航空发动机的跨声速或超声速级联情况，由于燃烧室产生的高背压，级联通道中的冲击波结构会逐渐向级联唇移动，严重时可能导致压缩机失速。这种失速现象会导致进气捕集流量的急剧减少。因此，对于航空发动机压缩机的气流状态，必须进行严格的监测和控制，以确保稳定性并防止潜在的故障发生。传统监测方法主要包括气体路径分析、在转子叶片上安装微型加速度计、收集叶片级联的振动数据等。然而，这些方法难以直观、全面地反映流场的状态，且难以满足工程需求。基于深度学习的流场重建方法可以依据少量局部信息重建流场，为流场状态监测提供一种及时、有效的新方法。针对入流马赫数固定和背压连续变化的情况，Li 等人采用转置卷积和残差网络重建了 SAV21 超声速级联流场，根据级联壁面的离散压力值获取了级联通道的流场图像，实验结果表明重建相对误差小于 3.5%。除实验数据，Li

等人利用数值模拟结果探索了神经网络在入流马赫数变化复杂和背压连续变化的情况下识别流场冲击波的能力。Kong 等人基于卷积神经网络针对 Scramjet 发动机隔离器实现了高精度的流场重建，其检测精度比传统方法更高。

旋转电机的故障诊断在工业上也具有重要意义。Li 等人基于卷积神经网络提出一种红外热成像故障诊断方法。Zhang 等人将原始信号转换为二维图像，再利用卷积神经网络提取故障特征并进行分类，有效提高了轴承故障诊断的准确性。Wang 等人针对含有噪声的小样本涡轮发电机组建立了神经网络故障诊断模型。

目前利用神经网络进行流场重建和预测的工作大多采用卷积神经网络。与传统方法相比，深度学习方法不再依靠具体的数学、物理规律，而是直接学习端到端的映射，并针对具体问题对网络结构进行调整。同时，在网络中嵌入物理知识也可以提高模型性能与可解释性。

从神经网络训练角度来看，过拟合问题可能在训练中出现。这会影响模型的泛化能力，使模型无法对新样本进行准确预测，而泛化能力在实际应用中十分重要。因此，除了谨慎选择训练超参数、训练方法，建立高质量的大规模流体力学数据集对于神经网络的应用更加重要。

4. 提高流场分辨率

获取湍流流场的复杂结构一直是流体力学中的挑战。在 CFD 中，尽管可以通过直接数值模拟（Direct Numerical Simulation，DNS）在网格上获得湍流流场的复杂细节，但这无疑需要高昂的计算开销。对于实验流体力学，虽然 PIV 技术或纹影成像技术可以获取流场的主要结构，但捕捉结果的分辨率受限于相机等实验设备。因此，传统方法很难获取湍流流场的精细结构，从而限制了对流体的认知和探索。近年来，基于深度学习的超分辨率技术发展迅速，为提高流场分辨率提供了一种新方法。

超分辨率技术是指从输入的低分辨率图像中重建相应的高分辨率图像。基于深度学习的超分辨率技术直接通过神经网络学习低分辨率图像到高分辨率图像的端到端映射。Fukami 等人提出了基于卷积神经网络的 DSCMS（Downsampled Skip-Connection Multi-Scale，下采样跳跃连接多尺度）超分辨率算法，实验证明它可以从粗糙的湍流图像中重建精确的湍流结构，同时表明湍流能谱也能被准确重建。Liu 等人设计的多时态路径卷积神经网络模型同时考虑了时空信息，能够有效捕捉离子动能谱等湍流特征。Xie 等人的研究首次利用生成对抗网络生成超分辨率图像。此外，大涡模拟（Large Eddy Simulation，LES）也可以通过超分辨率技术在低分辨率单元中获得高分辨率结构。

在实验流体力学中，超分辨率技术可以有效提高 PIV 数据的空间分辨率。PIV 是一种重要的非侵入式测量技术，通过分析连续的粒子图像以记录测得的运动矢量。神经网络方法最早被用于快速 PIV 和粒子跟踪测速（Particle Tracking Velocimetry，PTV），并在三维拉格朗日粒子跟踪中得到验证。最近，卷积神经网络被用于在 PIV 图像对中构建速度场。此外，机器学习方法还被用来检测 PIV 中的虚假数据、去除异常值以及重建部分损坏的流场数据。

超分辨率技术对提高流场分辨率有重要而直接的影响，重建精度较高，对输入数据的要求较低。而输入数据之间的多尺度时空效应会改善重建效果。另外，超分辨率技术的性能与泛化能力仍然是实际应用中需要考虑的重要因素。

5. 聚类与分类

聚类与分类算法被应用于流体力学领域，以帮助人们建立物理理解，从数据角度对流体进行划分与解释。例如，K 均值聚类算法被用于离散化高维空间的流体混合层，形成的聚类簇可用于帮助人们理解流体状态的变化。Amsallem 等人在相空间中通过在 K 均值聚类形成的独立区域上建立局部减序基，有效提高了模型稳定性和参数鲁棒性。分类算法被用于区分流体动力学中的不同行为和模式。Colvert 等人基于局部涡流测量，使用神经网络对机翼后的尾流拓扑结构进行分类。Wang 和 Hemati 将 KNN 算法应用于尾流检测。在动力学方面，神经网络被用于检测流体干扰并估计具体参数。

6. 湍流模型闭合

湍流是流体力学研究中的重要方向。湍流对各类工程问题有着广泛而直接的影响，例如机翼上的边界层湍流会影响飞行性能，延缓湍流产生可以节省燃料；燃烧室中的湍流可以帮助混合燃料和空气，提高燃烧效率并减少废气排放。湍流运动具有不规则性、混沌性、扩散性等特点，涉及的时空尺度较大，利用传统理论方法进行描述具有很大的挑战。直接使用 N-S 方程模拟湍流，会产生高昂计算开销。因此，通常截断小尺度湍流，利用雷诺平均纳维 - 斯托克斯（Reynolds-Averaged Navier-Stokes，RANS）模型或 LES 模型来处理大尺度的湍流模型闭合。然而，只有有针对性地调整这些模型，才可能匹配模拟数据或实验数据。同时，这些模型对湍流中的弯曲、碰撞、分离等情况并不能提供令人满意的预测精度。目前，如何利用机器学习技术完成湍流模型闭合成为一个热门研究方向。具体研究问题可以分为两类——RANS 模型的不确定性量化和模型中应力的建模，后者包括对 RANS 模型中雷诺应力和 LES 模型中亚格子（Subgrid Scale，SGS）应力的建模。

近年来，数据驱动的研究大多围绕 RANS 模型的不确定性进行，使用机器学习量化 RANS 模型的不确定性并提高其预测能力有着巨大的研究价值。RANS 模型的不确定性源于其依赖的 Boussinesq 假说，对模型计算结果的不确定性进行评估是不可或缺的。基于机器学习的评估方法一般在具有较高不确定性的区域使用有监督学习方法，将 RANS 模型的计算结果与不同流动配置下的高保真结果进行比较，采用二元分类器标记 RANS 模型准确性较差的区域。Ling 和 Templeton 使用了 3 种不同的机器学习算法——SVM、AdaBoost 决策树和随机森林，对不同配置下基于不同涡流黏度假设的 RANS 模型的计算结果进行评估。Tracey 等人分别针对湍流混合层中的火焰燃烧和非平衡边界层中的湍流各向异性，研究了 RANS 模型的不确定性。Geneva 和 Zabaras 提出了使用贝叶斯神经网络的数据驱动型框架，它不仅可以优化 RANS 模型的预测结果，还能为压力和速度等物理量提供概率边界。Ling 等人采用深度神经网络对各向异性的雷诺应力张量进行建模，在网络结构中设计了一个乘法层，将伽利略不变性嵌入张量预测，即提供了一种创新而直接的方法，将物理学中的对称性和不变性嵌入学习算法。

在使用机器学习量化 RANS 模型的不确定性时，除了湍流模型本身的不确定性，训练集的限制也会导致学习算法的不确定性。使用机器学习量化 RANS 模型的不确定性这一任务的关键是如何识别特征、如何识别特征和度量的误差以及验证结果，以确保分类算法具有良好的泛化能力，并能够拓展到新的流体场景。

另外，一些针对 LES 模型中 SGS 应力建模的研究同样值得关注。Wang 等人使用神经网络实现了 SGS 应力的所有分量闭合，同时考虑了 SGS 应力的对称性，在各向同性的 LES 湍流上进行了验证。Maulik 等人使用神经网络得到二维 Kraichnan 湍流的封闭项，以说明 SGS 湍流效应。进一步地，Maulik 等人探索了机器学习动态，以推断特定湍流模型假设的适用范围，提高了模型对各种问题的预测能力。

2.4.4　主动流体控制与优化

对流体进行控制与优化是常见的流体力学问题。两者不仅密切相关，两者的界限也随着计算能力的提高而逐渐模糊。主动流体控制与优化利用传感器收集流场信息，经过决策后通过执行器对流体的动力系统行为进行修改；面临的困难和挑战在于处理高维的非线性状态以及时间延迟和滞后性。传统的基于梯度的方法（Gradient-Based Method，GBM）很难有效解决上述问题。GBM 以微积分为基础进行逐点优化，依赖于目标函数关于若干独立变量的梯度信息；它适合用于寻找局部最优解，但很难得到全局最优解。GBM 应用于优化任务的主要难点是，它需要一个数学上连续可预测的设计空间。相比之下，以智能算法、深度学习等为代表的非梯度方法并不要求设计空间的连续性或可预测性，而且更有可能找到全局最优解。

在深度学习得以广泛应用之前，遗传算法、进化算法等智能算法已被应用于主动流体控制与优化方向，并且取得了成功。深度学习已被广泛证明可以解决在理论上未得到最佳解决方案的问题。目前的相关研究工作已经表明它同样适用于解决和流体控制与优化有关的问题。与流体建模相比，主动流体控制与优化过程需要与外界数据不断互动，这特别符合强化学习的应用场景。接下来将介绍智能算法、深度学习、强化学习在流体控制与优化方面的应用。

1. 智能算法

智能算法包括遗传算法、遗传编程、进化算法、粒子群算法、模拟退火算法等。它们在解决实际工程问题时得到广泛应用，以实现黑箱的目标函数优化。例如，空气动力学形状设计优化、无人驾驶飞行器优化、改善横流式水轮机的能量提取等。

智能算法适用于解决具有不确定性的实验、工业问题，例如处理意外的系统行为、外界干扰等情况。智能算法需要大量的迭代以寻找近似最优解，同时，计算开销随着算法参数数量的增加而增大，因此它可能难以处理卡尔曼滤波器、多传感器等场景下的问题。另外，并行化计算与高性能计算技术的发展可以提高求解效率，自动化技术的进步也推动了智能算法在实验和工业环境中的应用。然而，收敛性证明、可解释性和可靠性都是使用智能算法解决流体力学问题时需要考虑的内容。对于特定问题，将智能算法与 GBM 相结合构成混合算法可以为流体控制与优化提供最佳策略。

2. 深度学习

深度学习方法通过对环境进行动态的建模来建立有效的控制策略。自 1995 年 Phan 等人将神经网络应用于空气动力学，Lee 等人将神经网络用于湍流控制以来，神经网络技术被广泛应用于流体控制与优化中。

使用神经网络实现主动流体控制一般分为 3 个步骤：首先，训练神经网络，得到墙体信息和执行器之间的映射关系；然后，通过网络结构获得在线自适应控制策略；最后，通过神经网络权重分布得到简单的湍流阻力、减少控制结构。

使用神经网络进行主动流体控制时仍面临一些问题。一方面，需要验证在低雷诺数情况下训练的自适应控制器能否应用于高雷诺数下的情况。同时，需要研究传感器和执行器的空间分辨率对控制性能的影响。另一方面，在处理复杂的高维非线性情况或配置有大量传感器和执行器时，利用神经网络进行控制可能需要昂贵的计算资源。

神经网络具有很强的非线性映射能力，可以准确描述输入和输出之间的映射关系。然而，神经网络在训练中容易陷入局部最优解，同时它不能与环境互动，这限制了它在实际工程中的应用。近年来，强化学习作为一种能够与环境交互的机器学习方法，吸引了越来越多的关注。

3. 强化学习

近年来，强化学习成为多个领域中解决问题的常用方法。强化学习利用智能体，通过收集信息、与环境互动进行学习与决策。通常，强化学习会与深度学习结合成为深度强化学习，利用深度神经网络的特征提取能力探索高维非线性空间。近年来，强化学习在主动流体控制领域取得了重大进展，能够有效解决高维度、非线性的决策问题，这些问题在之前是难以处理的。强化学习在流体力学中的应用包括重现水文系统动态变化，主动控制钝体周围的振荡层流，研究鱼的个体运动或鱼群的集体运动，扩大滑翔机运动范围，优化无人机运动，等等。

流体力学知识对于强化学习的应用至关重要，流体控制效果取决于流场状态的收集、决策动作和反馈奖励函数的选择。收集流场状态的方法可以从自然界收获灵感，如鸟的视觉系统或鱼的体侧线等。决策动作影响流体驱动装置。反馈奖励函数的设置一般要考虑能量、成本等因素。

总而言之，强化学习，尤其是深度强化学习，为解决流体控制与优化问题提供了一种强大而有效的方法。基于目前的开源代码和接口，可以较容易地实现强化学习和现有 CFD 的耦合。然而，强化学习的大计算开销是其广泛应用面临的重要瓶颈。同时，强化学习在高雷诺数流体中的性能和稳健性仍有待验证。

2.4.5　机器学习在流体力学中的挑战

在数据集方面，虽然流体力学领域积累了大量基于实验及模拟产生的数据，但可以有效应用于机器学习的数据仍然较少，并且获取数据的成本依然较高。在机器学习的各个领域，存在 ImageNet、Yelp、Twitter 等适用于不同任务的大规模公共数据集。为流体力学构建完善的大规模数据集，可使机器学习更好地应用于流体力学的研究中。此外，机器学习模型只能针对训练数据学习其特征。训练数据量不足将导致模型容易陷入过拟合，模型泛化能力较弱，模型难以对新数据做出有效判断从而无法准确预测未知情况。

虽然机器学习带来了新的建模方式，但物理学的基石仍然是可解释性和可概括性。在非稳态流体等高维动态系统中应用机器学习时，多尺度、潜在变量、噪声和干扰等诸多方面的因素都需要斟酌。对于发现未知物理学规律和通过已知物理学规律以改进模型两种不同任务，无论是应用有监督学习模型还是应用对抗学习模型，都需要将物理定律纳入学习过程，这对于增强数据驱动算法的可解释性具有重要意义。

▎2.5　气象学

气象学作为地球科学中的重要分支，主要研究地球大气现象及其演变规律，涵盖从天气现象的瞬时变化到气候系统的长期演化。气象学的发展脉络从古代的观测天象、气象记录开始，逐渐演变成现代科学体系。随着科技的进步，气象学的预测精准度得到了极大提升、预测范围得到了极大拓展，这对人类社会产生了深远影响。气象学不仅是人们了解天气、规划农作物种植和城市建设的重要工具，还为气候变化等全球性问题的研究提供了重要支持。气象学包括多个具体的下属学科分支，其中，大气物理学和大气化学是气象学的两个主要学科分支。本节将详细介绍大气物理学、大气化学的研究内容，重点探讨物理驱动的方法和数据驱动的方法在这些学科中的应用，旨在通过对比物理驱动的方法和数据驱动的方法，发现新的研究路径和方法，为气象学的发展和应用开拓新路径。

2.5.1　大气物理学

大气物理学作为气象学的一个重要分支，致力于深入研究大气中各种物理过程和现象的本质及其相互关系。通过应用物理学原理和数学方法，大气物理学为解释气象现象提供了深厚理论基础。大气物理学的研究范围十分广泛，涵盖了动力学、热力学、辐射传输、云和降水过程等多个领域。动力学研究大气中的环流、对流、湍流等运动和风场，探究气压梯度力、科里奥利力等对风的影响。热力学则关注大气的温度、压力和密度等物理性质，研究暖气流和冷气流的形成与演变。辐射传输研究太阳辐射在大气中的吸收、散射和传输，以及地 - 气系统辐射平衡。云和降水过程关注云的形成、演变和降水机制，研究云粒子的凝结和降水的释放过程。

在大气物理学的研究中，主要的研究方法包括实地观测、实验研究和数值模拟。实地观测是通过气象站、卫星和雷达等，获得真实大气中的数据。实验研究则通过在实验室中模拟特定大气现象，进行物理探究和验证。数值模拟是大气物理学中一种重要的研究方法，它通过建立数学模型和使用计算方法，模拟大气中的物理过程和现象。这种模拟为天气预报和气候变化研究提供了理论基础，不断提升的计算能力和不断发展的算法使得数值模拟在大气物理学中扮演着愈发重要的角色。大气物理学作为气象学的基础性分支，为我们深入了解大气中的各种物理现象和过程提供了重要的科学依据。通过研究大气物理学，我们可以更好地预测和理解天气变化，从而为人们的生活和决策提供重要参考和依据。

1. 降水量预测

降水量是指在一定时间内降落在地表的水层深度，通常以毫米或厘米为单位进行度量。降水是大气中的水循环过程的一个重要环节，它直接影响着土壤湿度、水资源供应、农作物生长和自然生态系统的平衡。不同地区的降水量差异巨大，从干旱的沙漠到多雨的热带雨林，降水量的差异决定了不同地区的气候类型和生态特征。在一些地区，极端的降水事件可能引发洪水和泥石流等自然灾害，对人类社会造成严重影响。在另外一些地区，长期干旱和降水量不足可能导致干旱和干扰农业生产，影响粮食安全和社会稳定。在大气物理学中，降水量预测是一个重要的研究课题。准确地预测降水量对于农业生产、水资源管理、城市防洪、交通运输等各个领域都具有重要意义。气象学家和气象预报员通过观测大气中的物理过程、分析气象数据以及应用数值模型等方法，努力提高降水量预测的准确性和时效性。在灾害性降水事件的预警和应对中，及时、准确地预测降水量有助于避免或减轻灾害对人们生命和财产的危害。

为了准确预测降水量，需要获取多源数据和信息。气象学家和气象预报员使用多种传感器和设备来收集必要的数据。气象雷达是降水量预测中常用的重要工具，气象雷达可以探测降水区域并估计降水的强度和范围。通过使用雷达反射率和多普勒雷达数据，可以确定降水的位置和风场的移动速度，从而预测降水的持续时间和可能的降水强度变化。此外，卫星观测是另一个关键的数据来源。卫星可以提供丰富的气象信息，包括云图、海温、气候模式等。全球降水测量（Global Precipitation Measurement，GPM）是一项科学任务，旨在在全球范围内监测降水过程。该任务由美国国家航空航天局和日本航天局联合发起，并得到其他国际合作伙伴的支持。该任务使用多个卫星传感器来监测全球降水情况，基于卫星数据，气象学家可以获得遥感测量的降水量数据。此外，地面气象站也是降水量预测中不可或缺的数据来源。气象站会定期测量降水量、气温、湿度等气象要素，并将数据传输到气象中心进行分析。这些实时的地面观测数据是对降水量的实际情况进行监测和校正的基础。

（1）物理驱动的方法

在降水量预测中，物理驱动的方法是一种重要的预测手段。这种方法基于大气和水文过程的物理原理，通过模拟大气和水文过程来预测降水量。具体而言，物理驱动的降水量预测方法会考虑空气动力学、热力学、水汽输送以及地表的土壤湿度、地形等因素。在大气方面，物理驱动的方法会运用数值天气预报（Numerical Weather Prediction，NWP）模型，将动力学和热力学过程纳入预测。该模型基于气象观测数据，通过解析大气方程组，模拟大气的运动和变化。同时，考虑到水汽的输运和凝结过程，该模型还会计算水汽在大气中的分布和转化，从而预测降水的形成和分布情况。

为了预测降水量，研究者需要使用物理驱动的降水模型。这些模型基于大气和水文过程的物理原理，利用观测数据和再分析产品作为输入。再分析产品将观测数据与气象模型结合，利用数值方法重新分析过去的气象场，得到一系列全球大尺度的气象数据。数值方法中的一种经典方法是有限差分法。这种方法将偏微分方程转化为差分方程，然后通过数值计算不断逼近原始方程的解。以降水过程为例，有限差分法可以用于模拟大气和水文过程，可以使用以下的偏微分方程来描述降雨过程：

$$\frac{\partial R}{\partial t} = P - E - Q \tag{2-1}$$

其中，R 表示降雨量，t 表示时间，P 表示降水量，E 表示蒸发量，Q 表示径流量。这个方程描述了降雨量随时间的变化，其取决于降水、蒸发和径流过程。我们可以将这个偏微分方程转化为差分方程，使用显式欧拉法得到：

$$R_{n+1} = R_n + \Delta t \cdot (P_n - E_n - Q_n) \tag{2-2}$$

其中，R_n 表示在第 n 个时间步的降雨量，t 表示时间，P_n、E_n 和 Q_n 分别表示在第 n 个时间步的降雨量、蒸发量和径流量。通过不断迭代计算上述差分方程，我们可以得到在不同时间步的降雨量估计值。这样，我们就可以利用有限差分法来预测降雨量在未来的变化趋势。

数值天气预报模型是一种基于大气和海洋动力学原理以及数学物理方程的计算模型，用于模拟和预测地球上大气和海洋的运动和变化规律。由于正确使用了物理驱动的知识，数值天气预报模型的表现十分稳定。该模型通过将大气和海洋划分为一系列网格单元，并在每个网格单元中求解质量守恒、动量守恒、能量守恒等基本方程，模拟大气和海洋的演变。其中，动量方程可以表示如下：

$$\frac{\mathrm{d}\boldsymbol{v}}{\mathrm{d}_t} = -\frac{1}{\rho}\nabla p + \boldsymbol{F}_{\text{cor}} + \boldsymbol{F}_{\text{grad}} + \boldsymbol{F}_{\text{drag}} + \boldsymbol{F}_{\text{other}} \tag{2-3}$$

其中，$\boldsymbol{v}$ 表示风速向量，ρ 表示空气密度，p 表示压强，∇p 表示压强梯度，$\boldsymbol{F}_{\text{cor}}$ 表示科里奥利力，$\boldsymbol{F}_{\text{grad}}$ 表示压强梯度力，$\boldsymbol{F}_{\text{drag}}$ 表示摩擦力，$\boldsymbol{F}_{\text{other}}$ 表示其他力。通过数值求解这些方程，数值天气预报模型能够预测大气和海洋的未来状态，包括风速、温度、湿度等的时空演变，为天气预报、气候预测和灾害预警等提供重要参考和依据。

除此以外，其他数值方法（如有限元法、谱方法等）也可用于降水量预测。谱方法基于频谱分析的原理，首先通过将降水信号拆解成不同频率成分，然后对每个频率成分进行独立的预测，最后将各个频率成分的预测结果合成。谱方法常用于分析周期性或具有明显频率特征的时间序列数据，因此在降水量预测中可以用来捕捉不同时间尺度上的降水变化：

$$X(t) = \sum_{k=1}^{N} A_k \cos(2\pi f_k t + \phi_k) \qquad (2\text{-}4)$$

其中，$X(t)$ 表示降水信号的时间序列，N 表示频率成分的个数，A_k 表示第 k 个频率成分的振幅，f_k 表示第 k 个频率成分的频率，t 表示时间，ϕ_k 表示第 k 个频率成分的相位。此外，Guilloteau 等人提出了频谱误差模型，用于估计卫星降水产品的不确定性，该模型考虑了降水量的空间和时间尺度变化。频谱误差模型将系统失真情况和随机误差在傅里叶频率 - 波数域中进行表示，在多卫星降水产品中得到应用，并基于系统辨识方法、地面测量数据进行参数估计。

另一种物理驱动的经典方法为反演方法，通过观测数据（如遥感数据、卫星数据）来估计大气中的水汽含量，从而间接预测降水。这种方法通常利用辐射传输理论和反演算法，将遥感数据转化为大气参数，进而推算降水情况。但反演方法的性能取决于许多因素，如地表类型和降水的变异性。戈达德廓线算法通常能够准确反演有组织的对流，然而，对于层积云系统的降水预测，在陆地上会被低估，在水域上会被高估。

物理驱动的方法利用多种观测数据，并基于物理原理进行模拟，以提高预测的准确性和可靠性。然而，由于气象和地表情况的高复杂性，物理驱动的方法对建模技术和计算资源有较高的需求。因此，在实际应用中，物理驱动的降水量预测通常会结合统计方法和数据同化技术，以获得更精确的预测结果。总体来说，物理驱动的方法在气象学中具有重要地位，它为我们提供了一种深入理解大气和水文过程的手段，为预防灾害、优化水资源管理和应对气候变化等提供了有力支持。通过持续的研究和改进，物理驱动的方法将继续为我们提供更准确、可靠的降水量预测服务。

（2）数据驱动的方法

在气象学中，降水预测是一项重要而复杂的任务，为了提高预测的准确性和可靠性，研究者们采用了不同的预测方法。传统的物理驱动的方法依赖于复杂的数值模型和物理方程，通过模拟大气和水文过程来预测降水。然而，这种方法在处理大规模气象数据和考虑不确定性方面面临一定的挑战。相比之下，数据驱动的方法的效果更好。比如，Yang 等人采用了 U-Net 深度学习模型，旨在实现季节性降水预测。由于季节性降水的复杂机制和对气候变化的非线性响应，准确预测季节性降水情况仍然是一个巨大的挑战。与传统的统计或经验方法以及动态气候预测系统相比，深度学习方法具有利用时空结构和拟合复杂非线性函数的优势，可以更好地预测复杂的气候变化。数据驱动的方法具有适应性强等优势，这使得其在气象学中得到广泛应用。

物理驱动的数值天气预报模型依赖于数学模型，考虑了大气的不同物理特性，可以准确预测未来几小时到几天的天气情况。然而，这些模型涉及解决高度复杂的数学模型，计算成本高昂，需要强大的计算能力，通常需要在昂贵的超级计算机上执行。因此，数值天气预报并不适合短期（小于 6 小时）的降水预测。定量降水临近预报（Quantitative Precipitation Nowcasting，QPN）是一种用于预测短期降水量的技术，预测时间涵盖未来数小时。QPN 面临的主要挑战之一是准确预测相对罕见的高降水事件，因为这些事件往往对公众安全和灾害管理具有重要影响。过去，QPN 主要使用基于物理模型的方法，如雷达回波外推模型，但这些方法在预测雨带的推移以及提前数小时预测降水移动方向等方面存在一定困难。近年来，深度学习的兴起为 QPN 带来了新的应用优势。在 QPN 中，深度学习可以利用雷达数据、卫星数据等，学习预测复杂降水关系，从而提高预测精准度。

雷达图像显示了雷达回波的分布，降水图像则显示了一段时间内的降水情况。这些图像是高分辨率的空间数据，用于表示降水或与降水相关的信息。这些图像具有空间结构，而且在不同时间段内可能存在连续变化，适合用卷积神经网络进行处理。Shi 等人提出了卷积 LSTM，并将其用于构建降水预测的端到端可训练模型。Trebing 等人提出了 SmaAt-UNet，它是一种高效的基于卷积神经网络的模型，基于众所周知的 U-Net 架构，配备了注意力模块和深度可分卷积。模型基于荷兰地区的降水图和法国云覆盖的二进制图像，在真实数据集上进行评估，实验结果表明，在预测性能方面，这一模型与基准模型相当，且只使用了 1/4 的可训练参数。Osborne 等人旨在使用卷积神经网络解决基于多雷达多传感器（Multi-Radar Multi-Sensor，MRMS）系统的定量降水估算（Quantitative Precipitation Estimation，QPE）产品在美国西部地区使用时面临的挑战。由于地形和雷达覆盖范围的差异，美国西部地区的 QPE 的精准度较低，并且降水的地形增强现象难以用传统的物理驱动的方法捕捉。Osborne 等人通过学习多个雷达变量的空间信息，来预测中心网格点的降水值，从而获得更准确的降水估计。由华为研发的盘古气象大模型使用了视觉变换器技术，并创新性地使用了提供确定地理位置信息的位置编码技术。盘古气象大模型使用欧洲中期天气预报中心提供近 40 年的气象数据进行训练，并利用 2018 年、2020 年和 2021 年的数据进行测试。结果表明，盘古气象大模型在未来 1 小时至 7 天的预报精度上首次超过了传统数值方法 Operational IFS 的预报精度。盘古气象大模型目前主要应用于台风路径预测，并被部署在了欧洲中期天气预报中心，其在极端天气（如暴雨、干旱、寒潮等）的预测上也将发挥重要作用。同样被部署在欧洲中期天气预报中心的还有英伟达的 FourCastNet 和谷歌的 GraphCast。FourCastNet 是由英伟达、美国劳伦斯 - 伯克利国家实验室、美国密歇根大学等的研究者提出的一种基于傅里叶神经算子（Fourier Neural Operator，FNO）的天气预报模型。该模型可以实现以 0.25°（经度 / 纬度）的分辨率对全球关键天气指标（如温度、风速、降水等）进行预测。GraphCast 则使用了图神经网络，构建了一个在全球范围内具有高空间分辨率的空间图。GraphCast 使用了近 40 年的气象数据，在 32 个张量处理器（Tensor Protessing Unit，TPU）上训练了 4 周，模型最终在 90% 的验证指标上呈现的性能超过了物理驱动的方法，并且将预测用时从几周缩短至一分钟。盘古气象大模型、FourCastNet 和 GraphCast 的成功，展现了 AI 方法在气象预测领域的巨大价值。相比物理驱动的方法，AI 方法提速超过 10 000 倍，部分指标的预测精准度也实现了超越。

深度学习中的生成模型可用于提高生成结果的可靠性。Ravuri 等人提出了一个用于临近预报雷达降水概率的深度生成模型（Deep Generative Model，DGN），对 1536 km×1280 km 的区域进行时空一致的预测，预测时间段为未来 5 至 90 分钟。50 多位专家的系统评估结果表明，Ravuri 等人的生成模型在 89% 的情况下的准确性和实用性排名第一。Ashesh 等人使用了生成对抗网络，旨在生成在低降水量和高降水量地区都可以信任的预测模型。其中，鉴别器模块用于区分真实的降水图和生成的降水图，从而推动模型生成更真实的降水图。从定性和定量的角度观察发现，判别器可以减少模糊的降水图数量，而且不会影响模型的预测性能。由清华大学研发的 NowcastNet 模型则可以对极端降水等事件进行短期 3 小时的预测，经过 62 位中国气象专家的评估，该模型在 71% 的案例中排名第一。NowcastNet 将神经网络框架中的神经演化算子与物理条件机制相结合，能够无缝地将对流守恒等物理法则整合到学习模型中，实现预测误差的最小化。物理驱动的方法在短期预测上往往存在计算资源和时空分辨率方面的瓶颈，NowcastNet 的成功为短期极端气象预测带来了新的思路。

深度学习在气象学等领域蓬勃发展，但由于其用到的参数众多，难以理解其推断过程。幸运的是，可解释性机器学习技术的发展使得研究者可以了解神经网络学到的预测变量和预测对象之间的关系，从而在可预测性来源的物理层面上提供了新的理解。Pegion 等人采用了可解释性卷积神经网络，这一方法可以更好地理解不同因素对降水预测的共同贡献及其重要性。此外，Barnes 等人运用人工神经网络和可视化工具，揭示了人工神经网络的决策过程，从而提取气候模式的强迫变化。Mayer 等人则利用人工神经网络可解释性技术，对热带的出射长波辐射（Outgoing Longwave Radiation，OLR）异常进行关联性分析，并发现了可能的新热带 OLR 模式，该模式与次季节时间尺度上北大西洋环流的可预测行为相关。这些研究表明，可解释性机器学习技术在气象学中具有重要应用价值，通过对深度学习模型的解释，我们能够更好地理解气候现象背后的物理机制。

2. 气象灾害预测与防范

当今社会，气象灾害对人类的生产生活造成了严重的威胁，因此气象灾害预测与防范成为一个备受关注的研究领域。该研究领域涵盖气象学基础理论、气象观测、数值模拟等多个方面。通过对气象灾害的科学预测与有效防范，可以极大程度地减少灾害带来的损失，保护人们的生命财产安全。

（1）物理驱动的方法

在气象灾害预测与防范中，物理驱动的方法是一种传统且重要的研究手段。物理驱动的方法在气象学基础理论、气象观测、数值模拟等方面得到广泛应用。对于热带气旋（如台风和飓风)、洪涝、暴雪、火灾、干旱、高温热浪等气象灾害,物理驱动的方法使用空气动力学和热力学方程来解释现象的产生和发展。例如,台风预测使用数值模型对大气环流和海洋温度进行建模,以预测台风路径和强度。洪涝预测则涉及对降水过程、地表径流等进行数值模拟,以预测降水量和洪涝风险。在面对突发的暴雪天气时,物理驱动的方法通过模拟空气动力学和热力学过程,提供对雪量和风暴影响的预测。在火灾预测方面,物理驱动的方法结合大气温湿度、风速、地形等参数,预测火灾蔓延的可能性。对于干旱和高温热浪,物理驱动的方法可以通过数值模拟预测大气的温湿度变化,提供干旱指数和高温预警,提示人们采取防范措施。

在热带气旋预测中,物理驱动的方法主要涉及利用数值模型和观测数据来理解和预测台风路径和强度。在数值模型方面,三维耦合模型被用于预测台风的强度,模型中包括风暴环境条件的变化和内部波动等因素。此外,台风强度的变化通常与风暴前的热力学环境、大气环境特性(如水平风的垂直切变)、动力学特征以及台风与海洋的相互作用等因素密切相关。因此,数值模型需要综合考虑这些因素,以获得更准确的台风强度预测结果。同时,观测数据也对预测台风强度等起着重要的作用。例如,台风会改变其所经过的海洋温度,而海洋温度的变化对台风强度有很强的负反馈作用。因此,观测和分析海洋温度的变化可以为台风强度预测提供重要信息。

在洪涝预测中,物理驱动的方法主要涉及利用大气和水文过程来理解和预测洪水的发生和演变。数值模型在洪涝预测中扮演着重要角色,例如,流域水文模型被广泛应用于模拟降水引起的径流过程和洪水的形成过程。这些模型结合地形特征、土壤类型和实时气象数据,可以对洪水的发生和演变进行模拟和预测。同时,洪水预测也依赖于实时的气象观测数据,包括降水量、降水强度、气温等。气象雷达、卫星遥感和气象站等可以提供实时的气象数据,帮助预测洪水的发生和演变。此外,水位站和流量测站等水文观测设施也对洪水预测起着重要作用,可以实时监测河流水位和流量的变化,为洪涝预测提供关键数据。类似地,在干旱预测中,物理驱动的方法依赖于大气和水文过程,以理解和预测干旱的发生和严重程度。数值水文模型被广泛用于模拟和预测干旱等,包括土壤湿度亏缺、河流流量减少和地下水消耗等方面。这些模型考虑了降水、蒸散发、土壤特性、植被和水资源管理等因素,以评估干旱状况并预测其演变。此外,基于卫星的遥感和气候监测系统提供了降水模式、土壤湿度水平和水储存等关键数据,对干旱预测和早期预警至关重要。

物理驱动的方法通常需要大量的气象观测数据和高性能计算设施来进行复杂的数值计算。虽然在预测长期气象趋势和一般性天气方面具有良好的效果,但面对气象灾害这种复杂、突发性的天气现象,物理驱动的方法存在一定的局限性。气象灾害的发生往往伴随着多变的气象条件和非线性过程,导致数值模型的计算复杂度较高,难以在灾害的临近预报上取得准确和实时的预测结果。深度学习的快速发展为气象灾害预测带来了新的机遇,深度学习方法能够更好地处理非线性关系和复杂数据变化,具有更强的灵活性和适应性。因此,结合传统的物理驱动的方法与现代深度学习方法，有望为气象灾害预测与防范提供更全面和准确的解决方案。

（2）数据驱动的方法

数据驱动的方法在气象灾害预测与防范中具有重要作用。随着大数据技术的发展和气象观测系统的完善，越来越多的气象数据被收集和记录下来，包括气象卫星遥感数据、气象雷达数据、气象站观测数据、气象模型输出数据等。数据驱动的方法利用这些海量数据来构建模型，进行预测和分析，从而辅助气象灾害的预测与防范工作。

在数据驱动的气象灾害预测中，机器学习方法被广泛应用。机器学习能够从大量的气象数据中学习规律和模式，进而实现对未来气象事件的预测。SVM、随机森林、神经网络等机器学习方法被用于预测台风、火灾、干旱等极端气象。深度学习模型（如卷积神经网络和循环神经网络等）在处理图像数据、时间序列数据等多维度的气象数据方面表现出色，可实现高精度的预测。

数据驱动的方法的优势在于，它以提高模型拟合效果为首要任务，因此具有较强的预测能力。Hashemi 等人开发了一种高效而稳健的 AI 模型，用于预测风暴潮峰值，该模型的表现相比 SVM 更优。Lopez 等人使用卷积神经网络在短期、中期和次季节时间尺度上预测极端热浪天气，并研究了使用不同损失函数的训练效果。除此以外，相比物理驱动的方法，数据驱动的方法的成本更低，对实时模拟的要求更低，但对过往数据的体量要求较大。以 Mital 等人的研究为例，他们使用了随机森林来解决雪水当量（Snow Water Equivalent，SWE）的估计问题，可推断未记录时间点的 SWE。航空观测（如使用激光雷达）是精确测量高分辨率（100m 及以上）SWE 的物理驱动的方法，然而，进行航空观测的频率非常低。Mital 等人提出的机器学习框架可以建模，由稀疏的航空激光雷达数据得出 SWE，并估算未记录时间点的 SWE，从而节约成本。Bose 等人将随机森林算法与循环神经网络结合，模拟台风的重要属性，如登陆位置和风速，这些模型具有自动识别和利用复杂非线性关系的能力，从而无须使用基于专家经验的特征工程。Lee 等人提出了一维卷积神经网络模型，用于从热带气旋条件的时间序列中快速预测广泛海岸区域的风暴潮峰值。与使用高保真度、基于物理的数值模型进行概率预测和概率风险评估的方法相比，该方法的计算效率更高。通过使用现有的高保真度合成风暴潮模拟数据库，可以避免重复进行一些昂贵的物理模拟过程，同时保证了较高的预测准确性。全球环流模式产生的数据量巨大，而物理驱动的方法需要昂贵的存储和处理成本。Galea 等人开发了一种轻量级的深度学习模型，用于实时检测模拟输出中的热带气旋。该模型根据模拟时间步长将数据分为 8 个区域，并利用这些区域的信息来推断是否存在热带气旋。

数据驱动的方法在气象灾害预测与防范中的优势在于，它能够自动学习数据中的复杂关系，不需要依赖物理先验知识。而且，随着数据的不断积累，数据驱动的方法可以不断优化和更新模型，提高预测的准确性和稳定性。然而，数据驱动的方法也面临着数据质量不高、数据不平衡、模型过拟合等问题，需要针对不同的气象灾害类型和预测任务选择合适的数据和模型，并进行适当的数据预处理和模型优化。

2.5.2　大气化学

大气化学是气象学的一个重要分支，致力于研究大气中的化学组成、化学反应过程和大气污染物的传输与转化。随着人类活动加剧，大气中的化学反应和污染物排放对空气质量和气候变化产生了越来越大的影响，这使得大气化学的研究越来越重要。大气化学的研究范围广，主要涉及大气中的气体和颗粒物的成分与浓度分布、化学反应动力学、大气化学反应机制、污染物的源解析与传输等多个主题。例如，研究大气中的臭氧生成与消耗过程对于理解地球臭氧层的形成和破坏至关重要。

在大气化学相关的研究中，主要的研究方法包括实地观测、实验研究和数值模拟。实地观测通过气象站监测、卫星遥感监测和空气质量监测等手段，获得大气中的化学组成和污染物的实时数据。实验研究则通过在实验室中模拟大气中的化学反应，研究化学反应动力学和大气化学反应机制。数值模拟是大气化学研究中的重要研究方法，它通过建立复杂的数学模型和使用计算方法，模拟大气中的化学反应过程和污染物传输，预测和评估不同情景下的大气化学变化和污染物扩散情况。总体而言，大气化学作为气象学的一个重要分支，为我们深入了解大气中的化学组成与化学变化，以及大气化学与气候变化之间的关联提供了重要的科学基础。通过研究大气化学，我们可以更好地认识大气环境中的复杂化学过程，为保护空气质量、应对气候变化和制定环保政策提供科学依据。随着科学技术的不断进步，大气化学的研究将持续发展，为解决当今全球气候与环境问题贡献更多的智慧和力量。

1. 全球气候变暖

在大气化学中，全球气候变暖是一个重要的研究主题。全球变暖指的是地球表面温度长期上升的现象，这主要由大气中的温室气体增加引起。全球变暖的主要原因是人类活动导致的温室气体排放增加，如二氧化碳、甲烷、氧化亚氮等，它们能够吸收和辐射地球表面的热能，导致大气温度上升，从而引发全球气候变化。在大气化学研究中，人们采用多种方法来探测全球变暖的影响。气象站可以记录地面温度、湿度和气候变化数据，而卫星遥感可以监测大气中的温室气体浓度和热能辐射。此外，化学方法也扮演了重要角色。研究人员会在不同地区采集大气样本，通过气体色谱、质谱等化学分析方法来检测大气中的温室气体浓度。化学方法还可以通过冰芯和岩石记录来重建过去几千年的气候变化和温室气体浓度变化的样本。通过分析这些样本中的化学成分，可以了解过去气候变暖的变化趋势和原因。碳循环是另一个重要的研究主题，对地球气候和生态系统具有重要影响，碳循环参与了地球的气候调节。然而，人类活动（如燃烧化石燃料、砍伐树木等）导致大量的二氧化碳释放到大气中，加快了全球变暖的速度。因此，研究碳循环对于理解气候变化和环境保护具有重要意义。

（1）物理驱动的方法

传统的物理驱动的方法依赖一系列基于物理原理的技术和实验手段。首先，通过使用气象站、气象球和其他仪器来收集大气层中不同位置和高度的温室气体浓度数据。仪器能够测量主要温室气体的浓度水平，并通过定期观测和记录建立气体浓度的时空分布图。然后，使用气候模型和数值模型来模拟温室气体的运动和扩散过程。这些模型基于大气物理学的基本方程，考虑地球表面、大气层和海洋之间的相互作用，以及太阳辐射的影响，模拟温室气体在大气中的传输和分布。另外，传统的物理驱动的方法还利用遥感技术，例如卫星遥感和激光雷达，来监测全球范围内的温室气体浓度和排放源。卫星遥感能够提供高时空分辨率的温室气体数据，使研究人员能够更好地了解温室气体排放的时空分布和变化趋势。Delsole 等人的研究使用先进的气候模拟和观测方法，区分自然和人为因素引起的气候变化，揭示非强迫内部动态对气候变化的影响。另外一些研究则通过模拟大气中温室气体的排放和浓度变化，研究它们对全球气候的影响，从而揭示温室效应导致全球变暖的机制。

影响二氧化碳浓度的一个关键要素是碳循环。碳循环是指碳元素在地球上的生物圈、岩石圈、土壤圈、水圈及大气圈之间交换的过程。碳循环的存在给二氧化碳浓度预测带来了挑战，因为碳循环涉及复杂的生物过程和物质交换。传统的物理驱动的方法使用假设检验和数值模型，间接或直接地研究碳循环的过程和结果。Friedlingstein 等人使用了 11 个地球系统模型（Earth System Model，ESM）进行气候预测分析。这些 ESM 包括不同的参数和假设，用于模拟碳循环。Kaufmann 等人使用假设检验来研究陆地上生物体的活动与大气中二氧化碳浓度之间的关系。然而，碳循环涉及复杂的生物过程，物理驱动的方法需要依赖已有的气象模型和生物学知识，对于复杂关系的建模需要消耗大量算力。由于人类活动和自然因素的影响，二氧化碳浓度呈现出复杂的时空变化；而数据驱动的方法则不依赖先验知识，可以通过数据拟合捕捉复杂的非线性关系，有效提高了二氧化碳浓度的预测精度。

全球变暖的一个重要影响是海平面上升，海平面上升涉及多个物理过程，包括海洋热膨胀和冰川、冰盖的质量损失，海平面上升的预测结果存在很大的不确定性。Green 等人通过模拟冰川融化和海洋热膨胀等过程，预测未来海平面上升的速度和幅度，为沿海地区的防洪和城市规划提供参考。Thomas 等人使用了概率性危险分析策略，结合海平面上升预测模型和气候强迫情景，研究海平面上升预测的不确定性和不确定性来源。Gutowski 等人使用了两个区域的气候模拟情况来研究全球变暖情景下日降水量与总降水量之间的关系。降水强度谱的解析结果表明在研究的所有区域和季节中，几乎所有高强度的日降水量在总降水量中都占据了相当大的份额。

传统的物理驱动的方法在气象学中具有优势，它们基于已知的物理过程和方程，能够提供较为准确的气候预测和气候现象解释。然而，由于气象系统的复杂性和不确定性，物理驱动的方法也存在一定的局限性，包括对初始条件和参数较敏感，以及计算复杂度较高。因此，近年来数据驱动的方法在全球变暖研究中逐渐崭露头角。数据驱动的方法利用大量实测数据和统计学方法，通过对现有数据的挖掘和分析，推断气候变化和预测未来趋势。这些方法可以弥补物理驱动的方法的不足，为气候变化研究提供新的视角和解决方案。

（2）数据驱动的方法

数据驱动的方法能够解决复杂的非线性问题，并考虑了不确定性。在碳循环中，各种因素相互交织，导致了系统行为的不稳定性和多样性。传统的物理模型可能过于简化或忽略了某些关键因素，而数据驱动的方法可以更好地处理这些因素，帮助我们理解碳循环中的非线性响应和各个环节之间的关联。数据驱动的方法通过利用大量实测数据和观测结果，能够帮助人们更全面地了解碳循环中的关键因素和机制，从而提高预测的准确性。例如，Sheta 等人将石油、天然气、煤炭等一次能源的消费量等属性作为输入特征，通过训练两种神经网络模型，对未来的二氧化碳排放情况进行预测。数据驱动的方法可以快速获取来自不同地区、不同时间尺度的多源数据，并找到隐藏在数据中的模式和规律。

全球变暖会导致海平面上升，近海和沿海地区可能会越来越多地受到海浪的影响，提高波浪预测准确性是风险缓解的重要部分。传统的波浪预测依赖于基于物理模型的数值模型，通过计算时间序列来估计空间波浪条件，如第三代波浪模型。这些模型在数学上表征了风生波的生成、传播和衰减的物理过程。然而，由于计算的复杂性，这些模型需要大量的计算资源。Chen 等人使用引入注意力机制的 LSTM 来解决海洋波浪条件的短期预测问题，以应对越来越复杂的海洋环境。结果显示，系统对未来 1 小时的显著波高的预测准确性与传统的基于物理模型的预测产品相当，且只需要很少的计算资源。Lee 等人使用 ANN，探索了海平面异常与大气环流模式之间的月尺度关系，他们基于大气环流模式构建了两个 ANN 模型，用于次季节 - 季节的异常海平面预测。

臭氧是大气中的一种气体，存在于不同高度的大气层中。在地球的低层大气（对流层）中，臭氧是一种温室气体，它能够吸收来自地球表面的长波辐射，并将部分辐射能量重新辐射回地球表面，使地球表面温度升高，从而导致全球变暖。传统的气象模型通常采用化学输运模型（Chemical Transport Model，CTM），依赖于数值计算计算空气质量。然而，这些模型存在局限性，导致模型结果与实际观测结果之间存在系统偏差。深度学习方法可以学习观测变量之间复杂的内在关系，并且在设计上的通用性更强，可以减小系统偏差，因此有潜力替代或改善传统的环境建模方法。Leufen 等人推出了一种基于卷积神经网络的 O3ResNet 新型预测系统，用于预测地面臭氧浓度。该预测系统的目标是预测未来 4 天内的地面臭氧浓度，特别是臭氧 8 小时滑动平均值。与目前非常先进的 Copernicus 大气监测服务模型相比，O3ResNet 表现出了更好的预测性能，即在均方误差和平均绝对误差方面都优于后者，这标志着基于深度学习的臭氧预测取得了重要进展。

相比物理驱动的方法，数据驱动的方法的优势在于，它们能够学习和挖掘数据中的复杂模式和规律，尤其是非线性关系和复杂相互作用。数据驱动的方法不需要复杂的数值模型和方程，计算成本较低，同时具有较强的适应性和实时性，可应用于不同地区和场景，成为气象监测中高效的预警模型。

2. 酸雨与大气污染

大气中的有害化学物质是指在大气中存在的能够对环境和人类健康产生不利影响的化学物质，这些物质主要由人类活动排放产生。其中，较为常见的有害化学物质包括二氧化硫、氮氧化物、挥发性有机物以及与氨类似的其他含氮化合物等。这些物质在大气中发生化学反应后，会产生二次污染物，如臭氧、硫酸雾和硝酸雾等。

这些有害化学物质还会对气象和环境造成严重危害。其中，酸雨是由大气中的硫酸雾和硝酸雾沉降至地面而形成的一种降水现象。酸雨会对土壤、植被和水域造成严重损害，导致土壤酸化、植物受损、湖泊和河流水质恶化等。此外，酸雨还会腐蚀和损毁建筑物，对人类健康产生不利影响。除了形成酸雨，有害化学物质还能影响大气中的臭氧浓度。

（1）物理驱动的方法

在酸雨与大气污染相关的大气化学研究中，物理驱动的方法被广泛应用于探究污染物传输和化学反应过程。这些方法主要依赖于空气动力学模型和数值模拟，通过模拟空气质量、风场、温度和湿度等气象参数的时空分布，揭示不同地区之间污染物的传输路径和扩散趋势。Dong 等人基于气候模型和不同排放情况下大气和地表的响应模拟，研究区域人为二氧化硫排放对撒哈拉地区降水的影响。Dong 等人还考察了不同排放来源（欧洲和亚洲）对撒哈拉地区气候的影响，并揭示了其中的大气环流和陆地表面变化模式。Nauth 等人则关注大尺度风向、局地海风环流和空气质量之间的关系。他们基于长岛海峡对流层臭氧情况研究野外观测数据和高分辨率快速更新数值天气预报模型，通过聚类分析，确定了 6 种大尺度传输路径，并揭示了风向、风速等因素对局部空气质量的影响。

此外，通过模拟气象条件的变化，物理驱动的方法还可以预测污染物在不同季节和气象条件下的浓度分布，帮助我们更好地理解酸雨与大气污染的时空演化规律。Baker 等人采用了气象模型和化学模型相结合的方法，使用实际监测数据，预测美国中部地区 PM2.5 中的硫酸铵和硝酸铵浓度。Baker 等人通过模型模拟不同控制情景，结合监测数据和气象变量，进行了一项评估，旨在探究气象条件和沉降过程是否有可能在 PM2.5 中的硫酸铵和硝酸铵的预测中引起系统性偏差。Mueller 等人利用 PCA 将气象变量转化为预测模型的预测因子，通过分析 1989 年以来的硫物种变化数据，使用基于广义加性模型的统计模型，通过非参数局部平滑的预测函数，计算了硫酸盐与气象预测因子之间的最大关联性。Goswami 等人采用了大气通用环流模型驱动的预测模型来模拟大气污染物浓度，以说明大气污染对大气环境和气候的影响。Goswami 等人通过模拟二氧化硫和二氧化氮等污染物的浓度，量化模型的预测能力。然而，由于未考虑数据同化等因素，研究中的模型为最简配置的预测模型。这些研究成果不仅有助于揭示污染物的来源和传播机制，还为制定减少酸雨产生和改善空气质量的政策提供了重要的科学依据。

（2）数据驱动的方法

在酸雨与大气污染研究领域，研究者们越来越多地采用数据驱动的方法，分析复杂的大气化学过程和污染物传输机制。数据驱动的方法以统计和机器学习为基础，通过分析大量实测数据，揭示污染物浓度、组成及其与气象因素的内在联系。这种方法在酸雨与大气污染研究中呈现出许多优势。

数据驱动的方法能够捕捉到大气系统中的非线性关系和复杂相互作用，突破了传统的物理驱动的方法的局限性。大气污染物浓度受多种气象因素影响，如温度、湿度、风速等，这些因素之间的相互作用往往不易用物理方程精确描述，而数据驱动的方法可以通过学习数据中的模式和趋势，更准确地揭示这些相互作用。Kujawska 等人使用了 2017—2019 年扎莫希奇气象站的实测数据，以温度、相对湿度、风速、风向等作为输入参数建立了神经网络模型，用于预测空气中的二氧化硫浓度。Hmadan 等人设计了基于遗传算法的神经网络来预测环境污染情况，针对约旦地区柴油燃烧导致的二氧化硫污染问题，采用了新型的 ANN 方法进行浓度预测，使用的参数包括平均日温度、相对湿度、风速、气压、颗粒物浓度和平均日太阳辐照量等。

此外，数据驱动的方法还可以在生产实践中预测污染物的排放情况。Chen 等人使用 LSTM 网络预测锅炉中二氧化硫的排放值。传统的物理驱动的方法对于循环流化床锅炉中复杂的机理和燃烧过程难以建立全面、准确的数学模型，预测精度不高。而数据驱动的方法无须精确的数学模型，可以从数据中学习模式。为了促进数据驱动的方法在气象学领域的发展，Dueben 等人发布了气象学中有关机器学习应用的基准数据集，旨在促进这一领域的机器学习研究。数据集中包括大气中污染物的浓度数据以及与大气气象条件有关的数据。这些数据可用于研究和分析大气中污染物的排放与分布情况，以及污染物在不同气象条件下的传输和反应过程。Dueben 等人使用了大量的大气科学数据，包括温度、相对湿度、风速、气压、颗粒物浓度等，以探讨大气化学领域的机器学习应用。

▎2.6　材料化学

材料化学作为化学的一个重要分支，其发展历程与化学本身密切相关，反映了人类对物质世界的深入探索。在现代社会的科技发展过程中，材料化学变得尤为重要，它推动了各种工业和技术方面的创新。在材料化学及相关化学学科的发展中，大量的实验积累了海量实验数据，这为它们与 AI 的交叉应用奠定了良好的数据基础。利用机器学习等 AI 技术，可以在海量数据中分析、挖掘、学习新的知识，提出、建立新的模型和理论。近些年，与材料化学、神经网络等技术相关的论文数量大幅增长。同时，AI 帮助材料化学在药物设计、材料分析、化合物设计等应用中取得了更多成果。AI 技术为实现更智能、更高效的化学研究提供了新的可能性，有望进一步推动材料化学的发展。

2.6.1　化学信息表示与存储

在化学发展历程中，不仅积累了几个世纪的化学数据，还积累了近几十年来计算化学领域产生的大量数据。大量高质量的数据正是有效利用机器学习、训练高质量模型的基础。因此，整理好积累的海量化学数据是必要步骤。对此，需要将化学数据转变成计算机可识别、可处理的电子数据，同时建立化学数据库，以便高效地检索、利用化学数据。

1. 化学信息表示

为了高效利用日新月异的计算机技术处理化学信息、辅助化学计算，需要对化学信息进行处理，提取特征表示，形成电子数据。可处理的电子数据格式需要满足非歧义性和唯一性的要求，即化学分子、化学反应与特征表示之间一一对应。

（1）物理驱动的数据描述

目前，通常有以下 3 种方法用于对分子结构进行描述。

第一种，简化分子线性输入规范（Simplified Molecular Input Line Entry Specification，SMILES），它是一种用字符串描述分子结构的规范，诞生于 20 世纪 80 年代后期。为了解决 SMILES 表示可能不唯一的问题，产生了规范化的 Canonical SMILES，它可以将分子结构和国际纯粹与应用化学联合会（International Union of Pure and Applied Chemistry，IUPAC）中的命名一一对应。

第二种，SMARTS（SMILES ARbitrary Target Specification）是基于 SMILES 的改进版本。它允许使用通配符表示原子和化学键，被广泛应用于搜索结构。

第三种，国际化合物标识（International Chemical Identifier，InChI），由 IUPAC 开发，它为所有化学物质产生一个唯一的文本表示。

同时，指纹技术被广泛应用于分子、化学信息的快速比对及相似性评估。常用的分子指纹按照提取规则大致分为 3 类：基于子结构的分子指纹，如结构密钥指纹和 PubChem 指纹；基于拓扑或路径的指纹，如原子对（Atom-Pair，AP）指纹和拓扑扭转（Topological Torsion，TT）指纹；圆形指纹，如扩展连通性指纹（Extended-Connectivity Fingerprint，ECFP）和功能基指纹（Functional-Class Fingerprint，FCFP）。其中，ECFP 常用于传统的化学信息学方法。作为非常稀疏的特征矩阵，ECFP 在表示多个分子时容易出现哈希冲突。

进一步地，常用的反应指纹包括结构反应指纹和反应差异指纹。前者是反应物与产物的分子指纹的简单组合，后者专为处理化学反应而设计。反应指纹记录了化学反应的变化特征，以评价不同化学反应间的相似性。反应指纹经过进一步处理可以得到反应向量，反应指纹常被用于化学反应聚类和相似性评估。

（2）数据驱动的数据描述

深度学习在自然语言处理、图学习等领域的快速发展与广泛应用，为化学信息特征提取提供了新方法。

对于 SMILES 等字符串表示，引入了在自然语言处理领域得到验证的循环神经网络、Word2vec、Transformer 等模型。循环神经网络等时序模型可以用来建模一维分子描述符，提取分子特征用于下游任务。Lim 等人基于循环神经网络构建条件变分自编码器，以实现从头分子设计。Word2vec 模型将原子的元素字符视作字典中的单词，采用预训练的方法将元素字符表示为矢量特征，用于下游任务。类似地，Seq2Seq 模型也可以对分子描述符进行训练，获得分子特征，用于下游任务。Transformer 模型虽然在自然语言处理领域获得了巨大成功，但直接利用它来处理 SMILES 字符串，不能充分利用化学结构信息。对此，基于分子图的双向 Transformer 编码器表示（Molecular Graph-Bidirectional Encoder Representations from Transformers，MG-BERT）模型利用图结构刻画分子结构，在原子间建立边并在边上聚合信息，获取分子的结构拓扑信息。Ying 等人在模型中引入图结构信息，利用子图信息帮助模型进行分子表征学习。

另外，深度学习也被用于指纹技术并获得成功。Duvenaud 等人利用图卷积神经网络辅助提取分子指纹，将分子中的原子视为顶点，化学键视为边。基于图神经网络提取分子指纹的方法不需要任何预定义，能够针对特定任务自动生成分子描述符。对于反应指纹，Schwaller 等人基于 Transformer 完成反应类型预测任务，分别采用 Seq2Seq 的自编码器和 MG-BERT。其中，MG-BERT 的学习结果可以用作反应指纹，由于 MG-BERT 能够捕捉到不同反应类别间的细微差异，所以 MG-BERT 的预测效果明显优于同类方法。

2. 化学数据库

为了便于利用、分析海量化学数据，推动化学研究，一系列化学数据库被建立。

PubChem 是最大的开源化学数据库之一，有 3 个子数据库。其中，PubChem BioAssay 存储了高通量筛选实验和文献的生化实验数据；PubChem Compound 存储了化合物结构信息；PubChem Substance 存储了用户上传的化合物原始数据。PubChem 数据库包含分子的各种属性，涵盖了二维、三维分子结构以及晶体结构。

Reaxys 是 Elsevier 提供的商业化学数据库。除了提供化合物结构、属性信息，Reaxys 还提供与化合物合成相关的制备方法、反应条件以及参考文献等信息，以帮助用户设计目标化合物的合成路径。

美国化学文摘社数据库面向有机化合物和无机化合物，涵盖超过 1.45 亿条单步和多步反应的详细信息，涉及的反应类型包括天然产物全合成反应、生物转化反应等，提供了反应产率和反应条件等信息。

美国专利及商标局（United States Patent and Trademark Office，USPTO）系列数据集是开源反应数据集。该数据集中的数据是通过文本挖掘方法在已公布的美国 1976—2016 年专利中获取的。由于反应数据参差不齐，Nadine 等人基于此整理划分出 10 个类别的 USPTO-50k 数据集。Jin 等人通过去重和修正处理，整理得到了 USPTO-480k 数据集。

Pistachio 数据集同样通过文本挖掘方法产生，包含 1330 万条从美国、欧洲各国和世界知识产权组织的专利中提取的化学反应信息，并规范处理了 SMILES。

澳大利亚墨尔本大学实验室的 ChEMU 数据集包含 1500 条人工标注的有机反应信息。除了反应涉及的产物、反应物等 10 种实体、属性，该数据集还提供了反应操作动词、动词与化合物的关系参数、动词与反应条件的关系参数等。由于经过人工标注，该数据集的质量较高。

3. 分子性质预测

在药物发现、材料设计等应用中，分析、判断分子性质是一个关键步骤，与量子力学、物理化学、生物物理等多个领域紧密联系。早期，科研人员首先依靠经验和直觉进行人工构思和评估，然后对一组化合物进行实验与测试，基于得到的实验数据并结合已知的科学经验决定后续步骤。如果能够实现分子性质的准确预测，便可以避免合成、测试许多不具备所需特性的分子，将成本、精力用于研究最具有前景的化合物上。20世纪30年代，定量构效关系/定量结构性质关系（Quantitative Structure–Activity Relationship，QSAR / Quantitative Structure–Property Relationship，QSPR）的发展为分子性质预测提供了一个数学框架，它可以将某结构具备的性质与各种物理或生物反应相关联。结合计算机辅助方法，预测性 QSAR/ QSPR 模型成为许多虚拟筛选策略的基础。在实际实验前会基于虚拟筛选分析大量候选分子，提供相关分子的概况，以便选择部分化合物进行下一步处理。近年来，随着机器学习技术的发展，分子性质预测的准确性和效率也得到了提高。利用神经网络等技术可以更精准地发现分子结构与分子性质之间的关系，加速了相关任务（如药物靶点亲和力预测、分子合成预测等）的研究进程。具体而言，深度学习方法可以针对特定任务提取相关特征，同时它能够捕捉分子结构与分子性质之间高度复杂的相关性。因此，深度学习方法的表现优于传统的 QSAR/ QSPR 方法。

在分子性质预测领域，使用的深度学习方法主要分为多层感知机和图神经网络两类。

多层感知机方法通过构建多个网络，为每个原子势能建立单独的神经网络进行预测，原子势能之和构成分子势能，最终将多个原子神经网络组合以实现势能预测。Behler 等人将分子结构信息通过分段函数处理后进行编码，编码信息由径向对称函数处理后作为神经网络的输入。神经网络预测每个原子的势能，最后通过求和得到分子势能。Smith 等人引入分子骨架中的二面角以补充分子结构信息。Zhang 等人则将原子位置信息进行多维度编码，构成特征向量神经网络，以预测分子的势能。受到残差网络 ResNet 的影响，残差机制被引入。SchNet、PhysNet 等模型使用残差结构在分子性质预测任务中实现了较高模型预测精度。另外，为了细粒度刻画原子影响，引入了更多的化学知识。Lubbers 等人引入了原子间交互机制。Schütt 等人考虑了原子扩散的影响。Yao 等人使用不同的神经网络、针对不同类别能量进行预测。Li 等人考虑了主要官能团的影响，用多个算子描述分子特征。

图神经网络学习由分子形成的无向图。Gilmer 等人基于图神经网络的消息传递范式，改进了消息传递机制。Lu 等人进一步引入了不同数量级的原子间的相互作用的影响。空间方向、三维图结构等信息被引入图神经网络，以考虑原子的排布。为了考虑分子结构所具有的旋转不变性、平移不变性和镜像对称性等几何性质，等变图神经网络被广泛采用。Haghighatlari 等人引入物理运动算子以学习原子影响。Qiao 等人利用紧束缚模型预测了分子的量子化学性质。极化原子相互作用神经网络考虑了极化原子的相互作用。李群理论也被引入，考虑了分子间相互作用的等变性。除此之外，注意力机制等深度学习方法也被引入以提高模型预测精度。

基于机器学习的分子性质预测已经可以用于预测生物活性、毒性、溶解度、熔点、雾化能、最高占据分子轨道/最低未占据分子轨道等多种特性。与基于人工手段进行分子性质预测不同，深度学习方法能够捕捉分子间的复杂关系。对于这一类任务，决定分子性质的物理定律可能并不完全被人们掌握，而分子各参数之间呈现高度非线性或强相关性。人们难以通过观察建立模型、获取经验关系，而深度学习模型由数据驱动，可以高效处理这类任务，这也对训练数据的质量和数量提出了要求。基于当前研究成果可以说明的是,引入化学、物理方程等可以获得更加准确的预测结果。

4. 从头分子设计

对于给定分子特征,从头分子设计试图设计出对应的化学结构。它常用在药物发现中设计目标药物分子,以实现理想的生物学效应,并保持相应的药物代谢动力学特性。从头分子设计与虚拟筛选的关键区别在于分子来源,从头分子设计试图直接寻找所需的分子,而虚拟筛选则检验已知的化合物。因此,从头分子设计通过定向地生成化合物,有望在考虑较少候选分子的情况下更高效地找到所需解决方案。从头分子设计在化学信息学领域已经有较深厚的积累,近年来,它结合深度学习等技术有了进一步表现。最近,生成模型在从头分子设计领域得到广泛应用,因此,从头分子设计也被称为生成化学。

人们还对使用遗传算法、粒子群算法等智能算法进行从头分子设计进行了广泛的探索,基于不同原子粒度,可以将算法分为基于原子、基于分子片段以及基于反应这 3 类算法。GB-GA(Graph-Based Genetic Algorithm)为在原子角度实施的基于图的遗传算法。ChemGE 利用文法演化(Grammatical Evolution,GE)算法对 SMILES 群体进行优化。Winter 等人在粒子群算法的基础上实现了分子群优化。有效应用智能算法的关键在于维护群体中结构的多样性。对此,MolFinder 算法确保了最小拓扑距离,GB-EPI 算法利用基于特征的生态位优化了 GB-GA。在原子粒度的基础上,人们通过引入已知的分子结构形成了基于分子片段的方法。此时,一些简单的化学规则被引入以拆分分子,然后再利用库中的原子或分子片段构建新的分子。多目标优化工作流程算法在进化算法中采用逆合成规则 SynDiR。还有一种方案是将化学反应应用于智能算法中。Vinkers 等人提出 SYNOPSIS 分子设计方法,通过虚拟反应迭代以优化目标函数。AutoGrow4 在遗传算法中引入有机反应,以获取突变分子。

目前,多种深度学习方法已被用于生成分子,包括变分自编码器(Variational Auto-Encoder,VAE)、生成对抗网络、循环神经网络等。基于原子的生成模型的一种常见处理方式是对训练集中分子的 SMILES 表示进行学习,同时与迁移学习或强化学习相结合,生成给定特征的新分子。另一种常见的处理方式是对分子转化的图数据进行学习。与智能算法类似,深度学习方法可以通过引入分子结构的化学信息对学习范围进行限制。JT-VAE 通过构建联合树(Junction Tree,JT)表示分子结构,再通过图神经网络得到目标分子。DeepFMPO 考虑相似分子片段,从而优化了模型性能。同样,化学知识也被用于深度学习方法。DingOS结合了机器学习与基于规则的算法,生成与给定分子模板结构相似的新化学实体。Molecule Chef 基于 VAE 进行,并偏向选择有利于优化生成物化合性质的反应物,优化从头分子设计效率。贝叶斯优化框架通过随机选择反应物和反应条件生成候选结构,再对产物进行评估。另外,强化学习方法也展现出优异的性能。REACTOR、PGFS 等算法设置了奖励函数,利用强化学习解决稀疏奖励问题。

机器学习在从头分子设计中越来越重要,人们通过机器学习可以在巨大的化学空间中获取所需的特定分子结构。目前,化学与 AI 结合所面临的主要挑战在于判断生成模型、优化目标是否适合指定任务。基于原子的算法可以最大限度地自由生成分子；基于分子片段的算法由于引入了分子片段，变得更加实用；基于反应的算法从反应规则出发，使得优化问题更具有挑战性。

2.6.2　逆合成预测

全合成是有机合成的一类，它通过化学合成获得所需的天然产物、复杂分子，有着重要的学术价值和社会意义。逆合成预测由 Corey 和 Wipke 正式提出，旨在提高全合成过程的合理性和系统性。它通过设计一连串的反应，将目标化合物递归分解成更简单的构筑模块，直至分解成可以作为合成原料的分子。逆合成预测包括两项基本任务：单步逆合成预测和多步逆合成预测。单步逆合成预测的主要目标是预测能获得目标分子的可能反应物。通过递归完成精确的单步逆合成预测后，多步逆合成预测会规划最佳反应顺序、最小合成步骤数、起始分子成本、中间废弃产物等。逆合成预测的挑战主要源于复杂的化学变化和极大的搜索空间，往往需要经验丰富的化学家做出选择和判断。同时，由于人们对反应机理的了解并不全面，往往难以在众多逆合成路线中选出最优路线。

20 世纪 60 年代以来，人们希望借助计算机完成逆合成预测。其中，具有代表性的方法是基于规则的专家系统。它采用逆合成模板表示分子子图模式，对化学反应过程中的原子连接性变化进行表征。专家系统从目标分子开始，按照预定义规则选择逆合成模板，将其应用于目标分子以确定反应物。然而，这一系统的主要缺点在于，系统无法从知识库中为新的目标分子或反应类型提供准确的预测。同时，系统的可扩展性较低。在应用大量逆合成模板时，系统重复求解子图同构问题的计算开销高昂。此外，它需要人工手动编码规则，自动化程度较低。近年来，机器学习的发展为改进基于规则的专家系统中的缺点提供了新方法。迄今为止，一系列研究证明，机器学习能够高效地完成逆合成预测任务。另外，神经网络作为一种黑盒方法，提供了一种不利用逆合成模板直接完成逆合成预测任务的新思路。

1. 单步逆合成预测

基于逆合成模板的方法已广泛应用于单步逆合成预测任务。围绕逆合成模板，机器学习算法被应用于逆合成模板提取、检索等多方面，以提高任务效率。

最初，化学家编写化学反应规则并将其用于逆合成模板。然而，人工编写的规则、模板数量有限，难以有效涵盖所有的反应类型。随着反应数量的爆炸式增长，逆合成模板的提取需要自动化进行。对此，研究者利用启发式算法从已知的反应中提取、建立通用的规则。其中，启发式算法提取规则的关键思路是提取反应中心并设置近邻原子数量。近邻原子数量由原子到反应中心的距离决定，也可以由启发式规则决定。Coley 等人提出 RDChiral 用于提取立体化学中的逆合成模板。相比人工提取，启发式算法提取效率较高，但需要注意该算法所提取模板的通用性和正确性。

随着新反应不断被发现，逆合成模板数量不断增加，如何高效地利用庞大的模板库来完成逆合成预测任务，成为一个需要研究的问题。常用的方法是通过机器学习检索出最相关的一部分模板，利用这部分模板代替完整的模板库进行后续预测。Segler 和 Waller 将模板检索任务视为多分类问题，并训练基于分子指纹的模型来评价模板的相关性，以得到最相关的模板。基于此，Segler 等人采用强化学习实现了高效的逆合成路径设计和反应预测。RetroSim 方法按照模板合成路线中前驱反应与目标分子的相似性进行排序，检索出 100 个与目标分子最相似的模板。Dai 等人提出条件图逻辑网络，利用模板和反应物的嵌入直接建模，最大化模板和反应物的条件联合概率。

机器学习可以降低模板规模，优化计算性能。同时，以模板为核心可以保留化学可解释性。但这也使得模型效果受限于模板库，无法预测新反应类型。神经网络的黑盒方式能够在使用较少先验知识的情况下，利用反应物、产物结构特征完成预测任务。

神经网络中的常见解决方案是利用循环神经网络、LSTM、门控循环单元（Gated Recurrent Unit，GRU）、注意力机制、Transformer 等技术，实现端到端的预测。在 Liu 等人的研究中，基于 LSTM 和注意力机制构建了 SMILES 到 SMILES 的逆合成预测模型。就整体准确率而言，该预测模型和传统的基于规则的模型表现相似，但对于不同类型的预测任务，两者表现不一样。基于规则的模型在涉及较多数据量的反应和复杂反应中有优势，而端到端神经网络在保护、去保护反应方面表现更佳。Karpov 等人利用 Transformer 进一步提升了预测准确率。Lin 等人结合 Transformer 与蒙特卡罗树搜索构建全路线预测模型。

还有一种神经网络解决方案基于图算法进行。与端到端神经网络不同的是，图算法将逆合成分为两个步骤：首先将产物拆分成不同合成子，称为断键过程；再将合成子组合为反应物，称为成键过程。Somnath 等人提出 GraphRetro 模型，利用图神经网络获取产物结构特征信息并获取一组合成子，再使用同一个模型获取合成子的信息来预测反应结果。Shi 等人提出 G2G（Graph to Graph）模型，利用基于图的分子生成模型实现分子图的生成。

不使用模板的方法虽然降低了逆合成预测对化学知识的依赖，但也对训练数据和训练方法有着较高的要求。同时，预测结果也需要进一步验证。

2. 多步逆合成预测

正如前文所述，利用计算机进行多步逆合成预测所面临的主要挑战是极大的搜索空间。对此，强化学习方法提供了一种较好的解决思路。Schreck 等人训练深度强化学习模型，目标是实现最小化综合成本，在多步逆合成的每一步中选择最佳反应策略，试图找到廉价起始反应物。其中，综合成本包括目标分子合成成本和起始原料成本两部分。另外，Segler 等人使用蒙特卡罗树搜索算法结合上述单步逆合成神经网络模型，实现了整个逆合成路线的设计。蒙特卡罗树搜索可以通过启发式算法所提取的规则进行有效剪枝，从而缩小搜索空间。

打分函数、奖励函数对于强化学习、启发式搜索十分重要，直接影响了机器学习的效果与性能。在多步逆合成预测中，有多方面因素会影响打分函数的设计。例如，需要考虑从当前化合物合成目标化合物所需要的成本。在人工设计时，化学家会避免设计一些有毒、剧烈或操作复杂的反应。而在机器学习中，这些情况往往需要单独考虑。除了考虑将合成步数作为成本，还可以利用单步逆合成预测的结果来设计奖励函数。另外，当前步骤中的合成难度也需要评估，即判断当前所需的中间化合物是否容易合成，这影响着多步逆合成对预测终点距离的判断。Mikulak-Klucznik 等人引入一些先验知识，如果当前步骤中分子数较少，分子中环的数量较少，就认为当前距离合成终点较近。同时，也可以利用神经网络对化合物复杂程度进行判断。最后，考虑一些额外的搜索惩罚可能会让学习、搜索过程更加高效，比如设置搜索深度，避免一些过深的低功率合成路径。

尽管目前基于机器学习的逆合成预测方法已经能够针对一些简单分子设计出合理、廉价的合成路线，但针对天然产物、复杂分子等的设计并不理想。对此，引入一些化学知识和多步策略往往会提升设计效果。Mikulak-Klucznik 等人考虑了两步组合反应、官能团转化、旁路原则、连锁反应 4 项策略，通过对 4 项策略进行组合可以有效提升逆合成预测效果。

2.6.3 智能化化学实验室

化学实验始终是化学研究中最基本的方法。而实验室中的化学实验与高度自动化的化工生产相比，反应规模较小，工作流程十分复杂多变。同时，化学研究中的实验计划需要根据实验过程中的实验结果进行分析，从而不断修改、优化。另外，尽管每天都有大量新化合物在实验室产生，但传统的长周期、人工式合成方法难以满足化学、材料学等现代科学研究的需求。因此，如何通过 AI 等技术提升化学实验室的智能化、自动化水平以优化实验效率、推进科学研究，受到广泛关注。

英国剑桥大学的 Ley 等人在智能化化学实验室方面做了许多工作，包括利用机器视觉辅助萃取操作、优化在线溶剂闪蒸装置、色谱分离等。

英国格拉斯哥大学的 Cronin 等人通过机器学习算法制作了可预测化学反应的有机合成机器人。该机器人通过计算机控制泵完成实验操作，同时利用红外光谱、核磁共振波谱等检测产物，最终使用机器学习算法处理谱图，将学习获得的反应信息闭环反馈给系统。在不需要化学知识的条件下，该机器人实现了对上千种反应组合的反应预测。同时，Cronin 等人开发了可编程的模块化合成系统——"Chemputer"，研究人员可以通过程序设计语言控制分子合成过程。

RoboRXN 智能化化学实验室由 IBM 欧洲研究中心设计，结合了云计算、AI、自动化高通量实验等技术。研究人员可以在实验系统上远程提交所需的化合物结构，系统通过 AI 技术预测原材料、反应顺序、最优合成路径等，然后在自动化高通量实验站中执行实验。

Coley 等人在 2019 年整合了计算机辅助合成路线设计、反应条件优化、机器人执行实验等步骤，实现了化学实验的全流程自动化。首先，系统通过 AI 技术设计分子合成路径，再由化学家审查路线并进行适当细化，最后由机器人平台自动组装硬件、执行反应并构建分子。

英国利物浦大学与自动化公司 Labman 合作开发了可移动自动化机器人，用来筛选催化材料。该机器人能够完全模仿人类进行实验，包括称量材料、启动实验装置、检测产物、分析实验结果等。系统利用贝叶斯优化算法对实验参数进行自适应调整、优化。该机器人在一周内完成了人类几个月才能完成的实验任务，能够在更大程度和更大范围内帮助人们解决问题，加快发现化学分子，提高研究效率。

2022 年，Zhu 等人设计了全流程智能化学机器人，它能够完成文献分析、实验设计与实施、实验结果测试和分析的全流程。其中，数据分析通过机器学习和贝叶斯优化进行，机器人基于分析结果进一步设计优化方案。该机器人几乎可以自动化地完成整个过程。

智能化、自动化的化学实验室可以在体力、脑力两方面为化学研究提供帮助，化学家可以更多地将精力用来思考、关注更具有科研价值的问题，优化科研范式。AI 技术在其中的主要作用在于设计实验步骤、优化实验参数等，为整个流程自动化提供策略指引。另外，整个智能化化学实验室的构建需要多学科、多方面技术的融合，而自动化实验中可能存在的诸多问题也需要人们结合实际情况来处理。

2.6.4　计算化学研究

计算化学一般借助计算机技术，通过建模和模拟来研究化学反应，理解化学性质。求解化学问题时，计算化学方法往往需要在准确性和效率之间取得平衡，以便化学家使用有限计算成本获得尽可能准确的结果。随着化学体系规模的扩展，求解化学问题的计算开销迅速提升。因此，需要采用各种简化、近似方法来优化薛定谔方程的求解计算复杂度，在保持求解精度的同时将计算开销与硬件要求限定在化学家可以接受的范围内。虽然理论上可以通过求解薛定谔方程预测分子的物理、化学性质，然而体系中的不同时空尺度的化学效应的实际求解十分困难，因此诞生了不同层次的化学理论。

计算化学与机器学习的基础理论都包括数学、计算机科学与技术，因此在计算化学中引入机器学习进行优化比较容易。机器学习中的神经网络等技术能够同时满足计算化学求解的精度和性能需求。人们通过提高多尺度分析的准确性和分析效率，解决了薛定谔方程求解、反应坐标构建、反应动力学模型建立、化学反应体系势能面构建等一系列问题，预测了化学反应体系的性质，指导了分子设计。

密度泛函理论（Density Functional Theory，DFT）是计算化学、量子化学中应用广泛的计算方法，常用于研究分子和凝聚态的性质。在实际应用中，通常难以获得准确的密度泛函表示，在一定程度上进行近似处理。这种近似限制了计算结果的精度，产生了系统误差，尤其是在处理分数电荷、分数自旋时。基于深度学习的 DM（DeepMind）21 模型通过训练神经网络模型建立密度泛函，模型利用文献及 CCSD（T）方法的计算结果作为训练集，对不同化学体系、反应进行计算、预测。在训练过程中，DM21 模型考虑了分数电荷和分数自旋的约束条件，避免出现传统泛函计算中的系统误差，因此实验结果显著优于传统泛函计算。同时，由于 DM21 模型需要计算大量波函数，其计算开销也受到化学体系规模的影响。另外，虽然基于 DFT 的方法已经成功预测了许多不同种类化合物的性质，但 DFT 等相关电子结构理论无法准确描述电子间的相互作用。对于弱化学相互作用、强关联体系以及量子材料，目前的近似方法存在明显的局限性，需要使用复杂的多体哈密顿体系进行描述。模型利用机器学习可以学习精确的通用密度函数，包括贝叶斯误差估计函数和组合优化 DFT 函数等。此外，Müller 等人利用机器学习获得丙二醛分子的 DFT 模型，该模型结合分子动力学模拟描述了丙二醛分子内的质子转移过程，绕过传统的 Kohn-Sham 方程学习了密度 - 能量、密度 - 电位关系。

同样具有挑战的是对跨越长时空尺度的化学过程进行描述，如金属在氧气、水中的腐蚀情况。目前，量子化学方法在描述溶剂、介质表面或无序的化学相互作用时，受到计算开销限制。训练可迁移的力场分析模型成为机器学习在计算化学中的关注点。在简单材料中利用机器学习学习近似势能面可以优化模型性能。尽管结合不同近似方法是一种可行的解决方案，但在处理不同方法的误差传播等方面仍需要进一步考虑。

机器学习在计算化学领域中起着越来越重要的作用。机器学习能够在保持计算精度的情况下，优化计算性能，节约计算资源。同时，机器学习能够在海量数据中挖掘新的数据关系，帮助研究人员获取新的化学知识，开发新材料、新药物。而计算化学则为机器学习的应用提供了更多的数据。另外，将两者进一步结合以提高研究效率、推动研究深入的关键在于增加数据集的大小和数量。将已有的数据进行整理，形成统一的、高质量的、可供学习的数据集，是所有机器学习技术取得成功的必要条件。同时，引入化学知识，对模型、结果进行细致分析，提高机器学习的可解释性，也是机器学习与科学计算结合的重要一步。

2.7 量子计算

随着人类对微观世界的不断探索以及量子力学的深入发展，量子计算近年来已具雏形。量子计算的产生可追溯至 20 世纪 80 年代，当时物理学家费曼等人认识到，利用量子力学的特性进行计算可以更好地模拟自然界中高度复杂的现象。这一认识促进了量子计算理论的发展。随后有学者提出了通用量子计算机的理论模型，并推导出了一些基本的量子算法。量子计算与传统计算方式存在根本性的不同：传统计算基于经典物理和逻辑门，而量子计算则利用量子叠加态和纠缠态的原理进行信息处理。这使得量子计算机在处理某些特定问题上拥有极大的优势，能够使计算速度实现指数级的提升。

21 世纪初，随着量子计算机的制造技术和控制技术不断进步，利用量子计算机实现 AI 的想法成为可能。谷歌、IBM、微软等纷纷投入大量资源，采用超导量子比特、离子阱等不同技术构建了强大的量子处理器。同时，它们开发了适用于量子计算的 AI 软件框架，如 Cirq、OpenFermion、TensorFlow Quantum 等。这些软件框架为量子计算与 AI 的融合提供了更多的可能性，使得机器学习、优化、搜索等领域实现了计算速度、精度和规模的大幅提升。

然而，值得注意的是，量子计算与 AI 结合的领域依然面临许多挑战。例如，在量子计算机的稳定性和容错性，以及与传统计算机的互操作性等方面都面临困难。尽管如此，量子计算与 AI 的结合有望在未来取得瞩目的成果。

因此，本节将介绍量子计算基本概念、分析量子机器学习的可行性，并介绍量子计算与 AI 应用的实例。通过深入探讨已实现的方法并与传统方法进行对比，我们期待这一领域可以取得更具突破性的进展。

2.7.1 量子计算基本概念

1. 量子比特

量子比特是量子计算的基本单位，类似于经典计算中的二进制比特。然而，与经典比特只能处于 0 或 1 两个状态不同，量子比特具有量子性质，这使得它可以处于 0 和 1 的叠加态。在经典计算机理论中，使用 0 和 1 表示信息，例如，8 个比特可以表示 256 种不同的状态，因为每个比特有两个可能的取值（0 或 1）。而在量子计算机中，量子比特不仅具有经典比特的性质，还具有一种重要的性质——叠加态，这意味着一个量子比特在某个时间点可以处于 0 和 1 的叠加态。

单个量子比特有一个二维的希尔伯特空间，希尔伯特空间是一个向量空间。不同于我们在三维几何中所讨论的向量空间，希尔伯特空间具有一些特殊的性质，适合用于描述量子系统的状态之间的变换。希尔伯特空间中的向量通常被称为"态矢量"或"量子态"。通常来讲，量子态可以表示为 $|0\rangle$ 和 $|1\rangle$。

当有 n 个量子比特时，它们的状态空间由它们各自的希尔伯特空间的张量积组成。以两个量子比特为例，它们的状态空间将是两个量子比特的希尔伯特空间的张量积，即 $\{|00\rangle$，$|01\rangle$，$|10\rangle$，$|11\rangle\}$，该空间是四维的。类似地，对于 n 个量子比特，它们的状态空间是 n 个量子比特的希尔伯特空间的张量积，因此空间是 2^n 维的。这种维度呈指数级增长的状态空间使得量子计算机可以处理比经典计算机更多的信息，被称为量子并行性。

2. 量子纠缠

量子纠缠是指当多个量子系统处于纠缠态时，它们之间的状态紧密关联，这种关联是超距的，即无视距离的影响。在量子计算中，多个量子比特可以存在纠缠。例如，考虑由两个量子比特组成的系统。在经典计算中，两个比特可以表示 4 种状态，但在量子计算中，这两个量子比特可以处于叠加态，形成 $|00\rangle+|11\rangle$ 的量子态。它表示两个量子比特同时处于 $|00\rangle$ 和 $|11\rangle$ 的叠加态，这是一个简单的量子纠缠态。在此状态下，两个量子比特是紧密关联的，当我们对其中一个量子比特进行测量时，它会立即影响到另一个量子比特的状态。量子纠缠可以实现量子比特的量子并行性。在经典计算中，处理多个任务时必须逐个执行。而在量子计算中，由于量子纠缠的存在，可以同时处理多个任务，这种量子并行性可以在某些情况下加速量子计算。

3. 量子逻辑门

量子逻辑门是量子计算中一种用于操纵量子比特的基本操作，也是量子电路中的基本组件。它类似经典计算中的逻辑门，但在量子计算中，量子逻辑门操作是在量子比特上进行的，利用量子态的特殊性质来实现量子计算，这些操作可以通过矩阵表示，量子逻辑门的矩阵作用在量子态上，从而改变量子比特的状态。通常来讲，一个量子逻辑门用一个幺正矩阵来表示，可保持量子态的归一性和幺正性。量子计算中有如下一些基本的量子逻辑门。

Hadamard 门（H 门）用于将单个量子比特从基态转换为 Hadamard 变换后的叠加态。矩阵表示为：

$$H = \frac{\sqrt{2}}{2}\begin{bmatrix} 1 & 1 \\ 1 & -1 \end{bmatrix} \tag{2-5}$$

CNOT 门是一个双量子比特门，它的作用是对第一个量子比特进行非门操作。当且仅当第二个量子比特处于量子态 $|1\rangle$ 时，矩阵表示为：

$$\mathbf{CONT} = \begin{bmatrix} 1 & 0 & 0 & 0 \\ 0 & 1 & 0 & 0 \\ 0 & 0 & 0 & 1 \\ 0 & 0 & 1 & 0 \end{bmatrix} \tag{2-6}$$

SWAP 门是一个双量子比特门，用于交换两个量子比特的状态。矩阵表示为：

$$\mathbf{SWAP} = \begin{bmatrix} 1 & 0 & 0 & 0 \\ 0 & 0 & 1 & 0 \\ 0 & 1 & 0 & 0 \\ 0 & 0 & 0 & 1 \end{bmatrix} \tag{2-7}$$

除此之外，还有许多其他量子逻辑门，不同的量子逻辑门可以对量子比特进行不同的处理，从而构建更复杂的量子算法和量子电路，并且进行量子并行、量子纠缠、量子态的旋转和变换等操作，继而实现量子计算中的各种算法，完成量子计算中的各种任务。

4. 量子算法

由于量子比特、量子逻辑门等概念的发展，一些用于解决特定问题的特定量子算法被提出，这些算法表现出的性能优于传统算法。

本节将介绍 3 个著名的量子算法，分别是 Grover 搜索算法、Deutsch-Jozsa 算法和 HHL 算法。这些算法在不同领域展现出了巨大的潜力，并且对量子计算的发展产生了深远的影响。Grover 搜索算法是由 Grover 于 1996 年提出的，它是一种用于搜索未排序数据库中目标项的量子算法。Grover 搜索算法的主要思想是利用量子并行和量子干涉来增加目标项的概率幅，从而增加找到目标项的概率。在 Grover 搜索算法中，通过将 H 门和条件相移门结合在一起，可以实现干涉效应。传统的线性搜索算法需要对 N 个项目进行 $O(N)$ 次查询，从而找到目标项。但 Grover 搜索算法可以在 $O(\sqrt{N})$ 次查询内找到目标项，从而在搜索未排序数据库中的目标项时实现了平方根级的加速。

Deutsch-Jozsa 算法是量子计算中的一个早期算法，它是由 Deutsch 和 Jozsa 于 1992 年提出的。这个算法被用来解决判定一个给定的函数是恒定函数（对于所有的输入都返回相同的输出值的函数）还是平衡函数（对于所有可能的输入，输出中 0 和 1 的个数相等）的问题。对于一个输入为 n 位的函数，该算法可通过使用 $n+1$ 个量子比特和一个量子逻辑门来解决该问题。在经典计算中，解决问题需要执行多次查询，而 Deutsch-Jozsa 算法借助量子计算的优势，可以在一次查询内解决这个问题，从而实现指数级的加速。

HHL 算法是一种用于求解线性方程组的量子算法，由 Harrow、Hassidim 和 Lloyd 于 2009 年提出。HHL 算法的目标是求解形式为 $Ax=b$ 的线性方程组，A 表示一个厄米矩阵（复数域中与自身共轭相等的对称矩阵），x 表示未知向量，b 表示已知向量。使用传统的高斯消元法求解，时间复杂度高达 $O(N^3)$，而 HHL 算法在量子计算中能够在对数级的时间复杂度内找到一个近似解，并且求解精度可以由人工预先指定。HHL 算法是量子计算中的一个重要算法，因为它在特定情况下求解线性方程组时可以比传统计算更高效。

量子算法以量子计算为基础，已经在一些特定问题的处理上展现出优越性，但值得一提的是，目前的量子算法主要针对特定问题进行优化，而且量子计算机的通用性仍然有限，因此构建能够处理一般问题的通用量子算法仍然是一个挑战。

2.7.2　量子机器学习可行性分析

量子机器学习（Quantum Machine Learning，QML）通常有两种不同的实现方法，一种方法是"转译类实现"，即基于量子环境对经典模型进行重新构建。在这种情况下，算法会维持模型的一般逻辑，但是会将其中的一部分计算委托给量子计算机，目的是依靠某些算法加速计算。这种方法基于常见以及成熟的量子算法（如 Grover 搜索算法或 HHL 算法），实现 QML 应用。另一种方法是"探索类实现"，其涵盖范围更广，旨在利用任何遵循量子力学定律的系统来训练模型，也就是说，没有任何经典机器学习算法对应的创新算法的应用。在具体应用中，两种实现方法常常相互配合，以实现更高效、更准确的模型构建。

此外，与传统的机器学习技术相比，QML 技术有其自身的优越性以及局限性，下面将从计算复杂度、样本复杂度、抗噪性和模型复杂度 4 个方面进行分析。

计算复杂度也称为运行时复杂性，是 QML 和量子计算最显著的优势之一。基于量子算法在特定问题中呈现的计算加速效果，QML 的目标是呈现比经典机器学习算法更优异的计算加速性能。这种加速性能对于处理大规模数据和复杂模型的任务尤其有利，有望为解决现实世界中的难题提供更高效的解决方案。

样本复杂度是指从训练数据中得出泛化模型所需的数据量，Servedio 等人已经证明了经典机器学习和 QML 所需的样本复杂度是多项式等价的，即对于任何 QML 问题，如果其需要多项式数量级的样本进行训练，那么一定存在一个可以使用同样规模的多项式数量级的样本进行训练的经典机器学习算法。

抗噪性即算法对噪声的鲁棒性。机器学习中的噪声是指存在损坏或缺少的样本数据实例。对于分类问题，在数据集中引入噪声的一种常见方法是人为更改某些样本数据的标签。例如，每个标签可能有一个被破坏的概率 μ。现在，已经证明增加 μ 可以使一些经典机器学习算法无法进行有效学习，然而，一些 QML 算法仍然可以在高噪声的情况下进行有效学习。

模型复杂度指的是机器学习模型的规模和表达能力。一般来讲，越复杂的模型会具备越高的灵活性和预测精度，能够从数据中学习复杂的"规律"。但同时，这种模型容易出现过拟合现象。因此，在训练机器学习模型时，由于统计模型中存在偏差与方差权衡，人们往往对能够捕获规律数据的、不复杂的模型感兴趣。QML 模型已被证明是捕获某些数据集的模式的有用工具。Mcclean 和 Gibney 等人的研究表明，量子计算机可以从概率分布中进行采样，而在经典机器学习中很难对这些概率分布进行指数级采样。如果这些概率分布与现实世界的概率分布相吻合，就会体现出 QML 模型的量子优势。

2.7.3 量子机器学习

在探索机器学习的边界时，量子计算为我们提供了一个全新的机会。通过结合量子计算的强大并行性和机器学习的智能优化方法，我们可以尝试创造性解决复杂问题。本节将介绍部分量子机器学习算法。

1. 量子 K 均值聚类算法

K 均值聚类算法是目前使用最广泛的无监督机器学习技术之一，核心思想是基于空间中的点与一些中心的欧几里得距离将空间中的点分配到 K 个聚类中。这一过程被重复迭代，以最小化每个聚类内部的距离，从而找到一个合适的聚类解决方案。K 均值聚类算法的时间复杂度为 $O(M^3N)$，N 为维数，M 为给定数据集的数据量。

Lloyd 等人于 2013 年提出了非常成熟的量子 K 均值聚类算法，该算法采用经典数据并使用 Grover 搜索算法找出每个点最接近的中心，使用这种方法可以将算法加速。在这种情况下，每个点仍然用一个经典比特表示，并没有利用量子特性。因此，可以对每一步增加的时间复杂度 $O(M)$ 继续进行优化，可以通过使用量子绝热定理将每个数据用量子叠加态表示。该定理表明，如果外部作用使得系统的哈密顿量在时间上变化得足够慢，系统将会在变化过程中保持在初始态的本征态上，只有当变化速度足够缓慢，系统才能够遵循这个定理。在此基础上，Kerenidis 等人提出的算法可将时间复杂度降至 $O[K\log(KMN)]$。

众所周知，选择一个合适的 K 对于提高 K 均值聚类算法模型的精度是至关重要的，而 Arthur 等人的研究表明，将 Grover 搜索算法作用在量子比特的 K 均值数据集上，有可能在不花费太高成本的情况下确定一个"好的"中心起始集和合适的 K。此外，使用 HHL 算法求解数据间的距离，有可能将基于量子 K 均值聚类算法得出的结果扩展到非线性空间，与经典算法相比，该算法可以实现指数级加速。

2. 量子梯度下降

梯度下降是用来找到使给定函数最小化或最大化的参数的最常用的算法之一。在深度学习中，它常常被用来更新网络权重，使损失函数最小化，具体公式为：

$$\theta_{t+1} = \theta_t - \eta \nabla L(\theta) \tag{2-8}$$

其中，$L(\theta)$ 为损失函数，θ 为需要优化的参数，t 为步数，η 为学习率，梯度下降算法会在每一步更新目标参数，从而取得更好的优化效果。这种经典算法的问题在于，损失函数可能针对每个参数以不同的速率变化，这可能导致难以优化参数，甚至仅仅找到局部极值而完全错过最小值（或最大值）。如果变化参考坐标系，例如 $\theta \to \phi$，则有可能找到一个新的参数空间，$L(\phi)$ 的变化在不同参数之间是相似的，执行梯度下降的可行域会变得更好，信息量也更大，从而可以更快地收敛，同时避免收敛至局部极值。

区别于在参数空间中执行传统梯度下降，自然梯度下降是在数据的分布空间中执行梯度下降，它是一个优化问题，目标是在一个给定输入的情况下找到可能输出值的概率分布，Kullback-Leibler 散度被用来定义概率分布之间的"距离"，公式为：

$$\theta_{t+1} = \theta_t - \eta F^{-1} \nabla L(\theta) \tag{2-9}$$

其中，F 是表示两个概率分布间距离的 Fisher 信息矩阵。这种方法在最小化成本函数时效果很好。在量子领域，Harrow 等人利用富比尼 - 施图迪度量张量（可看作量子场中的 F 矩阵）实现了自然梯度下降以及参数化的分布空间中均匀高效的量子梯度下降；其缺点是无法在量子硬件的维度上评估模型，必须使用矩阵的块对角近似。

3. 量子主成分分析

对于传统的 PCA 问题，给定一组输入 $X \in R^{m \times n^*}$，n^* 为数据维度，目标是找到一个较低维度（C）的表示 $C \in R^{m \times l}$，其中 $l < n^*$，m 是给定的样本数量，以实现数据降维和特征提取。可以通过构造一个矩阵 D，借助 $X_i = DC$ 来实现，其中 $D \in R^{n^* \times l}$。如果从量子计算的角度来看，矩阵的特征分解，即获取 PCA 矩阵的方法，恰好对应了量子计算中的哈密顿量模拟。这种 q（quantum）PCA 的初步想法于 2014 年首次由 Lloyd 等人提出，他们的方法是基于 BCH 公式（Baker-Campbell-Hausdorff Formula）：

$$e^{iHt} \approx \left(e^{iH_1 t/n} \cdots e^{iH_m t/n} \right)^n \tag{2-10}$$

其中，t 为时间，n 为时间步，H 为哈密顿量，如果矩阵 H 是非稀疏的，则该公式的右侧计算效率将远远高于左侧的。

但不幸的是，描述 n 个量子比特相互作用的哈密顿量通常是稀疏的，因为它最多只有常数个非零条目。为了避免出现上述问题，解决方案是选择一个任意的整数 k，使得该模拟过程需要对 H 中元素访问 $O\left(\log*(n) t^{1+1/2k} \right)$ 次，其中 $\log*(n)$ 表示结果小于或等于 1 之前递归应用对数函数的次数。此外，Lloyd 等人还提出，解决上述问题的最好办法是使用高阶 T-S 展开（Trotter-Suzuki Expansion）。并且，根据 Lloyd 之前的研究，使用相位预测算法，可以更快地得到最终结果，即特征向量。

此外，Li 等人在 2022 年提出了一种新的算法，被称为共振量子主成分分析（ResonantqPCA，RqPCA），它可以简化 qPCA 的实验实现过程，使其更加高效和可行。RqPCA 算法利用了量子系统的固有结构，通过共振技术实现了对系统的高效控制和测量。实验结果表明，RqPCA 算法可以在小型量子计算机上实现，并且可以应用于更大的密集矩阵中。

总之，qPCA 可以有效处理量子态的密集矩阵，并有着更广泛的应用和更快的分析速度，这使得它有着广阔的应用前景，但是目前 qPCA 仍面临着量子态的干涉和退相干引发的实验实现上的困难，以及所需的量子比特数目不够等问题。

4. 量子 SVM

SVM 作为目前使用最广泛的浅分类学习算法之一，其主要思想是针对特定的预标记数据集，找到某些线或超平面，将样本空间分成不同的组，以实现对样本数据的分类。目前来讲，SVM 存在一些问题，例如对于非线性数据集的分类，选择合适的核函数通常是十分困难的，而选择不合适的核函数会大量浪费计算资源，并且使得模型性能下降；相应地，当核函数较为复杂时，计算复杂度随之增高，训练 SVM 会变得非常耗时。此外，SVM 对输入数据中的噪声极为敏感，如果训练集中出现噪声，则模型极容易出现过拟合，从而失去普适性。

从量子计算的角度来看，一些量子算法和量子优化可用于改善 SVM 的表现。例如 Anguita 等人提出了一种使用基于 Grover 搜索算法的变体算法，该算法可以加快最小化问题的求解。事实上，SVM 问题可以看作一个二次规划问题，因为待求解问题本身给定了需要最大化的成本函数。对于一些具有给定离散化参数的 SVM 问题，可用量子比特的叠加态描述问题，之后利用一些量子的最小化算法。例如，Anguita 等人多次利用量子指数搜索算法，并且在实际实验中，模型会在经历$22.5\sqrt{N}$（N 为待搜索的表格长度）次拟合后收敛，并且其成功收敛的概率 $P \geqslant 1-1/2^k$（k 为实验重复次数）。该方法的优势在于其具有的多功能性和泛化性，由于该优化只需对结果空间进行搜索，所以理论上可以拟合任何类型的 SVM 模型，甚至是非凸模型。

此外，Denchev 等人提出使用绝热量子优化（Adiabatic Quantum Optimization，AQO）解决可能出现的非凸的 SVM 二次元约束二值优化问题。例如，在有噪声的数据集中，可以将 SVM 问题转化为适用于 AQO 的非约束二值优化问题来实现。但这种方法的局限性在于需要花费 $O(M^2N)$ 的时间复杂度来计算核矩阵，M 表示样本中的数据量，N 表示样本维度。

研究者们致力于探索新方法，以实现指数级的计算速度提升。Wittek 等人在 2014 年提出了一种基于最小二乘的方法，并且使用 HHL 算法来解决问题，模型实现了指数级加速。但是该模型并不适用于复杂的核函数，尤其不适用于常见的径向基函数，并且往往会得出较为稀疏和过拟合的结果，但是使用最小二乘的思想也为解决量子 SVM 问题提供了全新的思路。

2019 年，Havlicek 等人从量子计算的逻辑出发，使用量子特征空间来解决在经典情况下无法解决的问题，其主要思想是：对于复杂的、传统计算机无法合理模拟的核函数，可以将数据映射到量子特征空间，运行量子核函数，之后再将数据重新投影回经典特征空间。该方法有着极高的成功率，而且在存在噪声的情况下依然表现良好，拥有独特的量子优势。

2.7.4 量子神经网络

与其他量子机器学习领域一样，量子神经网络（Quantum Neural Network，QNN）领域目前仍处于探索阶段，但近年来已经取得了显著进展。甚至在现实问题上，一些量子神经网络在应用上也取得了突破。也就是说，量子计算在量子神经网络方向的发展潜力亟待探索。但量子神经网络面临着许多挑战和问题，例如如何找出适用于量子领域的架构、优化算法、损失函数等。已提出的模型数不胜数，每种模型都有自己的优点和缺点，但目前人们还没有达成谁是最佳模型的普遍共识。Beer 等人在 2020 年开发了一个非常有前景的模型，该模型可针对学习未知幺正矩阵元的任务，在深度前馈神经网络上实现训练和推理。

注意，经典神经网络和量子神经网络有一个关键区别，通常来讲，前者可拟合高度非线性的模型，而在量子力学中，作用于状态的算子总是线性的，这是由于量子神经网络中的非线性激活函数不是直接实现的。目前已经有一些具体的例子尝试解决这个问题，例如通过使用特定的测量方法。然而，到目前为止，还没有实现针对非线性量子算子的高效解决办法，大多数量子神经网络会将非线性问题交给经典算法来解决，或者利用量子核。目前有两种不同的前馈神经网络解决方法：一种是混合方法，量子神经网络被形式化为变分量子电路；另一种是基于 Edward 等人在 2018 年提出的量子前馈神经网络模型，该模型能够对处理器上的经典数据和量子数据进行分类。变分量子电路也可以用于后一种解决方法，以减少训练期间的记忆需求。

1. 变分量子算法

由于真正的量子计算机的应用仍然非常有限，或者对于某些任务来说是不可能的，所以使用混合算法在经典计算机或有限的量子设备上运行正变得越来越受欢迎。这些算法被称为变分量子算法（Variational Quantum Algorithm，VQA），基础是评估给定目标函数 $C(\theta)$ 的值，θ 是一组经典参数。为了进行优化，可以利用一个简单的经典计算机查询量子机器以获得参数集的不同值。

一个基本的变分量子算法结构包括一个量子设备和一个经典设备，量子设备上实现了一个参数化电路 $U(\theta)$，该电路准备状态为 $U(\theta)|0\rangle = |\psi(\theta)\rangle$。而针对最终状态 $|\psi(\theta)\rangle$ 的测量，返回的是对期望值的估计或某个量子比特的状态。目标函数 $C(\theta)$ 使用期望值来定义给定问题背景下 θ 的优劣，而该算法的目标是找到能够最小化 $C(\theta)$ 的 θ。虽然这种方法相当直接，但对于量子态 $|\psi(\theta)\rangle$ 来说，需要考虑一些问题。事实上，一个给定电路能够创建的状态空间远远小于所有可能的状态空间，空间维度是希尔伯特空间维度的二次方。在此前提条件下，目标函数的特征成为变分量子电路方法的主要优势，当 $U(\theta)$ 的规模大到不能在经典计算机上高效模拟时，变分量子算法的总体加速比可以高达指数级。

近年来，基于云服务，在实际量子计算机上实现小型模型计算成为可能，Tacchino 等人于 2019 年在实际量子处理器上开发了第一个神经元，将可观察量 O 的期望值解释为分类器（目标函数）的输出。为了优化参数，一些经典优化算法被广泛使用，例如单纯形法、数值梯度方法、解析梯度方法等。

2. 量子前馈神经网络

区别于变分量子电路，Farhi 等人提出了一种在量子处理器上开发的量子前馈神经网络（Quantum Feed Forward Neural Networks，QFFNN）方法，除了在量子环境中开发完整的监督学习模型，该方法通过数值模拟，对来自 MNIST 数据集的降采样图像进行分类，即使在近期处理器上也能实现对模型的训练。此外，Farhi 等人还提出了一种全新的表示数据的量子叠加方法。QFFNN 方法有一个明显的缺点，即在很大程度上依赖于纯线性变换。这个算法使用了通用的幺正变换作为网络的基本模块，而这些变换并没有明确引入非线性变换。为了克服量子操作（幺正变换）的内在线性特征，Cao 等人在 2017 年提出了另一种 QFFNN 方法。这种方法基于"重复直到成功"（Repeat-Until-Success，RUS）思想，试图使用量子操作模拟经典激活函数（如 Sigmoid 或 Step 激活函数），同时允许处理处于叠加态的数据。具体来说，首先对输入量子比特施加一个简单的旋转（通常是由泡利矩阵生成），并使用另一个量子比特作为变换的辅助比特。然后，在输出上执行特定的旋转。从理论上讲，这个操作通过非线性激活函数 σ 来定义，而在许多情况下，σ 会采用类似 Sigmoid 激活函数的形式。问题是，由于量子比特只能采用幺正变换即线性变换的操作，因此需要使用 RUS 模型来实现非线性旋转。这种模型通过重复简单的线性旋转来实现非线性旋转的效果，从而产生所需的输出。

Wan 等人在 2017 年提出了构建量子神经网络的方法，该方法使用通用的幺正算子作为网络中的神经元，与 Farhi 等人的框架有些相似。他们还提出了与非线性经典网络对抗的不可逆的经典神经元的泛化方法。这种方法通过特定成本函数进行训练，类似梯度下降方式。至于结果，研究人员强调了使用所提出的算法构建自编码器的可能性。由 Killoran 等人提出了一种较为新颖的方法，即基于连续变量的量子计算范式的方法。值得注意的是，使用特定的非高斯门可以在量子计算中引入非线性变换。

3. 量子卷积神经网络

卷积神经网络受到了生物视觉感知机制的启发，是当今最流行的方法之一，其中最重要的应用是图像识别与分类。与其他算法类似，卷积神经网络模型的定义可以依赖于完全量子系统，或者依赖于混合方法，鉴于后者更具实际吸引力与创新力，所以下面将对其进行介绍。

量子卷积神经网络是经典卷积神经网络的扩展，其中的一些经典卷积层被量子卷积层替换。量子卷积层的构建方式与经典卷积层的构建方式非常相似。量子卷积层是 N 个滤波器的堆叠，每个滤波器通过对输入数据进行局部空间变换和完全深度变换来产生一个特征图。关键区别在于量子卷积层使用随机量子电路来变换数据，根据 Henderson 等人的说法，这可能会提高模型准确性。由于量子卷积层的设计方式与经典卷积层的非常相似，因此可以将许多滤波器堆叠在一起，并为每一层提供特定的配置属性。基于这个想法，可以创建一个传统架构，其中包含量子卷积层，而不是经典卷积层。量子卷积层可应用于输入张量，从而产生特征图。

量子卷积神经网络的应用可以定义为对局部输入的处理，例如对输入图像的 2×2 矩阵的处理，以及编码和解码函数，还有量子电路本身的作用。量子卷积神经网络对应的函数为：

$$Q(\boldsymbol{u}_x, e, q, d) \tag{2-11}$$

其中，$\boldsymbol{u}_x$ 表示输入的局部张量；e 表示编码函数，将张量 $\boldsymbol{u}_x$ 转化为量子态；q 表示量子电路变换；d 表示解码函数，其接收量子电路的输出并执行有限次数的测量以获得最终的结果。对于不同的量子电路，计算复杂度取决于是否可以访问量子计算机。值得注意的是，虽然在经典计算机上实现了一些量子模拟进展，Henderson 等人提出的方法可以在不需要量子计算机的情况下运行，但相对经典卷积层还需要更长的运行时间。然而，关于这一点，文献中尚未给出确切的理论估计。因此，在没有真正的量子计算机的情况下，量子卷积神经网络是否能够在理论上比经典卷积滤波器更快地评估量子电路，目前还没有明确的结论。需要指出的是，迄今为止，研究尚未明确证实使用量子卷积神经网络相对卷积神经网络存在明显的速度或维度优势。

4. 量子循环神经网络

在传统机器学习算法中，循环神经网络已经成为处理时间序列问题的有力工具。循环神经网络可以被简单地理解为一个修改版的前馈神经网络，重点在于循环神经网络之前的输出被用作当前层的输入，这样就允许算法在处理时间数据时具有某种形式的记忆。目前已经有一些利用量子计算技术优化的循环神经网络算法被提出。下面将主要介绍由 Bausch 等人提出的 QRNN（Quantile Regression Neural Network，分位数回归神经网络）算法，该算法是在 Cao 等人提出的量子神经元基础上发展而来的，中心思想是通过应用一些量子旋转来模拟非线性激活函数，虽然所有量子操作在构造上都是线性的，但是一些非线性行为仍然是可能实现的。在 Bausch 等人的方法中，定义了一个简单的单比特旋转。单比特旋转是一个幺正操作，但是状态振幅显然是非线性的，此外，该算法还成功应用了量子激活函数，该函数在某种程度上类似于传统的 Sigmoid 激活函数。QRNN 算法的缺点在于其只能应用于纯态，换句话说，它不能应用于量子态的叠加。Guerreschi 等人提出可以应用固定点无感知振幅放大技术来解决这个问题，该技术的本质是多次运行神经元，使得测量后选择的输出为 0。此外，修改量子神经元的总体结构可实现使用其他激活函数的目的。

迄今为止，量子循环神经网络在解决实际问题时仍受到一定限制，主要是受制于那些普遍限制量子计算的因素。也就是说，要么受制于模拟量子电路的成本，要么受制于获得真正的量子硬件的难度。尽管如此，量子循环神经网络在应用中所呈现的一些结果以及理论上的优势，仍然可能为量子深度学习领域的一些应用和该领域的进一步发展提供借鉴和参考。

5. 量子生成对抗网络

生成对抗网络是由 Goodfellow 等人于 2014 年开发的一类深度神经网络，用于生成式机器学习任务，即学习生成逼真的数据样本，其算法是基于博弈论场景的，设计中有两个模型，分别为生成器和判别器，生成器负责生成数据，判别器则用来评估生成的数据是否真实。

目前已经将一些对抗性训练推广到量子领域，例如，Dallaire-Demers 和 Killoran 于 2018 年提出了量子生成对抗网络。

　　此外，Lloyd 等人在 2018 年提出了量子生成对抗网络，网络中的数据可以是量子态或经典数据，而生成器和判别器则配备有量子信息处理器。生成器和判别器都不需要进行量子态重构，线性规划将它们驱使到最优状态。由于量子系统本质上是概率性的，量子情况下的计算相比于经典情况会更加简单。总体来说，当数据包含高维空间上的测量样本时，量子生成对抗网络可能在性能上相比经典生成对抗网络呈现指数级的计算优势。

第 3 章　电磁学应用实践

MindSpore Elec 是基于 MindSpore 开发的 AI 电磁仿真套件，由数据构建、转换、仿真计算，以及结果可视化等部分组成。根据 AI 模型的不同，下面将依次介绍物理驱动的 AI 电磁仿真、数据驱动的 AI 电磁仿真以及端到端可微分的时域有限差分（Finite-Difference Time-Domain，FDTD）等内容。

▮▬3.1 概述

电磁波看不见、摸不着，但在日常生活中无处不在。电磁波的产生主要源于自然和人工两类。自然产生的电磁波包括太阳光、地磁场发射的电磁波以及一切物体热辐射产生的电磁波等。自然电磁波催生了人类文明并推动了人类文明的发展：由于太阳光的存在，人类可以在温度适宜的地球居住，可以通过植物的光合作用获取充足的食物；地磁场的存在使得人类可以进行导航，进而迎来了"大航海时代"和"全球化时代"。随着科技的发展，人类已经不满足于自然产生的电磁波，开始主动向环境中发射电磁波，并充分挖掘电磁波的应用潜力。例如在通信领域中，利用无线电波收听广播、利用高频微波进行手机通话等。又如，在地质勘探中，利用电磁波的回波探测煤炭存储量等。

电磁波的应用不胜枚举，为了能够更好地利用电磁波，人们通过实验、理论以及计算等手段研究电磁场的机理。在实验方面，1820 年，奥斯特在一次讲座上偶然发现通电的导线让小磁针发生偏转，从而发现了电生磁的现象。1831 年，法拉第在实验中发现变化的磁场可以产生电场，即磁生电。麦克斯韦总结前人的工作，提出了位移电流假说（变化的电场能够产生磁场），完善了电生磁的理论。最终，麦克斯韦将电磁场理论用更简洁、对称和完美的数学形式表示出来，即麦克斯韦方程组。随着计算机技术的发展，人们采用数值计算的方式来求解麦克斯韦方程组，模拟电磁波在空间中的分布。这样既可以节省实验成本，也可以通过仿真设计出更符合需求的电子设备。传统的电磁计算方法包括精确的全波方法和高频近似方法。全波方法包括 FDTD、有限元法、矩量法（Method of Moments，MoM）等；高频近似方法包括几何光学（Geometrical Optics，GO）法、物理光学（Physical Optics，PO）法等。

数值计算较好地辅助了电子产品的设计，但传统的数值计算方法仍存在许多缺陷，如需要进行复杂的网格剖分和迭代计算，不仅计算过程复杂，而且计算周期长。神经网络具有强大的逼近和高效推理能力，这使得神经网络在电磁计算中具有潜在的优势。因此，AI 在电磁仿真中的应用是十分必要且具有现实意义的。

AI 在电磁计算中的计算模式主要有以下 3 种。

物理驱动：基于深度学习框架加速传统的数值计算，并利用自动微分进行参数优化；或者利用 PINNs 直接求解电磁方程。

数据驱动：利用标签数据进行神经网络的建模和训练，标签数据可以通过传统数值方法或者真实实验获得。

物理 + 数据融合：使用神经网络替代数值计算的一部分，该部分计算可能是整体流程中最复杂或计算量最大的一部分。

上述 3 种计算模式各有优缺点，可以根据具体的场景选择。数据驱动相对其他两种模式更加黑盒化，但是对开发者的专业知识要求较低，且随着大模型不断涌现，人们对数据驱动充满了期待。物理驱动的融入有助于解决数据成本过高的问题，且模型的可解释性、鲁棒性也更加优异。

AI 在电磁计算中的应用场景主要分为两种：正问题和逆问题（反问题）。正问题是根据仿真目标的结构和属性，计算电磁场或散射参数等物理量，如手机信号等。反问题是根据接收的电磁波信号，反演出目标的结构和属性。

MindSpore Elec 包含物理驱动、数据驱动以及物理 + 数据融合这 3 种计算模式，应用场景覆盖了正问题以及反问题，下面将介绍部分应用实践。

3.2　物理驱动的 AI 电磁仿真

物理驱动的 AI 电磁仿真结合物理方程和初边值条件（初始条件和边界条件）进行模型训练，相比数据驱动而言，其优势在于无须监督数据。本节将重点介绍使用物理驱动的 AI 方法求解点源时域麦克斯韦方程。

3.2.1　点源时域麦克斯韦方程 AI 求解

1. 麦克斯韦方程组

点源时域麦克斯韦方程是电磁仿真的经典控制方程，它是一组描述电场（E）、磁场（H）与电荷密度、电流密度之间关系的偏微分方程组，具体形式如下：

$$\nabla \times E = -\mu \frac{\partial H}{\partial t} - J(x,t) \tag{3-1}$$

$$\nabla \times H = \varepsilon \frac{\partial E}{\partial t} \tag{3-2}$$

其中，ε、μ 分别为介质的绝对介电常数、绝对磁导率。$J(x,t)$ 为电磁仿真过程中的激励源，通常表现为端口脉冲的形式，在数学上可以近似地表示为狄拉克函数形式的点源：

$$J(x,t) = \delta(x - x_0)g(t) \tag{3-3}$$

其中，δ 为狄拉克函数，x_0 为激励源位置，$g(t)$ 为脉冲信号的函数表达形式。

由于点源在空间上的分布非连续，这使得激励源附近的物理场具有趋于无穷大的梯度。另外，激励源通常是多种频率信号的叠加，已有的基于 PINNs 的 AI 方法在求解这种多尺度和奇异性问题时通常无法收敛。在 MindSpore Elec 中，采用高斯分布函数平滑、多通道残差网络结合 sin 激活函数的网络结构以及自适应加权的多任务学习策略，使得针对该类问题的求解在精度和性能方面均明显优于其他框架及方法。下面将以模拟二维的 TE 波（电矢量与传播方向垂直）为例，介绍 MindSpore Elec 求解麦克斯韦方程组的具体流程。

2. 问题描述

本案例模拟二维的 TE 波在矩形域的电磁场分布，高斯激励源位于矩形域的中心。该问题的控制方程以及初边值条件如图 3.1 所示。

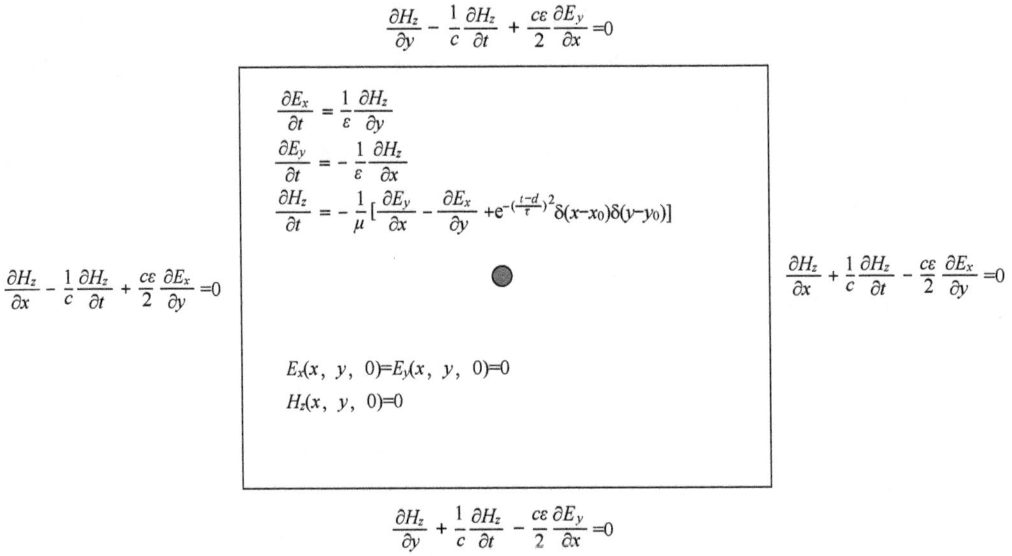

$$\frac{\partial H_z}{\partial y} - \frac{1}{c}\frac{\partial H_z}{\partial t} + \frac{c\varepsilon}{2}\frac{\partial E_y}{\partial x} = 0$$

$$\frac{\partial E_x}{\partial t} = \frac{1}{\varepsilon}\frac{\partial H_z}{\partial y}$$

$$\frac{\partial E_y}{\partial t} = -\frac{1}{\varepsilon}\frac{\partial H_z}{\partial x}$$

$$\frac{\partial H_z}{\partial t} = -\frac{1}{\mu}\left[\frac{\partial E_y}{\partial x} - \frac{\partial E_x}{\partial y} + e^{-(\frac{t-d}{\tau})^2}\delta(x-x_0)\delta(y-y_0)\right]$$

$$\frac{\partial H_z}{\partial x} - \frac{1}{c}\frac{\partial H_z}{\partial t} + \frac{c\varepsilon}{2}\frac{\partial E_x}{\partial y} = 0 \qquad\qquad \frac{\partial H_z}{\partial x} + \frac{1}{c}\frac{\partial H_z}{\partial t} - \frac{c\varepsilon}{2}\frac{\partial E_x}{\partial y} = 0$$

$$E_x(x, y, 0) = E_y(x, y, 0) = 0$$
$$H_z(x, y, 0) = 0$$

$$\frac{\partial H_z}{\partial y} + \frac{1}{c}\frac{\partial H_z}{\partial t} - \frac{c\varepsilon}{2}\frac{\partial E_y}{\partial x} = 0$$

图3.1　电磁场区域控制方程及初边值条件

使用 MindSpore Elec 求解该问题的具体流程如下。

第一步，对求解域以及初边值条件进行采样，创建数据集。

第二步，定义控制方程及初边值条件，建立数据集与约束条件之间的映射关系。

第三步，构建神经网络。

第四步，模型训练与推理。

3. 导入依赖

导入本案例所依赖的模块与接口，如代码 3.1 所示。

代码3.1

```
from mindelec.data import Dataset
from mindelec.geometry import Disk, Rectangle, TimeDomain, GeometryWithTime
from mindelec.loss import Constraints
from mindelec.solver import Solver, LossAndTimeMonitor
from mindelec.common import L2
from mindelec.architecture import MultiScaleFCCell, MTLWeightedLossCell
from src import create_random_dataset, get_test_data
from src import Maxwell2DMur
from src import MultiStepLR, PredictCallback
from src import visual_result
```

4. 创建数据集

除了支持加载不同格式的数据集文件，MindSpore Elec 还支持在线生成采样数据集。

Geometry 模块支持创建简单几何体，然后通过不同几何体之间的逻辑运算创建复杂几何构型，并实现在几何构型内部以及边界的采样。

在本案例中，我们首先在矩形域内部进行均匀采样，并且在点源附近进行加密采样，然后将采样数据作为独立的训练集。为创建训练所需的数据集，需要实现 5 次采样，即由控制方程所约束的矩形域和点源附近区域的内部点采样，由初始条件所约束的矩形域和点源附近区域的内部点采样，以及由边界条件所控制的矩形域的边界采样。空间采样与时间采样的数据组合构成了训练样本，如代码 3.2 所示。

代码3.2

```
# src region
disk = Disk("src", disk_origin, disk_radius)
# no src region
rectangle = Rectangle("rect", coord_min, coord_max)
diff = rectangle - disk

# time info
time_interval = TimeDomain("time", 0.0, config["range_t"])

# geometry merge with time
no_src_region = GeometryWithTime(diff, time_interval)
no_src_region.set_name("no_src")
no_src_region.set_sampling_config(create_config_from_edict(no_src_sampling_config))
src_region = GeometryWithTime(disk, time_interval)
src_region.set_name("src")
src_region.set_sampling_config(create_config_from_edict(src_sampling_config))
boundary = GeometryWithTime(rectangle, time_interval)
boundary.set_name("bc")
boundary.set_sampling_config(create_config_from_edict(bc_sampling_config))

# final sampling fields
geom_dict = {src_region : ["domain", "IC"],
             no_src_region : ["domain", "IC"],
             boundary : ["BC"]}
```

MindSpore Elec 的 Dataset 接口可将不同的采样数据合并为统一训练集，因此在训练过程中只需要进行一次数据下沉，无须针对每个子数据集分别调用训练网络接口。创建数据集的过程如代码 3.3 所示。

代码3.3

```
# create dataset for train
elec_train_dataset = Dataset(geom_dict)
train_dataset = elec_train_dataset.create_dataset(batch_size=config["train_batch_size"],
                                                  shuffle=True,
                                                  prebatched_data=True,
                                                  drop_remainder=True)
```

5. 定义控制方程及初边值条件

继承 MindSpore Elec 提供的 Problem 类，用户可以快速自定义 PDE 问题。Problem 类的一次实现即可约束多个数据集。Problem 类的成员函数 governing_equation、boundary_conditon、initial_condition 以及 constraint_function 分别对应控制方程、边界条件、初始条件以及有监督的标签或者函数约束。用户在构造函数中传入对应样本在数据集中的列名就可以自动实现对该类样本的损失函数的计算。以此为例，我们定义的 PDE 问题的核心代码如代码 3.4 所示，其中，方程中的一阶微分可以调用梯度接口 Grad 来实现，相应的二阶微分可以调用接口 SecondOrderGrad 来实现。

代码3.4

```python
# 2d TE-mode Maxwell equation with 2nd-order Mur boundary condition and static
# initial electromagnetic field
class Maxwell2DMur(Problem):
    def __init__(self, model, config, domain_name=None, bc_name=None, ic_name=None):
        super(Maxwell2DMur, self).__init__()
        self.domain_name = domain_name
        self.bc_name = bc_name
        self.ic_name = ic_name
        self.model = model
        # operators
        self.grad = Grad(self.model)
        self.reshape = ops.Reshape()
        self.cast = ops.Cast()
        self.mul = ops.Mul()
        self.cast = ops.Cast()
        self.split = ops.Split(1, 3)
        self.concat = ops.Concat(1)

        # constants
        self.pi = Tensor(PI, mstype.float32)
        self.eps_x = Tensor(EPS, mstype.float32)
        self.eps_y = Tensor(EPS, mstype.float32)
        self.mu_z = Tensor(MU, mstype.float32)
        self.light_speed = Tensor(LIGHT_SPEED, mstype.float32)

        # gauss-type pulse source
        self.src_frq = config.get("src_frq", 1e+9)
        self.tau = Tensor((2.3 ** 0.5) / (PI * self.src_frq), mstype.float32)
        self.amp = Tensor(1.0, mstype.float32)
        self.t0 = Tensor(3.65 * self.tau, mstype.float32)

        # src space
        self.x0 = Tensor(config["src_pos"][0], mstype.float32)
        self.y0 = Tensor(config["src_pos"][1], mstype.float32)
        self.sigma = Tensor(config["src_radius"] / 4.0, mstype.float32)
        self.coord_min = config["coord_min"]
        self.coord_max = config["coord_max"]

        input_scale = config.get("input_scale", [1.0, 1.0, 2.5e+8]) # scale of
# input data to improve accuracy
        output_scale = config.get("output_scale", [37.67303, 37.67303, 0.1])
# scale of output data to improve accuracy
```

```
            self.s_x = Tensor(input_scale[0], mstype.float32)
            self.s_y = Tensor(input_scale[1], mstype.float32)
            self.s_t = Tensor(input_scale[2], mstype.float32)
            self.s_ex = Tensor(output_scale[0], mstype.float32)
            self.s_ey = Tensor(output_scale[1], mstype.float32)
            self.s_hz = Tensor(output_scale[2], mstype.float32)


    def smooth_src(self, x, y, t):
        """Incentive sources and Gaussian smoothing of Dirac function"""
        source = self.amp * ops.exp(- ((t - self.t0) / self.tau)**2)
        gauss = 1 / (2 * self.pi * self.sigma**2) * \
                ops.exp(- ((x - self.x0)**2 + (y - self.y0)**2) / (2 * (self.
sigma**2)))
        return self.mul(source, gauss)

@ms.jit
    def governing_equation(self, *output, **kwargs):
        """maxwell equation of TE mode wave"""
        u = output[0]
        # input data
        data = kwargs[self.domain_name]
        x = self.reshape(data[:, 0], (-1, 1))
        y = self.reshape(data[:, 1], (-1, 1))
        t = self.reshape(data[:, 2], (-1, 1))

        # get gradients
        dex_dxyt = self.grad(data, None, 0, u)
        _, dex_dy, dex_dt = self.split(dex_dxyt)
        dey_dxyt = self.grad(data, None, 1, u)
        dey_dx, _, dey_dt = self.split(dey_dxyt)
        dhz_dxyt = self.grad(data, None, 2, u)
        dhz_dx, dhz_dy, dhz_dt = self.split(dhz_dxyt)

        # residual of each equation
        loss_a1 = (self.s_hz * dhz_dy) / (self.s_ex * self.s_t * self.eps_x)
        loss_a2 = dex_dt / self.s_t

        loss_b1 = -(self.s_hz * dhz_dx) / (self.s_ey * self.s_t * self.eps_y)
        loss_b2 = dey_dt / self.s_t

        loss_c1 = (self.s_ey * dey_dx - self.s_ex * dex_dy) / (self.s_hz * self.s_
t * self.mu_z)
        loss_c2 = - dhz_dt / self.s_t

        src = self.smooth_src(x, y, t) / (self.s_hz * self.s_t * self.mu_z)

        pde_r1 = loss_a1 - loss_a2
        pde_r2 = loss_b1 - loss_b2
        pde_r3 = loss_c1 - loss_c2 - src
        # total residual
        pde_r = ops.Concat(1)((pde_r1, pde_r2, pde_r3))
        return pde_r

@ms.jit
```

```
    def boundary_condition(self, *output, **kwargs):
        """2nd-order mur boundary condition"""
        # network input and output
        u = output[0]
        data = kwargs[self.bc_name]

        # specify each boundary
        coord_min = self.coord_min
        coord_max = self.coord_max
        batch_size, _ = data.shape
        attr = ms_np.zeros(shape=(batch_size, 4))
        attr[:, 0] = ms_np.where(ms_np.isclose(data[:, 0], coord_min[0]), 1.0,
0.0)
        attr[:, 1] = ms_np.where(ms_np.isclose(data[:, 0], coord_max[0]), 1.0,
0.0)
        attr[:, 2] = ms_np.where(ms_np.isclose(data[:, 1], coord_min[1]), 1.0,
0.0)
        attr[:, 3] = ms_np.where(ms_np.isclose(data[:, 1], coord_max[1]), 1.0,
0.0)

        # get gradients
        dex_dxyt = self.grad(data, None, 0, u)
        _, dex_dy, _ = self.split(dex_dxyt)
        dey_dxyt = self.grad(data, None, 1, u)
        dey_dx, _, _ = self.split(dey_dxyt)
        dhz_dxyt = self.grad(data, None, 2, u)
        dhz_dx, dhz_dy, dhz_dt = self.split(dhz_dxyt)

        # residual of each boundary
        bc_r1 = dhz_dx / self.s_x - dhz_dt / (self.light_speed * self.s_x) + \
self.s_ex * self.light_speed * self.eps_x / (2 * self.s_hz * self.
s_x) * dex_dy  # 左边界
        bc_r2 = dhz_dx / self.s_x + dhz_dt / (self.light_speed * self.s_x) - \
self.s_ex * self.light_speed * self.eps_x / (2 * self.s_hz * self.
s_x) * dex_dy  # 右边界
        bc_r3 = dhz_dy / self.s_y - dhz_dt / (self.light_speed * self.s_y) - \
self.s_ey * self.light_speed * self.eps_y / (2 * self.s_hz * self.
s_y) * dey_dx  # 下边界
        bc_r4 = dhz_dy / self.s_y + dhz_dt / (self.light_speed * self.s_y) + \
self.s_ey * self.light_speed * self.eps_y / (2 * self.s_hz * self.
s_y) * dey_dx  # 上边界
        bc_r_all = self.concat((bc_r1, bc_r2, bc_r3, bc_r4))
        bc_r = self.mul(bc_r_all, attr)
        return bc_r

    @ms.jit
    def initial_condition(self, *output, **kwargs):
        """initial condition: u = 0"""
        u = output[0]
        return u
```

值得注意的是，在实验过程中将网络的输入输出调整到合适数值范围可以显著提升模型的训练速度和精度。代码 3.4 中的 input_scale 和 output_scale 是用于调优的缩放系数，因此对应的麦克斯韦方程组以及初边值条件也是进行坐标缩放之后的形式。为了有效地模拟点源问题，通过光滑的高斯概率分布来逼近方程中的狄拉克函数。激励源以及逼近的函数形式在 smooth_src 中实现，高斯概率分布的方差为 0.0025 时可以获得很好的结果。

Constraints 接口在统一后的数据集和用户自定义的问题之间建立映射关系，以在网络中获取对应每个子数据集的约束条件，从而自动完成相应损失函数的计算。为了完成此步骤，需针对每个子数据集初始化相应的 Problem 类，从而建立一个字典，字典的键对应子数据集，键值为对应的 Problem 类。constraint_type 属性用于自动获取每个子数据集所对应的损失函数的计算方式，该属性支持控制方程、初始条件、边界条件、标签、函数 5 种形式。用户需要针对具体的形式在 Problem 类中显式定义相应的控制条件。用户在 Problem 类 Maxwell2DMur() 中必须定义 governing_equation 函数以对应该数据集的约束。将数据集和 Problem 类字典传入 Constraints 接口即可实现数据集与约束条件之间的映射，如代码 3.5 所示。

代码3.5

```
# define constraints
train_prob = {}
for dataset in elec_train_dataset.all_datasets:
    train_prob[dataset.name] = Maxwell2DMur(model=model, config=config,
                                            domain_name=dataset.name + "_points",
                                            ic_name=dataset.name + "_points",
                                            bc_name=dataset.name + "_points")
print("check problem: ", train_prob)
train_constraints = Constraints(elec_train_dataset, train_prob)
```

6. 构建神经网络

本案例中使用多通道残差网络并结合 sin 激活函数，在问题模拟中获得了相比其他方法更高的精度。神经网络结构如图 3.2 所示。

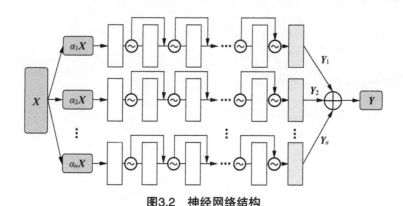

图3.2　神经网络结构

单尺度网络的基础结构由多层残差全连接网络构成，指数通道的多尺度全连接网络的实现如代码 3.6 所示。

代码3.6

```python
class MultiScaleFCCell(nn.Cell):
    def __init__(self,
                 in_channel,
                 out_channel,
                 layers,
                 neurons,
                 residual=True,
                 act="sin",
                 weight_init='normal',
                 has_bias=True,
                 bias_init="default",
                 num_scales=4,
                 amp_factor=1.0,
                 scale_factor=2.0,
                 input_scale=None,
                 input_center=None,
                 latent_vector=None
                 ):
        super(MultiScaleFCCell, self).__init__()
        _check_type(num_scales, "num_scales", int)

        self.cell_list = nn.CellList()
        self.num_scales = num_scales
        self.scale_coef = [amp_factor * (scale_factor**i) for i in range(self.num_scales)]

        self.latent_vector = latent_vector
        if self.latent_vector is not None:
            _check_type(latent_vector, "latent_vector", Parameter)
            self.num_scenarios = latent_vector.shape[0]
            self.latent_size = latent_vector.shape[1]
            in_channel += self.latent_size
        else:
            self.num_scenarios = 1
            self.latent_size = 0

        # full-connect network
        for _ in range(self.num_scales):
            self.cell_list.append(FCSequential(in_channel=in_channel,
                                               out_channel=out_channel,
                                               layers=layers,
                                               neurons=neurons,
                                               residual=residual,
                                               act=act,
                                               weight_init=weight_init,
```

```
                                                has_bias=has_bias,
                                                bias_init=bias_init))
        if input_scale:
            self.input_scale = InputScaleNet(input_scale, input_center)
        else:
            self.input_scale = ops.Identity()

        self.cast = ops.Cast()
        self.concat = ops.Concat(axis=1)

    def construct(self, x):
        """running multi-scale net"""
        x = self.input_scale(x)
        if self.latent_vector is not None:
            batch_size = x.shape[0]
            latent_vectors = self.latent_vector.view(self.num_scenarios, 1, \
                self.latent_size).repeat(batch_size # self.num_scenarios, axis=1). \
view((-1, self.latent_size))
            x = self.concat((x, latent_vectors))
        out = 0
        for i in range(self.num_scales):
            x_s = x * self.scale_coef[i]
            out = out + self.cast(self.cell_list[i](x_s), mstype.float32)
        return out

model = MultiScaleFCCell(config["input_size"],
                         config["output_size"],
                         layers=config["layers"],
                         neurons=config["neurons"],
                         input_scale=config["input_scale"],
                         residual=config["residual"],
                         weight_init=HeUniform(negative_slope=math.sqrt(5)),
                         act="sin",
                         num_scales=config["num_scales"],
                         amp_factor=config["amp_factor"],
                         scale_factor=config["scale_factor"])
```

7. 自适应加权损失函数加速收敛

　　PINNs 直接利用控制方程进行网络训练。相应地，网络的损失函数通常包含控制方程、边界条件以及初始条件这 3 项的残差。在本案例中，由于点源附近区域进行了加密采样，并作为独立子数据集进行网络训练，因此损失函数包含如下 5 项：有源区域的控制方程和初始条件、无源区域的控制方程和初始条件以及边界条件。实验表明，这 5 项的量级差异明显，因此采用简单的损失函数求和的方式会导致网络训练失败，而手动调节每项损失函数的权重则极为复杂。MindSpore Elec 开发了一种基于多任务学习不确定性估计的加权算法，通过引入可训练的参数，自适应地调节每项损失函数的权重，可以显著提升训练速度和精度。该算法的具体实现如代码 3.7 所示。

代码3.7

```python
class MTLWeightedLossCell(nn.Cell):
    def __init__(self, num_losses):
        super(MTLWeightedLossCell, self).__init__(auto_prefix=False)
        self.num_losses = num_losses
        self.params = Parameter(Tensor(np.ones(num_losses), mstype.float32),
requires_grad=True)
        self.concat = ops.Concat(axis=0)
        self.pow = ops.Pow()
        self.log = ops.Log()
        self.div = ops.RealDiv()

    def construct(self, losses):
        loss_sum = 0
        params = self.pow(self.params, 2)
        for i in range(self.num_losses):
            weighted_loss = 0.5 * self.div(losses[i], params[i]) + self.
log(params[i] + 1.0)
            loss_sum = loss_sum + weighted_loss
        return loss_sum

# self-adaptive weighting
mtl = MTLWeightedLossCell(num_losses=elec_train_dataset.num_dataset)
```

8. 模型测试

MindSpore Elec 可以通过自定义的 callback 函数，实现边训练、边推理的功能。用户可以直接加载测试集，然后通过自定义 callback 函数实现推理并分析结果，如代码 3.8 所示。

代码3.8

```python
loss_time_callback = LossAndTimeMonitor(steps_per_epoch)
callbacks = [loss_time_callback]
if config.get("train_with_eval", False):
    inputs, label = get_test_data(config["test_data_path"])
    predict_callback = PredictCallback(model, inputs, label, config=config, visual_
fn=visual_result)
    callbacks += [predict_callback]
```

9. 模型训练

MindSpore Elec 提供的 Solver 类是模型训练和推理的接口。输入优化器（optimizer）、网络模型（mode）、偏微分方程的约束（train_constraints）和可选参数（如自适应加权算法模块），即可定义求解器对象 solver。在本案例中利用"MindSpore + Ascend"的混合精度模式训练网络，从而求解麦克斯韦方程组，如代码 3.9 所示。

代码3.9

```
# mixed precision
model = model.to_float(mstype.float16)
model.input_scale.to_float(mstype.float32)

# optimizer
params = model.trainable_params() + mtl.trainable_params()
lr_scheduler = MultiStepLR(config["lr"], config["milestones"], config["lr_gamma"],
steps_per_epoch, config["train_epoch"])
lr = lr_scheduler.get_lr()
optim = nn.Adam(params, learning_rate=Tensor(lr))

# define solver
solver = Solver(model,
                optimizer=optim,
                mode="PINNs",
                train_constraints=train_constraints,
                test_constraints=None,
                metrics={'l2': L2(), 'distance': nn.MAE()},
                loss_fn='smooth_l1_loss',
                loss_scale_manager=DynamicLossScaleManager(init_loss_scale=2 **
10, scale_window=2000),
                mtl_weighted_cell=mtl)

solver.train(config["train_epoch"], train_dataset, callbacks=callbacks, dataset_
sink_mode=True)
```

基于上述方法求解得到的瞬时电磁场分布（predict）与参考标签数据（label）的对比结果，如图 3.3 所示。

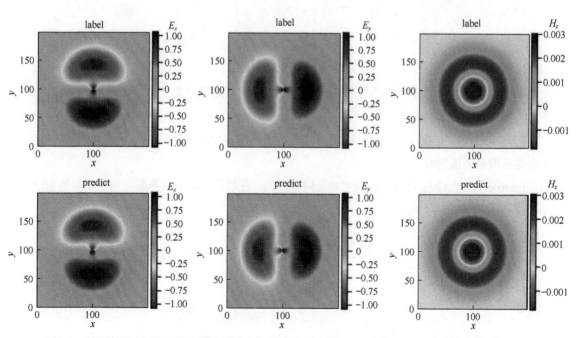

图3.3　模型训练模式下瞬时电磁场分布与参考标签数据的对比结果（原图见彩插图3.3）

3.2.2 增量训练求解麦克斯韦方程族

原始的 PINNs 方法不具备求解同一类方程的能力。当方程中的特征参数（如介电系数等）发生变化时需要重新训练，导致求解时间增加。

本节介绍 MindSpore Elec 套件的基于物理信息的自解码器的增量训练方法，该方法可以快速求解同一类方程，极大减少了重新训练的时间。

1. 问题描述

本案例处理点源时域麦克斯韦方程的介质参数泛化求解问题。控制方程的具体形式以及求解域和激励源配置可以参考 3.2.1 节。

2. 基于物理信息的自解码器

通常情况下，待求解方程中的可变参数 λ 的分布构成了高维空间。为了降低模型复杂度以及训练成本，MindSpore Elec 提出了基于物理信息的自解码器来求解麦克斯韦方程族。该方法首先将高维可变参数空间映射到由低维向量表征的低维流形上，然后将流形的特征参数与方程的输入融合，共同参与 PINNs 的训练。按照点源问题求解网络的输入，由此可以得到预训练模型。针对新给定的可变参数问题，对预训练模型进行微调即可得到新方程的解。

基于物理信息的自解码器求解该问题的具体流程如下。

第一步，基于隐向量和神经网络的结合对一系列方程组进行预训练。与求解单个问题不同，在预训练步骤中，神经网络的输入为采样点（X）与隐向量（Z）的融合，具体如图 3.4 所示。

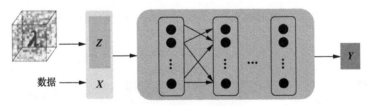

图3.4 预训练流程图

第二步，针对新的方程组，对隐向量和神经网络进行增量训练，快速求解新问题。有以下两种增量训练模式可选择。

finetune_latent_with_model：该模式同时更新隐向量和神经网络结构，只需加载预训练的模型进行增量训练即可。

finetune_latent_only：该模式会固定神经网络结构，在增量训练中只更新隐向量，如图 3.5 所示（该训练流程与图 3.4 相同）。

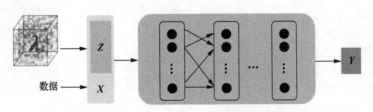

图3.5 finetune_latent_only增量训练流程

3. 导入依赖

导入本案例依赖的模块与接口，如代码 3.10 所示。

代码3.10

```
from mindelec.data import Dataset
from mindelec.geometry import Disk, Rectangle, TimeDomain, GeometryWithTime
from mindelec.loss import Constraints
from mindelec.solver import Solver, LossAndTimeMonitor
from mindelec.common import L2
from mindelec.architecture import MultiScaleFCCell, MTLWeightedLossCell

from src import get_test_data, create_random_dataset
from src import MultiStepLR
from src import Maxwell2DMur
from src import PredictCallback
from src import visual_result
```

4. 创建数据集

与求解点源时域麦克斯韦方程问题的方式一致，我们在矩形域进行 5 次采样。空间采样与时间采样的数据组合构成了训练样本，如代码 3.11 所示。

代码3.11

```
# src region
disk = Disk("src", disk_origin, disk_radius)
# no src region
rectangle = Rectangle("rect", coord_min, coord_max)
diff = rectangle - disk

# time info
time_interval = TimeDomain("time", 0.0, config["range_t"])

# geometry merge with time
no_src_region = GeometryWithTime(diff, time_interval)
no_src_region.set_name("no_src")
no_src_region.set_sampling_config(create_config_from_edict(no_src_sampling_config))
src_region = GeometryWithTime(disk, time_interval)
src_region.set_name("src")
src_region.set_sampling_config(create_config_from_edict(src_sampling_config))
boundary = GeometryWithTime(rectangle, time_interval)
boundary.set_name("bc")
boundary.set_sampling_config(create_config_from_edict(bc_sampling_config))

# final sampling fields
geom_dict = {src_region : ["domain", "IC"],
             no_src_region : ["domain", "IC"],
             boundary : ["BC"]}
```

然后通过 Dataset 接口将不同的采样数据合并为统一数据集。创建数据集的过程如代码 3.12 所示。

代码3.12

```
# create dataset for train
elec_train_dataset = create_random_dataset(config)
train_dataset = elec_train_dataset.create_dataset(batch_size=config["batch_size"],
                                                  shuffle=True,
                                                  prebatched_data=True,
                                                  drop_remainder=True)
```

5. 定义控制方程及初边值条件

继承 MindSpore Elec 提供的 Problem 类，定义 PDE 问题的核心代码，具体如代码 3.13 所示。与求解单个点源问题不同，这里还引入了不同的参数 eps_candidates、mu_candidates，分别代表相对介电常数和相对磁导率。本案例中，预训练参数 EPS、MU 的可取值范围均为 $\{1, 3, 5\}$。

代码3.13

```
class Maxwell2DMur(Problem):
    def __init__(self, network, config, domain_column=None, bc_column=None, ic_
column=None):
        super(Maxwell2DMur, self).__init__()
        self.domain_column = domain_column
        self.bc_column = bc_column
        self.ic_column = ic_column
        self.network = network

        # operations
        self.gradient = Grad(self.network)
        self.reshape = ops.Reshape()
        self.cast = ops.Cast()
        self.mul = ops.Mul()
        self.cast = ops.Cast()
        self.split = ops.Split(1, 3)
        self.concat = ops.Concat(1)
        self.sqrt = ops.Sqrt()

        # gauss-type pulse source
        self.pi = Tensor(PI, ms_type.float32)
        self.src_frq = config.get("src_frq", 1e+9)
        self.tau = Tensor((2.3 ** 0.5) / (PI * self.src_frq), ms_type.float32)
        self.amp = Tensor(1.0, ms_type.float32)
        self.t0 = Tensor(3.65 * self.tau, ms_type.float32)

        # src space
        self.src_x0 = Tensor(config["src_pos"][0], ms_type.float32)
        self.src_y0 = Tensor(config["src_pos"][1], ms_type.float32)
        self.src_sigma = Tensor(config["src_radius"] / 4.0, ms_type.float32)
        self.src_coord_min = config["coord_min"]
```

```
    self.src_coord_max = config["coord_max"]

    input_scales = config.get("input_scales", [1.0, 1.0, 2.5e+8])
    output_scales = config.get("output_scales", [37.67303, 37.67303, 0.1])
    self.s_x = Tensor(input_scales[0], ms_type.float32)
    self.s_y = Tensor(input_scales[1], ms_type.float32)
    self.s_t = Tensor(input_scales[2], ms_type.float32)
    self.s_ex = Tensor(output_scales[0], ms_type.float32)
    self.s_ey = Tensor(output_scales[1], ms_type.float32)
    self.s_hz = Tensor(output_scales[2], ms_type.float32)

    # set up eps, mu candidates
    eps_candidates = np.array(config["eps_list"], dtype=np.float32) * EPS
    mu_candidates = np.array(config["mu_list"], dtype=np.float32) * MU
    self.epsilon_x = Tensor(eps_candidates, ms_type.float32).view((-1, 1))
    self.epsilon_y = Tensor(eps_candidates, ms_type.float32).view((-1, 1))
    self.mu_z = Tensor(mu_candidates, ms_type.float32).view((-1, 1))
    self.light_speed = 1.0 / ops.Sqrt()(ops.Mul()(self.epsilon_x, self.mu_z))

# gaussian pulse with gaussian smooth technology
def smooth_src(self, x, y, t):
    source = self.amp * ops.exp(- ((t - self.t0) / self.tau)**2)
    gauss = 1 / (2 * self.pi * self.src_sigma**2) * \
            ops.exp(- ((x - self.src_x0)**2 + (y - self.src_y0)**2) / (2 *
(self.src_sigma**2)))
    return self.mul(source, gauss)

@ms.jit
def governing_equation(self, *output, **kwargs):
    """maxwell equation of TE mode wave"""
    # net output and sampling input
    out = output[0]
    data = kwargs[self.domain_column]
    x = self.reshape(data[:, 0], (-1, 1))
    y = self.reshape(data[:, 1], (-1, 1))
    t = self.reshape(data[:, 2], (-1, 1))

    # get gradients
    dex_dxyt = self.gradient(data, None, 0, out)
    _, dex_dy, dex_dt = self.split(dex_dxyt)
    dey_dxyt = self.gradient(data, None, 1, out)
    dey_dx, _, dey_dt = self.split(dey_dxyt)
    dhz_dxyt = self.gradient(data, None, 2, out)
    dhz_dx, dhz_dy, dhz_dt = self.split(dhz_dxyt)

    # get equation residual
    loss_a1 = (self.s_hz * dhz_dy) / (self.s_ex * self.s_t * self.epsilon_x)
    loss_a2 = dex_dt / self.s_t

    loss_b1 = -(self.s_hz * dhz_dx) / (self.s_ey * self.s_t * self.epsilon_y)
    loss_b2 = dey_dt / self.s_t
```

```
        loss_c1 = (self.s_ey * dey_dx - self.s_ex * dex_dy) / (self.s_hz * self.s_
t * self.mu_z)
        loss_c2 = - dhz_dt / self.s_t

        source = self.smooth_src(x, y, t) / (self.s_hz * self.s_t * self.mu_z)

        pde_res1 = loss_a1 - loss_a2
        pde_res2 = loss_b1 - loss_b2
        pde_res3 = loss_c1 - loss_c2 - source
        pde_r = ops.Concat(1)((pde_res1, pde_res2, pde_res3))
        return pde_r

    @ms.jit
    def boundary_condition(self, *output, **kwargs):
    """"2nd-order mur boundary condition"""
        # get net outputs and inputs
        u = output[0]
        data = kwargs[self.bc_column]

        # specify each boundary
        coord_min = self.src_coord_min
        coord_max = self.src_coord_max
        batch_size, _ = data.shape
        bc_attr = ms_np.zeros(shape=(batch_size, 4))
        bc_attr[:, 0] = ms_np.where(ms_np.isclose(data[:, 0], coord_min[0]), 1.0,
0.0)
        bc_attr[:, 1] = ms_np.where(ms_np.isclose(data[:, 0], coord_max[0]), 1.0,
0.0)
        bc_attr[:, 2] = ms_np.where(ms_np.isclose(data[:, 1], coord_min[1]), 1.0,
0.0)
        bc_attr[:, 3] = ms_np.where(ms_np.isclose(data[:, 1], coord_max[1]), 1.0,
0.0)

        dex_dxyt = self.gradient(data, None, 0, u)
        _, dex_dy, _ = self.split(dex_dxyt)
        dey_dxyt = self.gradient(data, None, 1, u)
        dey_dx, _, _ = self.split(dey_dxyt)
        dhz_dxyt = self.gradient(data, None, 2, u)
        dhz_dx, dhz_dy, dhz_dt = self.split(dhz_dxyt)

        bc_r1 = dhz_dx / self.s_x - dhz_dt / (self.light_speed * self.s_x) + \
                self.s_ex * self.light_speed * self.epsilon_x / (2 * self.s_hz *
self.s_x) * dex_dy  # 左边界
        bc_r2 = dhz_dx / self.s_x + dhz_dt / (self.light_speed * self.s_x) - \
                self.s_ex * self.light_speed * self.epsilon_x / (2 * self.s_hz *
self.s_x) * dex_dy  # 右边界
        bc_r3 = dhz_dy / self.s_y - dhz_dt / (self.light_speed * self.s_y) - \
                self.s_ey * self.light_speed * self.epsilon_y / (2 * self.s_hz *
self.s_y) * dey_dx  # 下边界
        bc_r4 = dhz_dy / self.s_y + dhz_dt / (self.light_speed * self.s_y) + \
```

```
                self.s_ey * self.light_speed * self.epsilon_y / (2 * self.s_hz *
self.s_y) * dey_dx  # 上边界

        bc_r_all = self.concat((bc_r1, bc_r2, bc_r3, bc_r4))
        bc_r = self.mul(bc_r_all, bc_attr)
        return bc_r

    @ms.jit
    def initial_condition(self, *output, **kwargs):
        """initial condition: u = 0"""
        net_out = output[0]
        return net_out
```

定义问题的约束条件，如代码 3.14 所示。

代码3.14

```
# define constraints
train_prob = {}
for dataset in elec_train_dataset.all_datasets:
    train_prob[dataset.name] = Maxwell2DMur(network=network, config=config,
                                    domain_column=dataset.name + "_points",
                                    ic_column=dataset.name + "_points",
                                    bc_column=dataset.name + "_points")
train_constraints = Constraints(elec_train_dataset, train_prob)
```

6. 构建神经网络

在基于物理信息的自解码器中，神经网络的输入为采样点与隐向量的融合，神经网络的主体结构采用多通道残差网络并结合 sin 激活函数。多尺度全连接网络的定义如代码 3.15 所示。

代码3.15

```
# initialize latent vector
num_scenarios = config["num_scenarios"]
latent_size = config["latent_vector_size"]
latent_init = np.random.randn(num_scenarios, latent_size) / np.sqrt(latent_size)
latent_vector = Parameter(Tensor(latent_init, ms_type.float32), requires_grad=True)

network = MultiScaleFCCell(config["input_size"],
                        config["output_size"],
                        layers=config["layers"],
                        neurons=config["neurons"],
                        residual=config["residual"],
                        weight_init=HeUniform(negative_slope=math.sqrt(5)),
                        act="sin",
                        num_scales=config["num_scales"],
                        amp_factor=config["amp_factor"],
                        scale_factor=config["scale_factor"],
                        input_scale=config["input_scale"],
                        input_center=config["input_center"],
                        latent_vector=latent_vector)
```

7. 自适应加权损失函数加速收敛

自适应加权损失函数加速收敛情况与 3.2.1 节相同，此处不赘述，其具体实现如代码 3.16 所示。

代码3.16

```
class MTLWeightedLossCell(nn.Cell):
    def __init__(self, num_losses):
        super(MTLWeightedLossCell, self).__init__(auto_prefix=False)
        self.num_losses = num_losses
        self.params = Parameter(Tensor(np.ones(num_losses), mstype.float32),
requires_grad=True)
        self.concat = ops.Concat(axis=0)
        self.pow = ops.Pow()
        self.log = ops.Log()
        self.div = ops.RealDiv()

    def construct(self, losses):
        loss_sum = 0
        params = self.pow(self.params, 2)
        for i in range(self.num_losses):
            weighted_loss = 0.5 * self.div(losses[i], params[i]) + self.
log(params[i] + 1.0)
            loss_sum = loss_sum + weighted_loss
        return loss_sum

# self-adaptive weighting
mtl = MTLWeightedLossCell(num_losses=elec_train_dataset.num_dataset)
```

8. 模型测试

MindSpore Elec 可以通过自定义的 callback 函数，实现边训练、边推理的功能。用户可以直接加载测试集，然后通过自定义 callback 函数实现推理并分析结果，如代码 3.17 所示。

代码3.17

```
callbacks = [LossAndTimeMonitor(epoch_steps)]
if config.get("train_with_eval", False):
    input_data, label_data = get_test_data(config["test_data_path"])
    eval_callback = PredictCallback(network, input_data, label_data, config=config,
visual_fn=visual_result)
    callbacks += [eval_callback]
```

9. 模型训练

模型训练情况与 3.2.1 节相同，此处不赘述，具体实现如代码 3.18 所示。

代码3.18

```
# mixed precision
model = model.to_float(mstype.float16)
```

```
model.input_scale.to_float(mstype.float32)

# optimizer
params = model.trainable_params() + mtl.trainable_params()
lr_scheduler = MultiStepLR(config["lr"], config["milestones"], config["lr_gamma"],
                        epoch_steps, config["train_epoch"])
optimizer = nn.Adam(params, learning_rate=Tensor(lr_scheduler.get_lr()))

# problem solver
solver = Solver(network,
                optimizer=optimizer,
                mode="PINNs",
                train_constraints=train_constraints,
                test_constraints=None,
                metrics={'l2': L2(), 'distance': nn.MAE()},
                loss_fn='smooth_l1_loss',
                loss_scale_manager=DynamicLossScaleManager(),
                mtl_weighted_cell=mtl_cell,
                latent_vector=latent_vector,
                latent_reg=config["latent_reg"]
                )
solver.train(config["train_epoch"], train_dataset, callbacks=callbacks, dataset_
sink_mode=True)
```

10. 模型增量训练

针对新的问题参数，以 $\{\varepsilon_r, \mu_r\} = \{2, 2\}$ 为例，其中 ε_r 为相对介电常数，μ_r 为相对磁导率，需要加载预训练的网络权重和初始化一个新的隐向量，具体实现如代码 3.19 所示。

代码3.19

```
# load pretrained ckpt
param_dict = load_checkpoint(config["load_ckpt_path"])
loaded_ckpt_dict = {}
latent_vector_ckpt = 0
for name in param_dict:
    if name == "model.latent_vector":
        latent_vector_ckpt = param_dict[name].data.asnumpy()
    elif "network" in name and "moment" not in name:
        loaded_ckpt_dict[name] = param_dict[name]

# initialize the new latent vector
num_scenarios = config["num_scenarios"]
latent_size = config["latent_vector_size"]
latent_norm = np.mean(np.linalg.norm(latent_vector_ckpt, axis=1))
latent_init = np.zeros((num_scenarios, latent_size))
latent_vector = Parameter(Tensor(latent_init, ms_type.float32), requires_grad=True)

# optimizer
if config.get("finetune_model"):
    model_params = model.trainable_params()
```

```
else:
    model_params = [param for param in model.trainable_params()
                    if ("bias" not in param.name and "weight" not in param.name)]

params = model_params + mtl.trainable_params()
lr_scheduler = MultiStepLR(config["lr"], config["milestones"], config["lr_gamma"],
                           steps_per_epoch, config["train_epoch"])
lr = lr_scheduler.get_lr()
optim = nn.Adam(params, learning_rate=Tensor(lr))
```

此处采用 finetune_latent_with_model 增量训练模式。瞬时电磁场分布（predict）与参考标签数据（label）的对比结果如图 3.6 所示。相较于 PINNs 直接求解单个问题，在达到同等精度（相对误差 6% 以内）的情况下，通过增量训练，计算速度实现了 10 倍以上的提升。

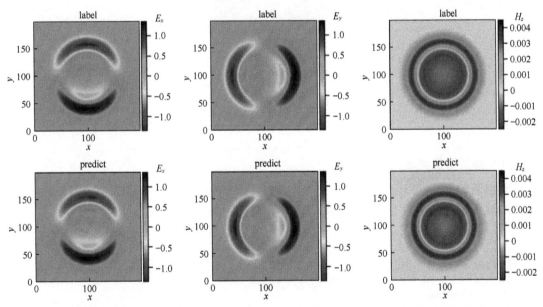

图3.6　增量训练模式下瞬间电磁场分布与参考标签数据的对比结果（原图见彩插页图3.6）

3.3　数据驱动的 AI 电磁仿真

3.3.1　基于参数化方案的 AI 电磁仿真

电磁仿真在天线、芯片和手机等产品的设计过程中应用广泛，主要目的是获取待仿真目标的传输特性（散射参数、电磁特性等）。散射参数（S 参数）是建立在输入波、反射波基础上的网络参数，用于微波电路分析，以器件端口的反射信号强度以及从该端口传向另一端口的信号的强度来描述电路网络。

目前，手机天线等产品通常依靠商业仿真软件（CST、HFSS 等）进行仿真，得到 S 参数等结果。当前，商业仿真软件多通过数值方法（如 FDTD）计算 S 参数，仿真流程主要包括半自动 / 自动的网格剖分和数值求解麦克斯韦方程组这两个步骤，耗时较长，算力消耗十分庞大。

MindSpore Elec 通过 AI 方法避免传统数值方法的迭代计算，直接得到待仿真目标的 S 参数，极大节省了仿真时长。MindSpore Elec 提供两种数据驱动的 AI 电磁仿真方案：参数化方案和点云方案。这两种方案的简要介绍如下。

参数化方案实现的是参数到仿真结果的直接映射，例如以天线的宽度、角度作为网络输入，网络输出为 S 参数。参数化方案的优点是直接映射且网络简单。

点云方案实现的是从手机的采样点云到仿真结果的映射，该方案先将手机结构文件转化为点云张量数据，使用卷积神经网络提取结构特征，再通过数层全连接层映射为最终的仿真结果（S 参数）。点云方案的优点是适用于结构参数数量或种类可能发生变化的复杂工况。

1. 目标场景

在本案例中，我们将在蝶形天线场景中应用参数化方案。

（1）蝶形天线

蝶形天线结构如图 3.7 所示。

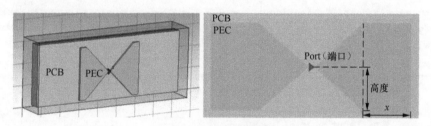

图3.7　蝶形天线结构

完美电导体（Perfect Electric Conductor，PEC）金属板置于一定厚度的印制电路板（Printed-Circuit Board，PCB）长方体之上，呈现左右对称的蝶形，两块金属板未完全接触，存在缝隙，激励源（端口）处于该缝隙处。电磁仿真通过添加激励源，计算该区域内的电磁场，进而得到 S 参数（本案例只有一个端口，因此 S 参数只有 $S11$）。

在天线的设计过程中，通常需要根据仿真结果，调节和优化天线的结构。在本案例中，蝶形天线的结构参数为 PEC 金属板的长度（x）、高度（y），以及 PCB 的厚度（t）。其中，长度为 $0 \sim 40\text{mm}$，高度为 $4 \sim 24\text{mm}$，厚度为 $2 \sim 18\text{mm}$。

在本案例中，我们将通过 MindSpore Elec 建立结构参数到 $S11$ 的映射，当面对新的结构时，我们可以快速根据结构参数计算 $S11$。

（2）数据集

数据集共有 495 个天线参数和 $S11$ 样本对，按照 9 ∶ 1 随机划分为训练集和测试集。

2. 参数化电磁仿真

参数化电磁仿真分为以下 5 个步骤。

（1）数据集加载

首先通过 MindSpore Elec 的数据处理模块加载蝶形天线数据集。参数化方案目前支持使用本地数据集训练，通过 ExistedDataConfig 接口可以配置相应数据集选项，需要指定输入和 S11 label 数据集的文件位置、类型。随后通过 Dataset 接口生成数据集实例，并通过 create_dataset 函数构造数据生成器 train_loader、eval_loader，用于模型后续的训练和测试，具体实现如代码 3.20 所示。

代码3.20

```python
def create_dataset(opt):
    """
    load data
    """
    data_input_path = opt.input_path
    data_label_path = opt.label_path
    data_input = np.load(data_input_path)
    data_label = np.load(data_label_path)
    frequency = data_label[0, :, 0]
    data_label = data_label[:, :, 1]
    data_input = custom_normalize(data_input)
    config_data_prepare = {}
    config_data_prepare["scale_input"] = 0.5 * np.max(np.abs(data_input), axis=0)
    config_data_prepare["scale_S11"] = 0.5 * np.max(np.abs(data_label))
    data_input[:, :] = data_input[:, :] / config_data_prepare["scale_input"]
    data_label[:, :] = data_label[:, :] / config_data_prepare["scale_S11"]
    permutation = np.random.permutation(data_input.shape[0])
    data_input = data_input[permutation]
    data_label = data_label[permutation]
    length = data_input.shape[0] # 10
    train_input, train_label = data_input[length:], data_label[length:]
    eval_input, eval_label = data_input[:length], data_label[:length]
    if not os.path.exists('./data_prepare'):
        os.mkdir('./data_prepare')
    else:
        shutil.rmtree('./data_prepare')
        os.mkdir('./data_prepare')
    train_input = train_input.astype(np.float32)
    np.save('./data_prepare/train_input', train_input)
    train_label = train_label.astype(np.float32)
    np.save('./data_prepare/train_label', train_label)
    eval_input = eval_input.astype(np.float32)
    np.save('./data_prepare/eval_input', eval_input)
    eval_label = eval_label.astype(np.float32)
    np.save('./data_prepare/eval_label', eval_label)
    electromagnetic_train = ExistedDataConfig(name="electromagnetic_train",
                                              data_dir=['./data_prepare/train_input.npy',
                '/data_prepare/train_label.npy'],
                                              columns_list=["inputs", "label"],
```

```
                                        data_format="npy")
electromagnetic_eval = ExistedDataConfig(name="electromagnetic_eval",
                                    data_dir=['./data_prepare/eval_input.npy',
                                        './data_prepare/eval_label.npy'],
                                    columns_list=["inputs", "label"],
                                    data_format="npy")
    train_batch_size = opt.batch_size
    eval_batch_size = len(eval_input)
    train_dataset = Dataset(existed_data_list=[electromagnetic_train])
    train_loader = train_dataset.create_dataset(batch_size=train_batch_size,
shuffle=True)
    eval_dataset = Dataset(existed_data_list=[electromagnetic_eval])
    eval_loader = eval_dataset.create_dataset(batch_size=eval_batch_size,
shuffle=False)
    data = {
        "train_loader": train_loader,
        "eval_loader": eval_loader,
        "train_data": train_input,
        "train_label": train_label,
        "eval_data": eval_input,
        "eval_label": eval_label,
        "train_data_length": len(train_label),
        "eval_data_length": len(eval_label),
        "frequency": frequency,
    }
    return data, config_data_prepare
```

（2）模型构建

这里以 S11Predictor 模型为例，该模型通过昇思 MindSpore 的模型定义接口（如 nn.Dense、nn.ReLU）构建，如代码 3.21 所示。

代码3.21

```
class S11Predictor(nn.Cell):
    def __init__(self, input_dimension):
        super(S11Predictor, self).__init__()
        self.fc1 = nn.Dense(input_dimension, 128)
        self.fc2 = nn.Dense(128, 128)
        self.fc3 = nn.Dense(128, 128)
        self.fc4 = nn.Dense(128, 128)
        self.fc5 = nn.Dense(128, 128)
        self.fc6 = nn.Dense(128, 128)
        self.fc7 = nn.Dense(128, 1001)
        self.relu = nn.ReLU()

    def construct(self, x):
        x0 = x
        x1 = self.relu(self.fc1(x0))
        x2 = self.relu(self.fc2(x1))
```

```
        x3 = self.relu(self.fc3(x1 + x2))
        x4 = self.relu(self.fc4(x1 + x2 + x3))
        x5 = self.relu(self.fc5(x1 + x2 + x3 + x4))
        x6 = self.relu(self.fc6(x1 + x2 + x3 + x4 + x5))
        x = self.fc7(x1 + x2 + x3 + x4 + x5 + x6)
        return x
```

（3）模型训练

模型构建完成后即可使用前面构造的数据生成器 Dataloader 载入数据。

MindSpore Elec 提供 Solver 类用于模型训练和推理，Solver 类的输入为优化器、网络模型、模式和损失函数等。本案例使用基于数据的监督学习方式，因此将模式设置为 Data，通过 solver.model.train 混合精度模式训练网络。

本案例还通过 EvalMetric 定义了训练过程中验证集的评测方式和指标，该方法将 metrics 参数加入 Solver 类，在训练过程中实时监控指标变化情况，如代码 3.22 所示。

代码3.22

```
milestones, learning_rates = get_lr(data)

optim = nn.Adam(model_net.trainable_params(),
                learning_rate=nn.piecewise_constant_lr(milestones, learning_rates))

eval_error_mrc = EvalMetric(scale_s11=config_data["scale_S11"],
                            length=data["eval_data_length"],
                            frequency=data["frequency"],
                            show_pic_number=4,
                            file_path='./eval_res')

solver = Solver(network=model_net,
                mode="Data",
                optimizer=optim,
                metrics={'eval_mrc': eval_error_mrc},
                loss_fn=nn.MSELoss())

monitor_train = MonitorTrain(per_print_times=1,
                             summary_dir='./summary_dir_train')

monitor_eval = MonitorEval(summary_dir='./summary_dir_eval',
                           model=solver,
                           eval_ds=data["eval_loader"],
                           eval_interval=opt.print_interval,
                           draw_flag=True)

time_monitor = TimeMonitor()
callbacks_train = [monitor_train, time_monitor, monitor_eval]

solver.model.train(epoch=opt.epochs,
```

```
                train_dataset=data["train_loader"],
                callbacks=callbacks_train,
                dataset_sink_mode=True)

if not os.path.exists(opt.checkpoint_dir):
    os.mkdir(opt.checkpoint_dir)
save_checkpoint(model_net, os.path.join(opt.checkpoint_dir, 'model.ckpt'))
```

（4）模型测试

模型训练结束后即可通过 solver.model.eval 接口调用预训练权重，通过推理获得测试集的 $S11$ 参数，如代码 3.23 所示。

代码3.23

```
data, config_data = create_dataset(opt)

model_net = S11Predictor(opt.input_dim)
model_net.to_float(mstype.float16)

param_dict = load_checkpoint(os.path.join(opt.checkpoint_dir, 'model.ckpt'))
load_param_into_net(model_net, param_dict)

eval_error_mrc = EvalMetric(scale_s11=config_data["scale_S11"],
                            length=data["eval_data_length"],
                            frequency=data["frequency"],
                            show_pic_number=4,
                            file_path='./eval_result')

solver = Solver(network=model_net,
                mode="Data",
                optimizer=nn.Adam(model_net.trainable_params(), 0.001),
                metrics={'eval_mrc': eval_error_mrc},
                loss_fn=nn.MSELoss())

res_eval = solver.model.eval(valid_dataset=data["eval_loader"], dataset_sink_
mode=True)

loss_mse, l2_s11 = res_eval["eval_mrc"]["loss_error"], res_eval["eval_mrc"]["l2_
error"]

print(f'Loss_mse: {loss_mse:.10f}  ', f'L2_S11: {l2_s11:.10f}')
```

（5）结果可视化

可以通过 MindSpore Elec 的 vision.MonitorTrain 和 vision.MonitorEval 模块呈现训练集相对误差（train_loss）、验证集相对误差（test_loss）、相对误差 L2（均方误差）和 $S11$。

train_loss、test_loss 和相对误差 L2 分别如图 3.8、图 3.9 所示。$S11$ 如图 3.10 所示。

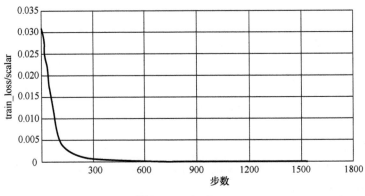

图3.8　train_loss

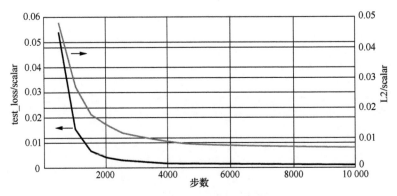

图3.9　test_loss和相对误差L2

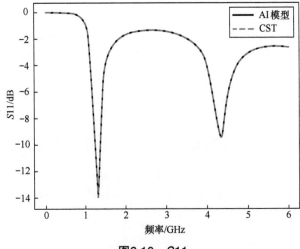

图3.10　*S*11

也可通过 MindSpore Elec 的 vision.plot_s11 模块绘制 *S*11，如图 3.11 所示。

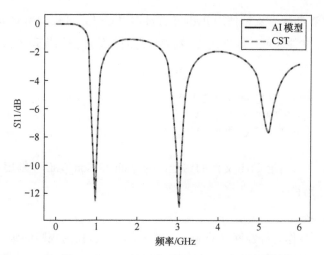

图3.11　通过MindSpore Elec的vision.plot_s11模块绘制的S11

图 3.10 和图 3.11 中的虚线为商业仿真软件 CST 对蝶形天线的仿真结果，实线为 MindSpore Elec 模型的预测结果，两者的相对误差约为 1.02%。两条曲线的谐振点以及相应的 S11 振幅和带宽基本一致。

MindSpore Elec 在保证 AI 电磁仿真与商业仿真软件两者的预测结果的相对误差较小的前提下，可快速计算得到不同手机天线的 S 参数。

3.3.2　基于点云方案的 AI 电磁仿真

本节介绍 MindSpore Elec 提供的基于点云方案的 AI 电磁仿真。

传统电磁仿真计算通常使用基于有限元或有限差分的方法计算电磁场，这些方法需要进行复杂的网格剖分与迭代计算，整个计算过程耗时长，可能影响产品的研发效率。MindSpore Elec 提供了一种新的端到端的 AI 计算方法，该方法基于点云数据，跳过网格剖分与迭代计算，直接计算仿真区域内的电磁场，大幅提升了整体仿真速度，助力产品高效研发。基于点云方案的 AI 电磁仿真整体流程包括：从 CST 文件中导出几何 / 材料信息、点云数据生成、数据压缩以及电磁仿真计算。

1. 从 CST 文件中导出几何 / 材料信息

MindSpore Elec 提供两种自动化执行脚本，用于将 CST 文件导出为 Python 可读取的 STP 文件，使用自动化执行脚本可以实现数据批量转换，也可以实现大规模电磁仿真。

基于 CST 调用 VBA 接口导出 JSON 文件和 STP 文件：打开 CST 文件的 VBA Macros Editor，导入 generate_pointcloud 目录下的 export_stp.bas 文件，将 JSON 文件和 STP 文件路径更改为想要存放的位置，单击 Run 即可导出 JSON 文件和 STP 文件。其中，JSON 文件中包含模型的端口位置以及 STP 文件对应的材料信息。

CST 2019 或更新的版本支持使用 Python 直接调用 CST，直接调用 generate_pointcloud 目录下的 export_stp.py 文件即可。导出几何 / 材料信息的具体过程如代码 3.24 所示。

代码3.24

```
python export_stp.py --cst_path CST_PATH
                     --stp_path STP_PATH
                     --json_path JSON_PATH
```

其中，cst_path 用来指定 CST 文件的路径，stp_path 和 json_path 分别用来指定导出的 STP 和 JSON 文件的存放路径。

2. 点云数据生成

STP 文件无法直接作为神经网络的输入，需要先将其转换为规则的张量数据，MindSpore Elec 提供了将 STP 文件高效转化为点云数据的接口，generate_pointcloud 目录下的 generate_cloud_point.py 文件提供了该接口的调用示例。

调用示例时，stp_path 和 json_path 用来指定生成点云数据的 STP 和 JSON 文件的路径；material_dir 用来指定 STP 文件对应的材料信息的路径，材料信息直接从 CST 中导出；sample_nums 用来指定 x、y、z 这 3 个维度分别生成多少条点云数据；bbox_args 用来指定生成点云数据的区域。

调用命令示例如代码 3.25 所示。

代码3.25

```
python generate_cloud_point.py --stp_path STP_PATH
                               --json_path JSON_PATH
                               --material_dir MATERIAL_DIR
                               --sample_nums (500, 2000, 80)
                               --bbox_args (-40., -80., -5., 40., 80., 5.)
```

3. 数据压缩

如果点云分辨率设置较高，仅单条点云数据的后处理就需耗费大量内存和计算量，因此 MindSpore Elec 提供了数据压缩功能。用户可以调用 data_compression 目录下的脚本来压缩原始点云数据，压缩过程分两步。

首次调用 train.py 训练压缩模型，若已有压缩模型 checkpoint，则可以跳过此步。然后，模型训练结束后，即可调用 data_compress.py 进行数据压缩。

训练压缩模型（可选）的步骤如下。

（1）训练数据准备

训练压缩模型所需的训练数据是分块后的点云数据。用户生成点云数据后，调用 data_compression/src/dataset.py 中的 generate_data 函数即可生成训练与推理所需的数据。数据块大小与数据输入输出路径通过脚本中的参数来配置，如代码 3.26 所示。

代码3.26

```
PATCH_DIM = [25, 50, 25]
NUM_SAMPLE = 10000
INPUT_PATH = ""
DATA_CONFIG_PATH = "./data_config.npy"
SAVE_DATA_PATH = "./"
```

在训练数据准备过程中，会对数据进行归一化处理。为保证模型的有效性，在推理压缩时需要使用相同的归一化参数，这些参数会保存在 data_config.npy 文件中。

（2）构建压缩模型

参照 data_compression/src/model.py 构建压缩模型，该模型使用自监督学习方式进行训练。模型分为编码器与解码器两部分，训练时需要重建网络数据（decoding=True），推理压缩时略去解压缩器（decoding=False）。

对于不同大小的数据块，需要修改编码器部分代码，确保编码器部分输出的空间尺寸为 [1,1,1]。

构建压缩模型如代码 3.27 所示。

代码3.27

```
class EncoderDecoder(nn.Cell):
    def __init__(self, input_dim, target_shape, base_channels=8, decoding=False):
        super(EncoderDecoder, self).__init__()
        self.decoding = decoding
        self.encoder = Encoder(input_dim, base_channels)
        if self.decoding:
            self.decoder = Decoder(input_dim, target_shape, base_channels)

    def construct(self, x):
        encoding = self.encoder(x)
        if self.decoding:
            output = self.decoder(encoding)
        else:
            output = encoding
        return output

class Encoder(nn.Cell):
    ...

class Decoder(nn.Cell):
    ...
```

（3）模型训练

训练压缩模型时，根据 config.py 中定义的输入特征数、数据块大小、基础特征数等初始化 EncoderDecoder，具体如代码 3.28 所示。

代码3.28

```
model_net = EncoderDecoder(config["input_channels"], config["patch_shape"],
config["base_channels"], ecoding=True)
```

接着，调用 MindSpore Elec 提供的数据接口读取数据集，该接口可以自动打乱数据并分批次加载。初始化数据集如代码 3.29 所示。

代码3.29

```
train_dataset = create_dataset(input_path=opt.train_input_path,
                               label_path=opt.train_input_path,
                               batch_size=config["batch_size"],
                               shuffle=True)
eval_dataset ...
```

为提升模型的精度，设定如下学习率衰减策略，如代码 3.30 所示。

代码3.30

```
milestones, learning_rates = step_lr_generator(step_size,
                                               config["epochs"],
                                               config["lr"],
                                               config["lr_decay_milestones"])
```

调用 MindSpore Elec 的训练接口 Solver 定义训练参数，包括优化器、度量标准、损失函数等，如代码 3.31 所示。

代码3.31

```
solver = Solver(model_net,
                train_input_map={'train': ['train_input_data']},
                test_input_map={'test': ['test_input_data']},
                optimizer=optimizer,
                metrics={'evl_mrc': evl_error_mrc,},
                amp_level="O2",
                loss_fn=loss_net)
```

最后使用 solver.model.train 和 solver.model.eval 训练与验证压缩模型，同时定期存储压缩模型 checkpoint，如代码 3.32 所示。

代码3.32

```
for epoch in range(config["epochs"] # config["eval_interval"]):
    solver.model.train(config["eval_interval"],
                       train_dataset,
                       callbacks=[LossMonitor(), TimeMonitor()],
                       dataset_sink_mode=True)
    res_test = solver.model.eval(eval_dataset, dataset_sink_mode=True)
    error_mean_l1_error = res_test['evl_mrc']['mean_l1_error']
    save_checkpoint(model_net, os.path.join(opt.checkpoint_dir, 'model_last.
```

```
ckpt'))
```

在数据压缩时，需要传入原始点云数据与模型 checkpoint 文件的路径，同时根据 config.
py 文件定义压缩模型并导入模型 checkpoint，如代码 3.33 所示。

代码3.33

```
encoder = EncoderDecoder(config["input_channels"], config["patch_shape"],
decoding=False)
load_checkpoint(opt.model_path, encoder)
```

代码 3.33 会自动将点云数据切分成适应压缩模型的数据块，同时使用训练数据准备过程
中生成的 data_config.npy 对数据进行归一化处理。切分完成后自动调用昇思 MindSpore 的推
理接口对数据进行压缩，压缩后的数据块编码结果按原始分块空间位置重新排列，从而得到
最后的压缩结果。

4. 电磁仿真计算

点云数据准备完毕后即可调用 MindSpore Elec 的 full_em 和 S_parameter 目录下的电磁仿
真模型，实现全量电磁场仿真和 S 参数仿真。每个仿真过程均可以分为如下两步：调用 train.
py 训练仿真模型；模型训练结束后调用 eval.py 进行全量电磁场仿真或 S 参数仿真。

全量电磁场仿真的步骤如下。

（1）构建全量电磁场仿真模型

参照 full_em/src/maxwell_model.py 构建全量电磁场仿真模型，该模型使用监督学习方式
训练，模型分为特征提取与电磁场计算两部分，如代码 3.34 所示。

代码3.34

```
class Maxwell3D(nn.Cell):
    """maxwell3d"""
    def __init__(self, output_dim):
        super(Maxwell3D, self).__init__()

        self.output_dim = output_dim
        width = 64
        self.net0 = ModelHead(4, width)
        self.net1 = ModelHead(4, width)
        self.net2 = ModelHead(4, width)
        self.net3 = ModelHead(4, width)
        self.net4 = ModelHead(4, width)
        self.fc0 = nn.Dense(width+33, 128)
        self.net = ModelOut(128, output_dim, (2, 2, 1), (2, 2, 1))
        self.cat = P.Concat(axis=-1)

    def construct(self, x):
        """forward"""
        x_location = x[..., :4]
        x_media = x[..., 4:]
```

```
        out1 = self.net0(x_location)
        out2 = self.net1(2*x_location)
        out3 = self.net2(4*x_location)
        out4 = self.net3(8*x_location)
        out5 = self.net4(16.0*x_location)
        out = out1 + out2 + out3 + out4 + out5
        out = self.cat((out, x_media))
        out = self.fc0(out)
        out = self.net(out)
        return out


class ModelHead(nn.Cell):
    ...
```

（2）模型训练

训练全量电磁场仿真模型时，首先通过 Maxwell3D 初始化仿真模型，输出的网络维度为 6，如代码 3.35 所示。

代码3.35

```
model_net = Maxwell3D(6)
```

接着，调用 src/dataset.py 中定义的数据读取接口加载数据集。该接口是基于 MindSpore Elec 的数据接口来实现的，在加载数据的同时可以自动打乱数据并实现分批次加载。初始化数据集如代码 3.36 所示。

代码3.36

```
dataset, _ = create_dataset(opt.data_path, batch_size=config.batch_size,
shuffle=True)
```

设定学习率衰减策略，如代码 3.37 所示。

代码3.37

```
lr = get_lr(config.lr, step_size, config.epochs)
```

然后，调用 MindSpore Elec 的训练接口 Solver 定义训练参数，包括优化器、度量标准、损失函数等，如代码 3.38 所示。

代码3.38

```
solver = Solver(model_net,
                optimizer=optimizer,
                loss_scale_manager=loss_scale,
                amp_level="O2",
                keep_batchnorm_fp32=False,
                loss_fn=loss_net)
```

最后使用 solver.model.train 训练模型，同时定期存储模型 checkpoint，如代码 3.39 所示。

代码3.39

```
ckpt_config = CheckpointConfig(save_checkpoint_steps=config["save_checkpoint_epochs"]
* step_size, keep_checkpoint_max=config["keep_checkpoint_max"])
ckpt_cb = ModelCheckpoint(prefix='Maxwell3d', directory=opt.checkpoint_dir,
config=ckpt_config)
solver.model.train(config.epochs, dataset, callbacks=[LossMonitor(), TimeMonitor(),
ckpt_cb], dataset_sink_mode=False)
```

（3）模型推理

传入推理输入数据与模型 checkpoint 文件的路径，同时根据 config.py 文件定义的模型创建 model_net，并导入模型 checkpoint，如代码 3.40 所示。

代码3.40

```
model_net = Maxwell3D(6)
param_dict = load_checkpoint(opt.checkpoint_path)
```

调用 MindSpore Elec 的推理接口实现自动推理，如代码 3.41 所示。

代码3.41

```
solver = Solver(model_net, optimizer=optimizer, loss_fn=loss_net, metrics={"evl_
mrc": evl_error_mrc})
res = solver.model.eval(dataset, dataset_sink_mode=False)
l2_s11 = res['evl_mrc']['l2_error']
print('test_res:', f'l2_error: {l2_s11:.10f} ')
```

S 参数仿真的步骤如下。

（1）构建 S 参数仿真模型

参照 S_parameter/src/model.py 构建 S 参数仿真模型，该模型同样通过监督学习方式训练，分为特征提取与 S 参数计算两部分，如代码 3.42 所示。

代码3.42

```
class S11Predictor(nn.Cell):
    """S11Predictor architecture for MindSpore Elec"""
    def __init__(self, input_dim):
        super(S11Predictor, self).__init__()
        self.conv1 = nn.Conv3d(input_dim, 512, kernel_size=(3, 3, 1))
        self.conv2 = nn.Conv3d(512, 512, kernel_size=(3, 3, 1))
        self.conv3 = nn.Conv3d(512, 512, kernel_size=(3, 3, 1))
        self.conv4 = nn.Conv3d(512, 512, kernel_size=(2, 1, 3), pad_mode='pad',
padding=0)
        self.down1 = ops.MaxPool3D(kernel_size=(2, 3, 1), strides=(2, 3, 1))
        self.down2 = ops.MaxPool3D(kernel_size=(2, 3, 1), strides=(2, 3, 1))
        self.down3 = ops.MaxPool3D(kernel_size=(2, 3, 1), strides=(2, 3, 1))
        self.down_1_1 = ops.MaxPool3D(kernel_size=(1, 13, 1), strides=(1, 13, 1))
```

```
        self.down_1_2 = nn.MaxPool2d(kernel_size=(10, 3))
        self.down_2 = nn.MaxPool2d((5, 4*3))
        self.fc1 = nn.Dense(1536, 2048)
        self.fc2 = nn.Dense(2048, 2048)
        self.fc3 = nn.Dense(2048, 1001)
        self.concat = ops.Concat(axis=1)
        self.relu = nn.ReLU()


    def construct(self, x):
        """forward"""
        bs = x.shape[0]
        x = self.conv1(x)
        x = self.relu(x)
        x = self.down1(x)
        x_1 = self.down_1_1(x)
        x_1 = self.down_1_2(x_1.view(bs, x_1.shape[1], x_1.shape[2], -1)).view((bs,
-1))
        x = self.conv2(x)
        x = self.relu(x)
        x = self.down2(x)
        x_2 = self.down_2(x.view(bs, x.shape[1], x.shape[2], -1)).view((bs, -1))
        x = self.conv3(x)
        x = self.relu(x)
        x = self.down3(x)
        x = self.conv4(x)
        x = self.relu(x).view((bs, -1))
        x = self.concat([x, x_1, x_2])
        x = self.relu(x).view(bs, -1)
        x = self.relu(self.fc1(x))
        x = self.relu(self.fc2(x))
        x = self.fc3(x)
        return x
```

（2）模型训练

训练 S 参数仿真模型时，首先通过 S11Predictor 初始化仿真模型，网络输入张量 channel 的维度在 config.py 中配置，如代码 3.43 所示。

代码3.43

```
model_net = S11Predictor(config["input_channels"])
```

其次，调用 src/dataset.py 中定义的数据读取接口加载数据集，如代码 3.44 所示。

代码3.44

```
dataset = create_dataset(input_path, label_path, config.batch_size, shuffle=True)
```

设定学习率衰减策略，如代码 3.45 所示。

代码3.45

```
milestones, learning_rates = step_lr_generator(step_size, epochs, lr, lr_decay_
milestones)
```

然后，调用 MindSpore Elec 的训练接口 Solver 定义训练参数，如代码 3.46 所示。

代码3.46

```
solver = Solver(model_net,
                train_input_map={'train': ['train_input_data']},
                test_input_map={'test': ['test_input_data']},
                optimizer=optimizer,
                amp_level="O2",
                loss_fn=loss_net)
```

最后使用 solver.model.train 训练模型，训练完成后存储模型 checkpoint，如代码 3.47 所示。

代码3.47

```
solver.model.train(config["epochs"],
                train_dataset,
                callbacks=[LossMonitor(), TimeMonitor()],
                dataset_sink_mode=True)

save_checkpoint(model_net, os.path.join(opt.checkpoint_dir, 'model_best.ckpt'))
```

（3）模型推理

根据 config.py 文件定义的模型创建 model_net，并导入模型 checkpoint，如代码 3.48 所示。

代码3.48

```
model_net = S11Predictor(input_dim=config["input_channels"])
load_checkpoint(opt.model_path, model_net)
```

调用 MindSpore Elec 的 solver.model.eval 接口进行推理，如代码 3.49 所示。

代码3.49

```
solver = Solver(network=model_net,
                mode="Data",
                optimizer=nn.Adam(model_net.trainable_params(), 0.001),
                metrics={'eval_mrc': eval_error_mrc},
                loss_fn=nn.MSELoss())

res_eval = solver.model.eval(valid_dataset=eval_dataset, dataset_sink_mode=True)

loss_mse, l2_s11 = res_eval["eval_mrc"]["loss_error"], res_eval["eval_mrc"]["l2_
error"]
print('Loss_mse: ', loss_mse, ' L2_S11: ', l2_s11)
```

以手机 S 参数为例，通过上述流程计算出的 S 参数与 CST 仿真结果的对比如图 3.12 所示。

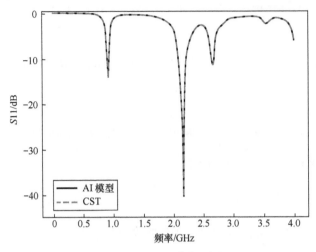

图3.12　手机S参数对比

▮▮3.4　端到端可微分的 FDTD

FDTD 最早由 K.S.Yee 于 1966 年提出。K.S.Yee 使用 FDTD 对电磁场的 $\boldsymbol{E}$（电场）、$\boldsymbol{H}$（磁场）分量在空间和时间上采取交替抽样的方式进行离散和迭代计算。经过几十年的发展，FDTD 已经成为成熟的数值方法，并且应用范围非常广泛，如辐射天线的分析、微波器件和导行波结构的研究、散射和雷达截面计算、电子封装、核电磁脉冲的传播和散射等。但传统的数值方法仍面临计算效率低下、计算流程复杂等问题，尤其是在电磁反问题中。

随着 AI 技术的发展，AI 融合计算（AI 与传统数值方法融合）有望解决上述问题。在本节，我们将基于昇思 MindSpore 构建端到端可微分的 FDTD 求解器。该求解器可以采用昇思 MindSpore 的神经网络算子重写 FDTD 正向求解过程，也可以利用昇思 MindSpore 的自动微分功能对电磁反问题中的介质参数进行端到端的优化。未来，我们还可以将 FDTD 中部分复杂的求解过程用 AI 代理模型替代，可以说端到端可微分的 FDTD 求解器为电磁技术的探索和发展提供了更多的可能。

3.4.1　可微分 FDTD 求解器原理

时域麦克斯韦方程呈现如下形式：

$$\varepsilon \frac{\partial \boldsymbol{E}}{\partial t} = \nabla \times \boldsymbol{H} - \boldsymbol{J} \tag{3-4}$$

$$\mu \frac{\partial \boldsymbol{H}}{\partial t} = -\nabla \times \boldsymbol{E} \tag{3-5}$$

数值求解要求将该方程组离散化。首先处理电场和磁场对时间的偏导，FDTD 采用蛙跳格式交替更新电场和磁场，得到以下时间步进格式：

$$H^{n+0.5} = H^{n-0.5} - \frac{\Delta t}{\mu}\left(\nabla \times E^n\right) \tag{3-6}$$

$$E^{n+1} = E^n + \frac{\Delta t}{\varepsilon}\left(\nabla \times H^{n+0.5} - J^{n+0.5}\right) \tag{3-7}$$

其中，n 为时间步。显然，按上式更新电场和磁场的过程等价于一个循环神经网络。

接下来处理旋度算子，即处理电场和磁场对空间的偏导。FDTD 采用 Yee 网格对电磁场进行空间离散。

在 Yee 网格上，电场和磁场交替排列，因而可用中心差分近似微分算子，该算子可以等价为卷积算子。

综上所述，FDTD 求解时域麦克斯韦方程的过程可以用循环神经网络表示。借助昇思 MindSpore 的可微分算子重写 FDTD 正向求解过程，便可得到端到端可微分的 FDTD 求解器。

3.4.2　基于可微分 FDTD 的 S 参数仿真

本节用两个案例介绍基于端到端可微分的 FDTD 求解电磁正问题的方法。利用昇思 MindSpore 的可微分算子重写更新流程，便可得到端到端可微分的 FDTD 求解器。相比数据驱动的黑盒模型，可微分 FDTD 的求解流程严格满足麦克斯韦方程组的约束，其精度与传统数值算法的精度相当。

本案例中的端口为线端口，可以表示为如下公式：

$$J\left(x,t\right) = H\left(x-x_0\right)H\left(x_1-x\right)g\left(t\right) \tag{3-8}$$

其中，x_0 和 x_1 分别为线端口的起始位置和终止位置。$H\left(x\right)$ 为阶跃函数，$g\left(t\right)$ 为脉冲信号的函数表达形式。

1. 贴片倒 F 天线的 S 参数仿真

本案例的贴片倒 F 天线结构如图 3.13 所示。其中，ε_r 为相对介电常数，Ground 表示接地。

使用 MindSpore Elec 对贴片倒 F 天线的 S 参数进行仿真的流程如下。

（1）导入依赖

导入本案例所依赖的模块与接口，如代码 3.50 所示。

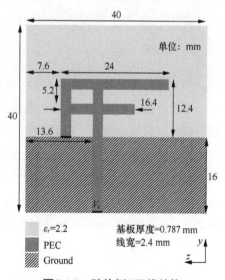

图3.13　贴片倒 F 天线结构

代码3.50

```
import os
import argparse
import numpy as np
from src import estimate_time_interval, compare_s
from src import CFSParameters, Gaussian
from src import Antenna, SParameterSolver
from src import GridHelper, UniformBrick, PECPlate, VoltageSource
from src import VoltageMonitor, CurrentMonitor
from src import full3d
```

（2）定义激励源时域波形

本案例的激励源时域波形为高斯脉冲。FDTD 采用蛙跳格式交替更新电场和磁场，而本案例的激励源为电压源，因此应计算半时间步上的激励源时域波形值，如代码 3.51 所示。

代码3.51

```
def get_waveform_t(nt, dt, fmax):
    """
    Compute waveforms at time t.

    Args:
        nt (int): Number of time steps.
        dt (float): Time interval.
        fmax (float): Maximum freuqency of Gaussian wave

    Returns:
        waveform_t (Tensor, shape=(nt,)): Waveforms.
    """
    t = (np.arange(0, nt) + 0.5) * dt
    waveform = Gaussian(fmax)
    waveform_t = waveform(t)
    return waveform_t, t
```

（3）定义天线结构、激励端口、采样端口

用户可根据天线设计图，在网格上自定义天线结构、激励端口和采样端口。首先，根据剖分尺寸、天线总尺寸、完全匹配层（Perfect Matched Layer，PML）厚度、空气层厚度，由程序自动生成 FDTD 网格（grid）；然后，用户可根据天线设计图，借助程序提供的各种组件在网格上定义天线结构、激励端口和采样端口，例如介质基板（均匀介质块 UniformBrick）、金属贴片（PECPlate）、电压源（VoltageSource）、电压采样端口（VoltageMonitor）和电流采样端口（CurrentMonitor），如代码 3.52 所示。

代码3.52

```
def get_invert_f_antenna(air_buffers, npml):
    """ Get grid for IFA. """
    cell_lengths = (0.262e-3, 0.4e-3, 0.4e-3)
```

```
    obj_lengths = (0.787e-3, 40e-3, 40e-3)
    cell_numbers = (
        2 * npml + 2 * air_buffers[0] + int(obj_lengths[0] / cell_lengths[0]),
        2 * npml + 2 * air_buffers[1] + int(obj_lengths[1] / cell_lengths[1]),
        2 * npml + 2 * air_buffers[2] + int(obj_lengths[2] / cell_lengths[2]),
    )

    grid = GridHelper(cell_numbers, cell_lengths, origin=(
        npml + air_buffers[0] + int(obj_lengths[0] / cell_lengths[0]),
        npml + air_buffers[1],
        npml + air_buffers[2],
    ))

    # Define antenna
    grid[-3:0, 0:100, 0:100] = UniformBrick(epsr=2.2)
    grid[0, 0:71, 60:66] = PECPlate('x')
    grid[0, 40:71, 75:81] = PECPlate('x')
    grid[0, 65:71, 21:81] = PECPlate('x')
    grid[0, 52:58, 40:81] = PECPlate('x')
    grid[-3:0, 40, 75:81] = PECPlate('y')
    grid[-3, 0:40, 0:100] = PECPlate('x')

    # Define sources
    grid[-3:0, 0, 60:66] =\
        VoltageSource(amplitude=1., r=50., polarization='xp')

    # Define monitors
    grid[-3:0, 0, 61:66] = VoltageMonitor('xp')
    grid[-1, 0, 60:66] = CurrentMonitor('xp')
return grid
```

值得注意的是，在网格上定义天线结构、激励端口和采样端口时，用户既可以通过网格编号直接指定物体位置，也可以通过空间坐标指定物体位置。需要注意的是，通过空间坐标指定物体位置可能引入建模误差。用户还可以通过混用网格编号和空间坐标来定义天线结构，如代码 3.53 所示。

代码3.53

```
    ...
    # Define antenna
    grid[-0.787e-3:0, 0:40e-3, 0:40e-3] = UniformBrick(epsr=2.2)
    grid[0, 0:28.4e-3, 24e-3:26.4e-3] = PECPlate('x')
    grid[0, 16e-3:28.4e-3, 30e-3:32.4e-3] = PECPlate('x')
    grid[0, 26e-3:28.4e-3, 8.4e-3:32.4e-3] = PECPlate('x')
    grid[0, 20.8e-3:23.2e-3, 16e-3:32.4e-3] = PECPlate('x')
    grid[-0.787e-3:0, 16e-3, 30e-3:32.4e-3] = PECPlate('y')
    grid[-0.787e-3, 0:16e-3, 0:40e-3] = PECPlate('x')
    ...
```

（4）构建神经网络并求解

首先定义可微分 FDTD 网络，然后定义 S 参数的求解器对象 solver，调用 solve 接口进行求解，如代码 3.54 所示。

代码3.54

```
# define FDTD network
fdtd_net = full3d.ADFDTD(grid_helper.cell_numbers, grid_helper.cell_lengths,
                         nt, dt, ns, antenna, cpml)
# define solver
solver = SParameterSolver(fdtd_net)

# solve
_ = solver.solve(waveform_t)
```

（5）定义采样频率并求解

定义采样频率，调用 eval 接口得到采样频率上的 S 参数，如代码 3.55 所示。

代码3.55

```
# sampling frequencies
fs = np.linspace(0., fmax, 501, endpoint=True)

# eval
s_parameters = solver.eval(fs, t)
```

基于程序计算得到的 S 参数（Code）与参考文献结果的对比情况如图 3.14 所示。

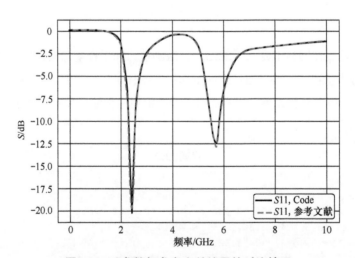

图3.14　S参数与参考文献结果的对比情况

2. 贴片微带滤波器的 S 参数仿真

本案例对贴片微带滤波器的 S 参数进行仿真。贴片微带滤波器结构如图 3.15 所示。

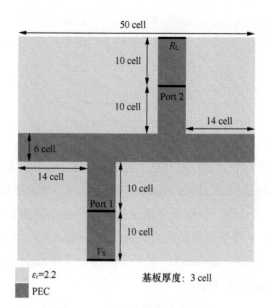

图3.15　贴片微带滤波器结构

（1）导入依赖

导入本案例所依赖的模块与接口，如代码 3.56 所示。

代码3.56

```
import os
import argparse
import numpy as np
from src import estimate_time_interval, compare_s
from src import CFSParameters, Gaussian
from src import Antenna, SParameterSolver
from src import GridHelper, UniformBrick, PECPlate, VoltageSource, Resistor
from src import VoltageMonitor, CurrentMonitor
from src import full3d
```

（2）定义激励源时域波形

本案例的激励源时域波形为高斯脉冲。FDTD 采用蛙跳格式交替更新电场和磁场，而本案例的激励源为电压源，因此应计算半时间步上的激励源时域波形值，如代码 3.57 所示。

代码3.57

```
def get_waveform_t(nt, dt, fmax):
    """
    Compute waveforms at time t.

    Args:
        nt (int): Number of time steps.
        dt (float): Time interval.
        fmax (float): Maximum freuqency of Gaussian wave

    Returns:
```

```
            waveform_t (Tensor, shape=(nt,)): Waveforms.
    """
    t = (np.arange(0, nt) + 0.5) * dt
    waveform = Gaussian(fmax)
    waveform_t = waveform(t)
return waveform_t, t
```

（3）定义滤波器结构、激励端口、采样端口

用户可根据贴片滤波器设计图，在网格上自定义滤波器结构、激励端口和采样端口。首先，根据剖分尺寸、器件总尺寸、PML 厚度、空气层厚度，由程序自动生成 FDTD 网格；然后，用户可根据滤波器设计图，借助程序提供的各种组件在网格上定义滤波器结构、激励端口和采样端口，例如介质基板（均匀介质块 UniformBrick）、金属贴片（PECPlate）、电压源（VoltageSource）、电阻（Resistor）、电压采样端口（VoltageMonitor）和电流采样端口（CurrentMonitor），如代码 3.58 所示。

代码3.58

```
def get_microstrip_filter(air_buffers, npml):
    """ microstrip filter """
    cell_lengths = (0.4064e-3, 0.4233e-3, 0.265e-3)
    obj_lengths = (50 * cell_lengths[0],
                   46 * cell_lengths[1],
                   3 * cell_lengths[2])
    cell_numbers = (
        2 * npml + 2 * air_buffers[0] + int(obj_lengths[0] / cell_lengths[0]),
        2 * npml + 2 * air_buffers[1] + int(obj_lengths[1] / cell_lengths[1]),
        2 * npml + 2 * air_buffers[2] + int(obj_lengths[2] / cell_lengths[2]),
    )

    grid = GridHelper(cell_numbers, cell_lengths, origin=(
        npml + air_buffers[0],
        npml + air_buffers[1],
        npml + air_buffers[2],
    ))

    # Define antenna
    grid[0:50, 0:46, 0:3] = UniformBrick(epsr=2.2)
    grid[14:20, 0:20, 3] = PECPlate('z')
    grid[30:36, 26:46, 3] = PECPlate('z')
    grid[0:50, 20:26, 3] = PECPlate('z')
    grid[0:50, 0:46, 0] = PECPlate('z')

    # Define sources
    grid[14:20, 0, 0:3] = VoltageSource(1., 50., 'zp')

    # Define load
    grid[30:36, 46, 0:3] = Resistor(50., 'z')
```

```
# Define monitors
grid[14:20, 10, 0:3] = VoltageMonitor('zp')
grid[14:20, 10, 3] = CurrentMonitor('yp')
grid[30:36, 36, 0:3] = VoltageMonitor('zp')
grid[30:36, 36, 3] = CurrentMonitor('yn')

return grid
```

值得注意的是，本案例中的滤波器为两端口器件，本案例仅仿真 $S11$ 和 $S21$ 参数。为了计算多端口 S 参数，需要在每个端口分别定义电压采样端口和电流采样端口。

（4）构建神经网络并求解

定义可微分 FDTD 网络，然后定义 S 参数的求解器对象 solver，调用 solve 接口进行求解，如代码 3.59 所示。

代码3.59

```
# define FDTD network
fdtd_net = full3d.ADFDTD(grid_helper.cell_numbers, grid_helper.cell_lengths,
                         nt, dt, ns, antenna, cpml)
# define solver
solver = SParameterSolver(fdtd_net)

# solve
_ = solver.solve(waveform_t)
```

（5）定义采样频率并求解

定义采样频率，调用 eval 接口得到采样频率上的 S 参数，如代码 3.60 所示。

代码3.60

```
# sampling frequencies
fs = np.linspace(0., fmax, 1001, endpoint=True)

# eval
s_parameters = solver.eval(fs, t)
```

基于程序计算得到的 S 参数与参考文献结果的对比情况如图 3.16 所示。

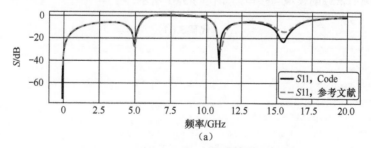

图3.16　S参数与参考文献结果的对比情况

（a）$S11$　　（b）$S21$

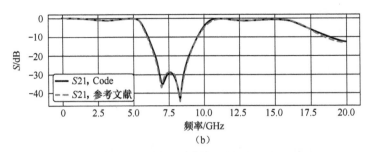

图3.16 S参数与参考文献结果的对比情况（续）

（a）S11　（b）S21

3.4.3 端到端可微分 FDTD 求解二维 TM 模式的电磁逆散射问题

在本案例中，我们利用昇思 MindSpore 提供的自动微分功能，通过可微分的 FDTD 方法，根据接收天线接收到的时域信号重建介质体。本案例求解的二维 TM 模式的电磁逆散射问题的场景如图 3.17 所示。

在本案例中，将整个仿真区域剖分为 100×100 的网格，优化区域为 40×40 的网格，优化区域外设置 4 个激励源和 8 个观察点，待反演目标为两个相对介电常数（espr）为 4 的介质体。

本案例中的激励源表现为端口脉冲的形式，

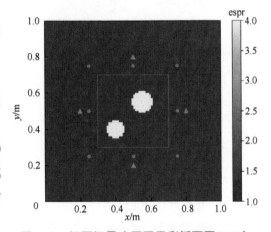

图3.17 问题场景（原图见彩插页图3.17）

这在数学上可近似为以狄拉克函数形式所表示的点源，可以表示为如下公式：

$$J(x,t) = \delta(x - x_0)g(t) \tag{3-9}$$

其中，x_0 为激励源位置，$g(t)$ 为脉冲信号的函数表达形式。

使用 MindSpore Elec 求解该问题的具体流程如下。

1. 导入依赖

导入本案例所依赖的模块与接口，如代码 3.61 所示。

代码3.61

```
import os
import argparse
import numpy as np
from mindspore import nn
import matplotlib.pyplot as plt
from src import transverse_magnetic, EMInverseSolver
from src import zeros, tensor, vstack, elu
from src import Gaussian, CFSParameters, estimate_time_interval
from src import BaseTopologyDesigner
```

2. 加载数据集

将用传统数值方法（如 FDTD）计算得到的各个观察点处的时域电场值以及相对介电常数真值作为数据集，并加载这一数据集，如代码 3.62 所示。

代码3.62

```
def load_labels(nt, dataset_dir):
    """
    Load labels of Ez fields and epsr.

    Args:
        nt (int): Number of time steps.
        dataset_dir (str): Dataset directory.

    Returns:
        field_labels (Tensor, shape=(nt, ns, nr)): Ez at receivers.
        epsr_labels (Tensor, shape=(nx, ny)): Ground truth for epsr.
    """

    field_label_path = os.path.join(dataset_dir, 'ez_labels.npy')
    field_labels = tensor(np.load(field_label_path))[:nt]

    epsr_label_path = os.path.join(dataset_dir, 'epsr_labels.npy')
    epsr_labels = tensor(np.load(epsr_label_path))

    return field_labels, epsr_labels
```

3. 定义激励源位置、观察点位置以及求解区域

通过继承 BaseTopologyDesiger 类，用户可以快速定义电磁逆散射问题。用户可在成员函数 generate_object、update_sources 和 get_outputs_at_each_step 中分别定义激励源位置、观察点位置以及求解区域。以该问题为例，我们定义的电磁逆散射问题如代码 3.63 所示。

代码3.63

```
class InverseDomain(BaseTopologyDesigner):
    """
    InverseDomain with customized mapping and source locations for user-defined
problems.
    """

    def generate_object(self, rho):
        """Generate material tensors.

        Args:
            rho (Parameter): Parameters to be optimized in the inversion domain.

        Returns:
            epsr (Tensor, shape=(self.cell_nunbers)): Relative permittivity in the
whole domain.
```

```
                sige (Tensor, shape=(self.cell_nunbers)): Conductivity in the whole
domain.
        """
        # generate background material tensors
        epsr = self.background_epsr * self.grid
        sige = self.background_sige * self.grid
        # ----------------------------------------------
        # Customized Differentiable Mapping
        # ----------------------------------------------
        epsr[30:70, 30:70] = self.background_epsr + elu(rho, alpha=1e-2)
        return epsr, sige

    def update_sources(self, *args):
        """
        Set locations of sources.

        Args:
            *args: arguments

        Returns:
            jz (Tensor, shape=(ns, 1, nx+1, ny+1)): Jz tensor.
        """
        sources, _, waveform, _ = args
        jz = sources[0]
        jz[0, :, 20, 50] = waveform
        jz[1, :, 50, 20] = waveform
        jz[2, :, 80, 50] = waveform
        jz[3, :, 50, 80] = waveform
        return jz

    def get_outputs_at_each_step(self, *args):
        """Compute output each step.

        Args:
            *args: arguments

        Returns:
            rx (Tensor, shape=(ns, nr)): Ez fields at receivers.
        """
        ez, _, _ = args[0]
        rx = [
            ez[:, 0, 25, 25],
            ez[:, 0, 25, 50],
            ez[:, 0, 25, 75],
            ez[:, 0, 50, 25],
            ez[:, 0, 50, 75],
            ez[:, 0, 75, 25],
            ez[:, 0, 75, 50],
            ez[:, 0, 75, 75],
        ]
        return vstack(rx)
```

值得注意的是，在 generate_object 中将待优化变量 rho 映射为相对介电常数 epsr 时，选取合适的映射关系可以大大加快求解器的收敛速度。本案例采用的映射关系为 background_epsr + elu(rho, alpha=1e-2)，保证求解过程中不会出现不符合物理规律的介电常数。

4. 定义激励源时域波形

本案例的激励源时域波形为高斯脉冲。FDTD 采用蛙跳格式交替更新电场和磁场，而本案例的激励源为电流源，因此应计算半时间步上的激励源时域波形值，如代码 3.64 所示。

代码3.64

```python
def get_waveform_t(nt, dt, fmax):
    """
    Compute waveforms at time t.

    Args:
        nt (int): Number of time steps.
        dt (float): Time interval.
        fmax (float): Maximum freuqency of Gaussian wave

    Returns:
        waveform_t (Tensor, shape=(nt, ns, nr)): Waveforms.
    """
    t = (np.arange(0, nt) + 0.5) * dt
    waveform = Gaussian(fmax)
    waveform_t = waveform(t)
return waveform_t
```

5. 构建可微分 FDTD 网络

本案例求解二维 TM 模式的电磁逆散射问题。当采用复频移完全匹配层（Complex Frequency Shifted-PML，CFS-PML）对无限大区域进行截断时，TM 模式的 FDTD 的第 n 个时间步的更新过程如图 3.18 所示。

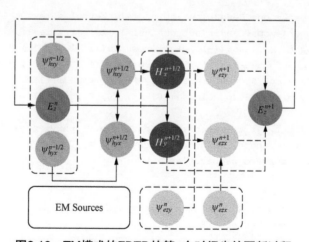

图3.18　TM模式的FDTD的第 n 个时间步的更新过程

其中，EM Sources 表示电磁激励源。

使用昇思 MindSpore 的可微分算子 FDTDLayer 重写 FDTD 的更新流程，每个时间步内的
计算过程如代码 3.65 所示。

代码3.65

```
class FDTDLayer(nn.Cell):
    """
    One-step 2D TM-Mode FDTD.

    Args:
        cell_lengths (tuple): Lengths of Yee cells.
        cpmlx_e (Tensor): Updating coefficients for electric fields in the
    x-direction CPML.
        cpmlx_m (Tensor): Updating coefficients for magnetic fields in the
    x-direction CPML.
        cpmly_e (Tensor): Updating coefficients for electric fields in the
    y-direction CPML.
        cpmly_m (Tensor): Updating coefficients for magnetic fields in the
    y-direction CPML.
    """

    def __init__(self,
                 cell_lengths,
                 cpmlx_e, cpmlx_m,
                 cpmly_e, cpmly_m,
                 ):
        super(FDTDLayer, self).__init__()
        dx = cell_lengths[0]
        dy = cell_lengths[1]
        self.cpmlx_e = cpmlx_e
        self.cpmlx_m = cpmlx_m
        self.cpmly_e = cpmly_e
        self.cpmly_m = cpmly_m
        # operators
        self.dx_oper = ops.Conv2D(out_channel=1, kernel_size=(2, 1))
        self.dy_oper = ops.Conv2D(out_channel=1, kernel_size=(1, 2))
        self.dx_wghts = tensor([-1., 1.]).reshape((1, 1, 2, 1)) / dx
        self.dy_wghts = tensor([-1., 1.]).reshape((1, 1, 1, 2)) / dy
        self.pad_x = ops.Pad(paddings=((0, 0), (0, 0), (1, 1), (0, 0)))
        self.pad_y = ops.Pad(paddings=((0, 0), (0, 0), (0, 0), (1, 1)))

    def construct(self, jz_t, ez, hx, hy, pezx, pezy, phxy, phyx,
                  ceze, cezh, chxh, chxe, chyh, chye):
        """One-step forward propagation

        Args:
            jz_t (Tensor): Source at time t + 0.5 * dt.
            ez, hx, hy (Tensor): Ez, Hx, Hy fields.
            pezx, pezy, phxy, phyx (Tensor): CPML auxiliary fields.
            ceze, cezh (Tensor): Updating coefficients for Ez fields.
            chxh, chxe (Tensor): Updating coefficients for Hx fields.
```

```
                    chyh, chye (Tensor): Updating coefficients for Hy fields.

            Returns:
                hidden_states (tuple)
            """
            # --------------------------------------------------
            # Step 1: Update H's at n+1/2 step
            # --------------------------------------------------
            # compute curl E
            dezdx = self.dx_oper(ez, self.dx_wghts) / self.cpmlx_m[2]
            dezdy = self.dy_oper(ez, self.dy_wghts) / self.cpmly_m[2]

            # update auxiliary fields
            phyx = self.cpmlx_m[0] * phyx + self.cpmlx_m[1] * dezdx
            phxy = self.cpmly_m[0] * phxy + self.cpmly_m[1] * dezdy

            # update H
            hx = chxh * hx - chxe * (dezdy + phxy)
            hy = chyh * hy + chye * (dezdx + phyx)

            # --------------------------------------------------
            # Step 2: Update E's at n+1 step
            # --------------------------------------------------
            # compute curl H
            dhydx = self.pad_x(self.dx_oper(hy, self.dx_wghts)) / self.cpmlx_e[2]
            dhxdy = self.pad_y(self.dy_oper(hx, self.dy_wghts)) / self.cpmly_e[2]

            # update auxiliary fields
            pezx = self.cpmlx_e[0] * pezx + self.cpmlx_e[1] * dhydx
            pezy = self.cpmly_e[0] * pezy + self.cpmly_e[1] * dhxdy

            # update E
            ez = ceze * ez + cezh * ((dhydx + pezx) - (dhxdy + pezy) - jz_t)

            hidden_states = (ez, hx, hy, pezx, pezy, phxy, phyx)
            return hidden_states

class ADFDTD(nn.Cell):
    """2D TM-Mode Differentiable FDTD Network.

    Args:
        cell_numbers (tuple): Number of Yee cells in (x, y) directions.
        cell_lengths (tuple): Lengths of Yee cells.
        nt (int): Number of time steps.
        dt (float): Time interval.
        ns (int): Number of sources.
        designer (BaseTopologyDesigner): Customized Topology designer.
        cfs_pml (CFSParameters): CFS parameter class.
        init_weights (Tensor): Initial weights.

    Returns:
```

```
            outputs (Tensor): Customized outputs.
    """

    def __init__(self,
                 cell_numbers,
                 cell_lengths,
                 nt, dt,
                 ns,
                 designer,
                 cfs_pml,
                 init_weights,
                 ):
        super(ADFDTD, self).__init__()

        self.nx = cell_numbers[0]
        self.ny = cell_numbers[1]
        self.dx = cell_lengths[0]
        self.dy = cell_lengths[1]
        self.nt = nt
        self.ns = ns
        self.dt = tensor(dt)

        self.designer = designer
        self.cfs_pml = cfs_pml
        self.rho = ms.Parameter(
            init_weights) if init_weights is not None else None

        self.mur = tensor(1.)
        self.sigm = tensor(0.)

        if self.cfs_pml is not None:
            # CFS-PML Coefficients
            cpmlx_e, cpmlx_m = self.cfs_pml.get_update_coefficients(
                self.nx, self.dx, self.dt, self.designer.background_epsr.asnumpy())
            cpmly_e, cpmly_m = self.cfs_pml.get_update_coefficients(
                self.ny, self.dy, self.dt, self.designer.background_epsr.asnumpy())

            cpmlx_e = tensor(cpmlx_e.reshape((3, 1, 1, -1, 1)))
            cpmlx_m = tensor(cpmlx_m.reshape((3, 1, 1, -1, 1)))
            cpmly_e = tensor(cpmly_e.reshape((3, 1, 1, 1, -1)))
            cpmly_m = tensor(cpmly_m.reshape((3, 1, 1, 1, -1)))

        else:
            # PEC boundary
            cpmlx_e = cpmlx_m = tensor([0., 0., 1.]).reshape((3, 1))
            cpmly_e = cpmly_m = tensor([0., 0., 1.]).reshape((3, 1))

        # FDTD layer
        self.fdtd_layer = FDTDLayer(
            cell_lengths, cpmlx_e, cpmlx_m, cpmly_e, cpmly_m)
```

```python
        # auxiliary variables
        self.dte = tensor(dt / epsilon0)
        self.dtm = tensor(dt / mu0)

        # material parameters smoother
        self.smooth_kernel = 0.25 * ones((1, 1, 2, 2))
        self.smooth_oper = ops.Conv2D(
            out_channel=1, kernel_size=2, pad_mode='pad', pad=1)

    def construct(self, waveform_t):
        """
        ADFDTD-based forward propagation.
        Args:
            waveform_t (Tensor, shape=(nt,)): Time-domain waveforms.
        Returns:
            outputs (Tensor): Customized outputs.
        """
        # -----------------------------------------
        # Initialization
        # -----------------------------------------
        # constants
        ns, nt, nx, ny = self.ns, self.nt, self.nx, self.ny
        dt = self.dt

        # material grid
        epsr, sige = self.designer.generate_object(self.rho)

        # delectric smoothing
        epsrz = self.smooth_oper(epsr[None, None], self.smooth_kernel)
        sigez = self.smooth_oper(sige[None, None], self.smooth_kernel)

        # set materials on the interfaces
        (epsrz, sigez) = self.designer.modify_object(epsrz, sigez)

        # non-magnetic & magnetically lossless material
        murx = mury = self.mur
        sigmx = sigmy = self.sigm

        # updating coefficients
        ceze, cezh = fcmpt(self.dte, epsrz, sigez)
        chxh, chxe = fcmpt(self.dtm, murx, sigmx)
        chyh, chye = fcmpt(self.dtm, mury, sigmy)

        # hidden states
        ez = create_zero_tensor((ns, 1, nx + 1, ny + 1))
        hx = create_zero_tensor((ns, 1, nx + 1, ny))
        hy = create_zero_tensor((ns, 1, nx, ny + 1))

        # CFS-PML auxiliary fields
        pezx = zeros_like(ez)
        pezy = zeros_like(ez)
```

```
        phxy = zeros_like(hx)
        phyx = zeros_like(hy)

        # set source location
        jz_t = zeros_like(ez)

        # ----------------------------------------
        # Update
        # ----------------------------------------
        outputs = []

        t = 0

        while t < nt:

            jz_t = self.designer.update_sources(
                (jz_t,), (ez,), waveform_t[t], dt)

            # RNN-Style Update
            (ez, hx, hy, pezx, pezy, phxy, phyx) = self.fdtd_layer(
                jz_t, ez, hx, hy, pezx, pezy, phxy, phyx,
                ceze, cezh, chxh, chxe, chyh, chye)

            # Compute outputs
            outputs.append(
                self.designer.get_outputs_at_each_step((ez, hx, hy)))

            t = t + 1

        outputs = hstack(outputs)
        return outputs
```

6. 模型训练

首先定义可微分 FDTD 网络、损失函数、优化器、迭代步数和学习率，然后定义电磁逆散射的求解器对象 solver，调用 solve 接口进行训练（求解），如代码 3.66 所示。

代码3.66

```
# define FDTD network
fdtd_net = transverse_magnetic.ADFDTD(
    cell_numbers, cell_lengths, nt, dt, ns,
    inverse_domain, cpml, rho_init)

# define solver for inverse problem
epochs = options.epochs
lr = options.lr
loss_fn = nn.MSELoss(reduction='sum')
optimizer = nn.Adam(fdtd_net.trainable_params(), learning_rate=lr)
solver = EMInverseSolver(fdtd_net, loss_fn, optimizer)
```

```
# solve
solver.solve(epochs, waveform_t, field_labels)
```

7. 评估求解结果

求解结束后，调用 eval 接口评估求解结果的峰值信噪比（Peak Signal-to-Noise Ratio，PSNR）和结构相似性（Structural Similarity，SSIM），如代码 3.67 所示。

代码3.67　评估求解结果

```
epsr, _ = solver.eval(epsr_labels)
```

基于上述方法求解得到的相对介电常数（epsr）的 PSNR 和 SSIM 分别为 27.835 317dB 和 0.963 564。

求解得到的相对介电常数分布如图 3.19 所示。

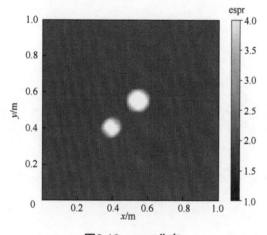

图3.19　espr分布

3.5　总结与展望

人们借助 MindSpore Elec 在电磁领域开展了许多工作。除上述应用，昇思还与东南大学合作构建了大规模阵列天线的电磁仿真以及智能超表面全息成像设计等，出于篇幅考虑未能一一列举。欢迎广大科学计算爱好者和研究者共同拓展和维护昇思 MindSpore Elec 套件。

第 4 章 生物计算应用实践

MindSpore SPONGE 是基于昇思 MindSpore 的生物计算领域套件（后文简称 MindSPONGE），具备分子动力学模拟、蛋白质结构预测等常用功能，旨在为广大科研人员提供高效、易用的 AI 生物计算软件。

4.1　概述

生物计算领域涵盖了物理驱动和数据驱动两个主要方向，两个方向的结合为探索和理解生物体系提供了更加全面而深刻的视角。

在生物计算领域，物理驱动主要是分子动力学模拟，分子动力学模拟通过模拟分子之间的相互作用和运动，揭示生物分子的结构和功能。这种方法在深入理解生物过程的机理和动力学过程方面发挥着关键作用。分子动力学模拟借助计算机算力，通过模拟生物分子在原子水平上的运动，为科研人员提供了深入研究生物结构和生物间相互作用的工具。这种方法对于揭示蛋白质折叠、酶催化机制等生物过程具有重要价值，有助于人们理解生命的基本规律。目前一些主流的分子动力学模拟程序存在许多"先天"缺陷。

例如，程序框架老旧、灵活性差，如果想要在原有程序上添加新的算法，往往需要大幅改动程序代码。对于第三方开发者来说，在程序中实现自己开发的算法的难度非常大。

又如，程序多是基于中央处理器（Central Processing Unit，CPU）来编写，如果要在 GPU 等计算加速设备上运行这些程序并实现有效加速，就必须对程序进行整体改动。这样的改动不但工程量巨大，而且往往会导致之前由第三方人员开发的算法失效。

又如，程序多用 C/C++ 甚至 Fortran 语言编写，难以兼容目前主流的以 Python 为前端语言的 AI 框架。这导致近些年开发的一些基于 AI 的算法难以真正地在分子动力学模拟软件中得到广泛应用。

这些缺陷制约了分子动力学模拟软件的发展，阻碍了分子动力学模拟软件与 AI 框架的融合。北京大学的高毅勤教授课题组同华为合作，基于 MindSpore 开发了新一代智能分子动力学模拟软件——MindSPONGE。相比传统的分子动力学模拟软件，基于昇思 MindSpore 框架的 MindSPONGE 有以下几个优势。

首先，借助框架自动微分的功能，MindSPONGE 可大幅简化分子力场的代码。在数学上，分子动力学模拟通过分子力场给出的势能函数计算每个原子的受力情况，从而模拟出分子的运动轨迹。但使用一般程序语言编写的势能函数代码无法直接用来计算原子受力，即势能函数相对原子坐标的负梯度，这部分代码必须另外编写。因此，传统的分子动力学模拟软件不但要编写势能函数代码，还需要事先求解原子受力的解析表达式，然后将这部分公式也写到程序代码中。这样一来，无论是理论推导还是代码编写层面的工作量都会大幅增加，同时会让程序变得更加复杂，这也是编写传统分子动力学模拟程序的难点之一。另外，需要人工求解势能函数这一点也极大地限制了分子力场采用数学形式更加复杂的势能函数，因为难以求解函数的导数，这也制约了分子力场领域的发展。使用昇思 MindSpore 的自动微分功能可以直接计算函数的导数，因此在 MindSPONGE 中编写分子力场，只编写势能函数的代码即可，原子受力可以直接通过自动微分计算，无须另外编写单独的代码。这不但大幅减小了代码编写的工作量，也在很大程度上降低了分子动力学模拟程序的结构复杂度，极大地拓宽了分子力场可以采用的数学模型的范围。

然后，MindSPONGE 可以显著降低软件在不同硬件设备上的适配复杂度。分子动力学模拟软件包含计算量巨大的科学计算程序，因此在实际使用中往往需要进行并行化计算，或者使用 GPU 等计算加速设备进行计算。对于传统的分子动力学模拟软件来说，除了"科学"功能，对程序进行并行化或 GPU 设备的移植等"工程"才是整个软件项目中最复杂、最困难的地方。这就迫使开发人员必须既当科研人员，又当工程师，这使得成为一名合格的分子动力学模拟程序开发人员的周期长、难度大。昇思 MindSpore 本身就支持多种硬件设备，使得 MindSPONGE 可以在 CPU、GPU 和昇腾芯片上运行，只修改一行代码便可将程序移植到不同的硬件设备上运行。此外，由于昇思 MindSpore 还具备自动并行功能，只需简单修改代码即可让 MindSPONGE 实现程序的并行化计算。因此，科研人员使用 MindSPONGE 开发自己的算法时，可以更多地专注程序的"科学"功能。

最后，端到端可微使能 MindSPONGE 实现很多传统的分子动力学模拟软件无法实现的功能。"端到端可微"分子动力学模拟是指从输入坐标到计算力再到更新坐标的整个模拟过程都是可微的，这对于分子动力学模拟来说是一种革命性的技术。使用传统模拟无法直接获知模拟的最终结果与输入坐标或参数的关系，一旦模拟的结果不符合预期，科研人员只能通过个人经验不断地调整起始坐标或程序参数，反复进行模拟直到获得理想的结果。在"端到端可微"分子动力学模拟中，由于可以直接求解输出结果相对输入坐标或参数的导数，科研人员可以像运行一般的 AI 优化算法那样，直接优化分子动力学模拟过程本身，从而获得理想的结果，避免了反复模拟的过程。

数据驱动的生物计算在近年来取得了显著进展，非常引人注目的是谷歌开发的蛋白质结构预测模型 AlphaFold2（第 2 章有具体介绍）。过去的半个多世纪中，科研人员们一共解析了 5 万多个人类蛋白质的结构，人类蛋白质组里大约 17% 的氨基酸已有结构信息，而 AlphaFold2 预测的结构将这一数字从 17% 提高到 58%，因为无固定结构的氨基酸比例很大，58% 的结构预测已经接近极限了。

RoseTTAFold 是另一种基于数据驱动的方法的蛋白质结构预测工具（第 2 章有具体介绍）。RoseTTAFold 利用了蛋白质的物理和化学性质，通过优化模型中的能量函数，尝试模拟蛋白质折叠的过程。RoseTTAFold 使用了复杂的能量函数，考虑了蛋白质结构的各个方面，如距离、角度、二面角等。经过精心设计和优化能量函数，可以实现模拟的蛋白质结构与实际观察到的结构之间的能量差的最小化。为提高模拟准确性，RoseTTAFold 融合了实验数据，包括基于 X 射线晶体学、核磁共振和电子显微镜等测定的实验数据。RoseTTAFold 具有一定的灵活性，可应用于不同类型和大小的蛋白质，以及不同的折叠状态。

不论是 AlphaFold2 还是 RoseTTAFold，都存在数据前处理耗时过长、缺少多序列比对（Multiple Sequence Alignment，MSA）时预测精度不佳、缺乏通用评估结构质量工具等问题，基于昇思 MindSpore+Ascend 的蛋白质结构预测工具 MEGA-Protein 用于提高蛋白质结构预测的精度和性能。

综合物理驱动和数据驱动两方面的生物计算方法，研究人员能够更全面地理解生物体系的运作机制，为药物设计、疾病治疗等领域的创新提供有力支持。这两者的结合呈现了一种互补的关系，为解开生命奥秘提供了更强大的工具和更丰富的视角。

4.2 物理驱动——分子动力学模拟

MindSPONGE 是基于昇思 MindSpore 开发的模块化、高通量、端到端可微的下一代智能分子动力学模拟程序库，由深圳湾实验室、华为昇思 MindSpore 开发团队、北京大学和昌平实验室共同开发。

4.2.1 基础模拟流程

使用 MindSPONGE 进行分子动力学模拟的基础流程如下。

第一步，通过 template 或者 PDB、Mol2 格式的输入文件定义一个 system，基础的分子类型为 Molecule。

第二步，通过 ForceField 或者加载一个神经网络训练力场，对 system 进行建模，得到一个 potential。在 potential 的基础上，可以增加 bias_potential 数量，实现增强采样 / 软约束。

第三步，使用 UpdaterMD 定义一个动力学模拟过程，或者使用 MindSpore 内部的 optimizer（如 Adam 等）对 system 进行演化。

第四步，将 system、potential、optimizer 包装成一个 Sponge 实例，开始进行分子动力学模拟。

第五步，使用各种 callback 定义输出格式。RunInfo 可以在屏幕上输出每一步的结果，WriteH5MD 可以将每一步的轨迹保存到 H5MD 格式的文件中，并且支持使用 VMD 可视化插件进行可视化。

下面举例说明如何操作。

初始化设置：主要添加本地的 MindSPONGE 路径，方便本地的 MindSPONGE 和打包安装的 MindSPONGE 之间协同使用，另外配置一些简单的环境变量，如代码 4.1 所示。

代码4.1

```
import sys
sys.path.append('../../../src')
import os
os.environ['GLOG_v'] = '4'
os.environ['MS_JIT_MODULES'] = 'sponge'
```

导入相关模块：导入 mindspore 和 mindsponge 两个模块，基本上就可以实现大部分计算。如果需要使用一些第三方库进行前处理或者后处理，也可以自行添加，如代码 4.2 所示。

代码4.2

```
from mindspore import context
from mindspore.nn import Adam
from sponge import Sponge, Molecule, ForceField, set_global_units
from sponge.callback import WriteH5MD, RunInfo
```

设置全局变量: 先设置全局单位, 然后再设置 MindSpore 的静态图 / 动态图构建模式, 以及运行的平台和设备编号等, 如代码 4.3 所示。

代码4.3

```
set_global_units('nm', 'kj/mol')
# context.set_context(mode=context.GRAPH_MODE, device_target='Ascend', device_
# id=0)
context.set_context(mode=context.GRAPH_MODE, device_id=0)
```

定义分子系统: Molecule 是 MindSPONGE 中较为基础的分子类型, 所有的体系都可以用 Molecule 这一基础的分子类型来定义, 如代码 4.4 所示。对于 MindSPONGE 已经支持的一部分模型, 我们可以直接加载这些模型来定义一个分子系统, 然后使用 reduplicate 和 copy 等方法对系统进行扩展。定义分子系统完成后, 可以查看系统的属性, 比如原子名称和化学键连接关系等。

代码4.4

```
system = Molecule(template='water.spce.yaml')
system.reduplicate([0.3, 0, 0])
new_sys = system.copy([0, 0, -0.3])
system.append(new_sys)
```

定义力场和分子迭代器: 首先需要通过给定的分子系统和给定的力场参数来建模; 然后可以使用 MindSpore 内置的优化器, 或者自定义的优化器 / 积分器进行迭代; 最后使用 Sponge 类将系统、力场和迭代器封装起来, 就完成了分子迭代器的定义。迭代过程中的每一步都是可微的, 也可以追溯其单点能, 如代码 4.5 所示。

代码4.5

```
potential = ForceField(system, parameters='SPCE')
opt = Adam(system.trainable_params(), 1e-3)
mini = Sponge(system, potential, opt)
```

执行回调: MindSPONGE 不仅支持基础的 RunInfo, 将每一步的能量输出到屏幕上, 还支持 hdf5 格式的轨迹文件输出, 如代码 4.6 所示。hdf5 格式的轨迹文件输出, 既可以使用 Silx View 这一工具来查看, 也可以在构建、安装好相关的 VMD 插件之后, 使用 VMD 插件进行动态可视化。

代码4.6

```
run_info = RunInfo(50)
cb_h5md = WriteH5MD(system, 'tutorial_c01.h5md', save_freq=50, write_velocity=True,
```

```
write_force=True)
mini.run(500, callbacks=[run_info, cb_h5md])
```

运行结果如图 4.1 所示。

```
[MindSPONGE] Started simulation at 2023-08-15 09:37:20
Warning! The optimizer "Adam<>" does not has the attribute "velocity".
[MindSPONGE] Step: 0, E_pot: 110.0423
[MindSPONGE] Step: 50, E_pot: 46.733253
[MindSPONGE] Step: 100, E_pot: -40.781235
[MindSPONGE] Step: 150, E_pot: -86.66056
[MindSPONGE] Step: 200, E_pot: -148.19458
[MindSPONGE] Step: 250, E_pot: -148.3973
[MindSPONGE] Step: 300, E_pot: -148.40488
[MindSPONGE] Step: 350, E_pot: -148.40501
[MindSPONGE] Step: 400, E_pot: -148.40486
[MindSPONGE] Step: 450, E_pot: -148.40503
[MindSPONGE] Finished simulation at 2023-08-15 09:37:26
[MindSPONGE] Simulation time: 5.62 seconds.
```

图4.1　运行结果

4.2.2　蛋白质松弛

给定一个蛋白质分子，可以是预测的结构也可以是真实的结构，此时该蛋白质分子有很大可能处于不稳定态。如果直接执行分子动力学模拟算法，并且步长稍大，就有可能导致梯度爆炸问题，进而导致无法继续执行分子动力学模拟。因此，对蛋白质分子的前处理是必要的，一般在执行分子动力学模拟之前，都需要对蛋白质分子执行能量极小化操作，也就是蛋白质松弛。得益于 MindSPONGE 框架（见图 4.2）的兼容性，不仅可以用 MindSPONGE 执行分子动力学模拟任务，还可以直接调用昇思 MindSpore 原生的优化器来对蛋白质执行能量极小化操作。

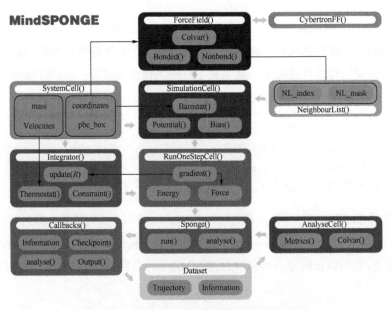

图4.2　MindSPONGE分子动力学模拟架构

为了演示使用 MindSPONGE 实现蛋白质松弛的过程，我们选取了猴痘病毒中的一个蛋白片段 Q8V4Y0 作为示例。

在病毒入侵宿主完成复制的过程中，猴痘病毒的核心蛋白之一——E8L 作为猴痘病毒的细胞表面结合蛋白与细胞表面的硫酸软骨素结合，以提供病毒粒子附着在靶细胞上。因此，通过对 E8L 进行分子动力学研究，可以进一步了解猴痘病毒与细胞结合的机理，进而给出阻断方案。

E8L 蛋白一共由 304 个氨基酸组成，以下是该蛋白具体的序列信息：

>sp|Q8V4Y0|CAHH_MONPZ Cell surface-binding protein OS=Monkeypox virus (strain Zaire-96-I-16) OX=619591 GN=E8L PE=2 SV=1

MPQQLSPINIETKKAISDTRLKTLDIHYNESKPTTIQNTGKLVRINFKGGYISGGFLPNEYV LSTIHIYWGKEDDYGSNHLI

DVYKYSGEINLVHWNKKKYSSYEEAKKHDDGIIIIAIF

LQVSDHKNVYFQKIVNQLDSIRSANMSAPFDSVFYLDNLLPSTLDYFTYLGTTINHSAD AAWIIFPTPINIHSDQLSKFRTL

LSSSNHEGKPHYITENYRNPYKLNDDTQVYYSGEIIRA

ATTSPVRENYFMKWLSDLREACFSYYQKYIEGNKTFAIIAIVFVFILTAILFLMSQRYSREKQN

我们只需要给定这样一条序列，就可以使用 MEGA-Protein 对蛋白质结构进行预测，生成具有三维结构的蛋白质 PDB 文件。一般生成的 PDB 文件中不包含氢原子，可以通过 MindSPONGE 给该 PDB 文件补充氢原子，然后在 MindSPONGE 中对完整的蛋白质构象进行力场建模、能量极小化以及分子动力学模拟等一系列操作。

蛋白质松弛的基本流程如下：蛋白质结构实例化、力场建模、能量极小化、运行轨迹保存、松弛结果可视化。

蛋白质松弛代码介绍如下。蛋白质松弛背后所对应的能量极小化的算法是多种多样的，这些算法还可以结合各种优化策略使用，并没有明确的数据显示哪一种优化策略具有明显的优势。本节仅介绍基本的蛋白质松弛操作，以及相应的常用接口，模块导入具体如代码 4.7 所示，赋予 MindSPONGE 用户独立设计蛋白质松弛优化策略的能力。

代码4.7

```
from mindelec.data import Dataset
from mindelec.geometry import Disk, Rectangle, TimeDomain, GeometryWithTime
from mindelec.loss import Constraints
from mindelec.solver import Solver, LossAndTimeMonitor
from mindelec.common import L2
from mindelec.architecture import MultiScaleFCCell, MTLWeightedLossCell
from src import create_random_dataset, get_test_data
from src import Maxwell2DMur
from src import MultiStepLR, PredictCallback
from src import visual_result
```

1. 蛋白质结构实例化

MindSPONGE 既支持 Molecule 分子层面的实例化，也支持 Protein 这样封装好的蛋白质的实例化，可分别应用于不同的场景。此处使用的是蛋白质的实例化，具体实现如代码 4.8 所示。

代码4.8

```
from mindsponge import Protein
pdb_name = 'pdb/case2.pdb'
system = Protein(pdb=pdb_name)
```

2. 力场建模

在创建好蛋白质实例之后，可以基于该实例所对应的系统创建一个力场空间，如代码 4.9 所示。一般情况下，在后续系统的演进过程中，力场空间总是保持不变的。

代码4.9

```
from mindsponge import ForceField
energy = ForceField(system, 'AMBER.FF14SB')
```

3. 设定优化器 / 积分器

MindSpore 作为一个深度学习框架，内置了众多的优化器供用户使用，Adam 算法的调用如代码 4.10 所示。

代码4.10

```
from mindspore import nn
learning_rate = 1e-03
opt = nn.Adam(system.trainable_params(), learning_rate=learning_rate)
```

本实践不会用到分子动力学模拟，若有需要，也可以在 MindSPONGE 中用一样的方法设定积分器，如代码 4.11 所示。

代码4.11

```
from mindsponge import DynamicUpdater
from mindsponge.control import LeapFrog
integrator = LeapFrog(system)
opt = DynamicUpdater(system, integrator=integrator, time_step=1e-3)
```

4. 构建 Sponge 实例

在定义了分子系统、力场空间和优化器之后，可以构建一个 Sponge 实例将这些模块封装起来并开始运行。比如，定义步长为 500，并且通过 RunInfo 信息输出模块指定每隔 100 步输出一个中间构象的能量、温度等参数，便于我们了解蛋白质松弛运行的中间过程的状态，如代码 4.12 所示。

代码4.12

```
from mindsponge import Sponge
from mindsponge.callback import RunInfo
md = Sponge(system, energy, opt)
run_info = RunInfo(100)
md.run(500, callbacks=[run_info])
```

如果蛋白质松弛运行过程中需要调整优化器，Sponge 实例提供了调整优化器功能以支持这一需求，如代码 4.13 所示。

代码4.13

```
md.change_optimizer(new_opt)
md.run(500, callbacks=[run_info])
```

如果需要保存蛋白质松弛过程中的运行轨迹，可以使用 callback 中的 WriteH5MD，如代码 4.14 所示。

代码4.14

```
from mindsponge.callback import WriteH5MD
cb_h5md = WriteH5MD(system, 'example.h5md', save_freq=100, write_velocity=True,
write_force=True)
md.run(500, callbacks=[run_info, cb_h5md])
```

5. 蛋白质松弛完整示例

代码 4.15 具体演示了如何使用 MindSPONGE 实现蛋白质松弛。

代码4.15

```
# example_relax.py
from mindsponge import Protein
from mindsponge import ForceField
from mindspore import nn
from mindsponge import Sponge
from mindsponge.callback import RunInfo, WriteH5MD

pdb_name = 'Q8V4Y0_unrelaxed.pdb'
system = Protein(pdb=pdb_name)
energy = ForceField(system, 'AMBER.FF14SB')
learning_rate = 1e-03
opt = nn.Adam(system.trainable_params(), learning_rate=learning_rate)
md = Sponge(system, energy, opt)
run_info = RunInfo(50)
cb_h5md = WriteH5MD(system, 'example.h5md', save_freq=10, write_velocity=True,
write_force=True)
md.run(500, callbacks=[run_info, cb_h5md])
```

运行结果如代码 4.16 所示。

代码4.16

```
$ python3 example_relax.py
1 H-Adding task complete.
Step: 0, E_pot: 293502.75,
Step: 50, E_pot: 8617.799,
Step: 100, E_pot: -9117.585,
Step: 150, E_pot: -16084.797,
```

```
Step: 200, E_pot: -19855.645,
Step: 250, E_pot: -22055.75,
Step: 300, E_pot: -23588.682,
Step: 350, E_pot: -24745.182,
Step: 400, E_pot: -25619.227,
Step: 450, E_pot: -26282.828,
```

此时可以在指定路径下找到生成的 H5MD 格式的轨迹文件，一般可以用 VMD 插件对轨迹文件进行可视化。

4.3　数据驱动——蛋白质结构预测

使用计算机高效获取蛋白质结构的过程被称为蛋白质结构预测。传统的结构预测工具一直存在精度不足的问题，直至 2020 年谷歌的 DeepMind 团队提出 AlphaFold2 模型，预测精度得到大幅提升。但是仍存在数据前处理耗时过长、缺少 MSA 时预测精度不佳、缺乏通用评估结构质量工具的问题。针对这些问题，北京大学高毅勤教授团队与昇思 MindSpore 开发团队合作进行了一系列创新研究，开发出更准确和更高效的蛋白质结构预测工具——MEGA-Protein。

4.3.1　蛋白质结构预测工具——MEGA-Protein

MEGA-Protein 主要由 3 部分组成。

第一部分是结构预测工具 MEGA-Fold。该工具的网络模型部分与 AlphaFold2 的相同，在数据预处理的多序列对比环节采用了 MMseqs2 进行序列检索，相比 AlphaFold2 的端到端速度提升了 2 ~ 3 倍；同时借助内存复用大幅提升内存利用效率，同等硬件条件下支持更长序列的推理；MEGA-Protein 还提供了结构预测模型训练能力。我们自己训练得到的权重在 CAMEO-3D 蛋白质结构预测中荣获 2022 年 4 月的月榜第一。

第二部分是 MSA 生成工具 MEGA-EvoGen。该工具能显著提高单序列的预测速度，并且能够在 MSA 较少（few shot）甚至没有 MSA（zero-shot，即单序列）的情况下，帮助 MEGA-Fold、AlphaFold2 等模型维持甚至提高推理精度，突破了在"孤儿序列"、高异变序列和人造蛋白等 MSA 匮乏场景下无法做出准确预测的限制。该工具在 CAMEO-3D 蛋白质结构预测中荣获 2022 年 7 月的月榜第一。

第三部分是蛋白质结构评分工具 MEGA-Assessment。该工具可以评价蛋白质结构每个残基位置的准确性以及残基 - 残基之间的距离误差，同时可以基于评价结果对蛋白质结构做出进一步的优化。该工具在 CAMEO-QE 蛋白质结构质量评估中荣登 2022 年 7 月的月榜第一。

MEGA-Protein 可用的模型和数据集如表 4.1 所示。

表4.1　MEGA-Protein可用的模型和数据集

模型 / 数据集	文件名	大小	描述
MEGA-Fold	MEGA_Fold_1.ckpt	356 MB	MEGA-Fold 在 PSP 数据集训练的数据库与 checkpoint 链接
MEGA-EvoGen	MEGAEvoGen.ckpt	535.7 MB	MEGA-EvoGen 的 checkpoint 链接
MEGA-Assessment	MEGA_Assessment.ckpt	77 MB	MEGA-Assessment 的 checkpoint 链接
PSP	PSP	1.6 TB（解压后为 25 TB）	蛋白质结构数据集，可用于 MEGA-Fold 训练

蛋白质结构预测的基本流程：MSA 数据库检索，可以基于 MSA 数据库检索或者基于 MEGA-EvoGen 生成 MSA 信息；使用 MEGA-Fold 进行蛋白质结构预测；基于 MEGA-EvoGen 改善 MSA 数据库检索结果（可选）；使用 MEGA-Assessment 对蛋白质结构预测结果打分，筛选最佳预测结果。

1. MSA 数据库检索

（1）配置 MSA 数据库检索

首先安装 MSA 数据库检索工具 MMseqs2，该工具的安装和使用可以参考 MMseqs2 用户指南，安装完成后执行以下命令以配置环境变量，如代码 4.17 所示。

代码4.17

```
export PATH=$(pwd)/mmseqs/bin/:$PATH
```

然后下载 MSA 所需数据库 uniref30_2103（压缩包大小为 68 GB，解压后大小为 375 GB）和 colabfold_envdb_202108（压缩包大小为 110 GB，解压后大小为 949 GB）。

数据库下载完成后需解压并使用 MMseqs2 处理数据库，数据处理利用 ColabFold 软件，主要命令如代码 4.18 所示。

代码4.18

```
tar xzvf "uniref30_2103.tar.gz"
mmseqs tsv2exprofiledb "uniref30_2103" "uniref30_2103_db"
mmseqs createindex "uniref30_2103_db" tmp1 --remove-tmp-files 1

tar xzvf "colabfold_envdb_202108.tar.gz"
mmseqs tsv2exprofiledb "colabfold_envdb_202108" "colabfold_envdb_202108_db"
mmseqs createindex "colabfold_envdb_202108_db" tmp2 --remove-tmp-files 1
```

（2）配置 MSA 数据库检索加速（可选）

下载 MSA 加速缓存工具——FoldMSA.tar.gz，按照工具内的操作说明进行 MSA 数据库检索加速配置。

（3）配置模板检索

首先安装模板检索工具 HHsearch 与 Kalign，然后下载模板检索所需数据库 pdb70（压缩包大小为 19 GB，解压后大小为 56 GB）、mmcif database（零散压缩文件约为 50 GB，解压后约为 200 GB，需使用爬虫脚本下载，下载后需解压所有 mmcif 文件并放在同一个文件夹内）和 obsolete_pdbs（大小为 140 KB）。

（4）配置数据库检索配置文件

根据数据库安装情况配置 config/data.yaml 中数据库检索的相关配置 database_search，相关参数含义如代码 4.19 所示。

代码4.19

```
# configuration for template search
hhsearch_binary_path        HHsearch 可执行文件路径
kalign_binary_path          kalign 可执行文件路径
pdb70_database_path         {pdb70 文件夹 }/pdb70
mmcif_dir                   mmcif 文件夹
obsolete_pdbs_path          PDB IDs 的映射文件路径
max_template_date           模板搜索截止时间，该时间点之后的模板会被过滤掉，默认值为 "2100-01-01"
# configuration for Multiple Sequence Alignment
mmseqs_binary               MMseqs2 可执行文件路径
uniref30_path               {uniref30 文件夹 }/uniref30_2103_db
database_envdb_dir          {colabfold_envdb 文件夹 }/colabfold_envdb_202108_db
a3m_result_path             MMseqs2 检索结果（msa）的保存路径，默认值为 "./a3m_result/"
```

2. MEGA-Fold 蛋白质结构预测推理

配置好 MSA 数据库检索与 config/data.yaml 中的相关参数后，下载已经训练好的模型权重文件 MEGA_Fold_1.ckpt，执行代码 4.20 所示的命令说明，启动蛋白质结构预测推理。

代码4.20

```
用法: python main.py --data_config ./config/data.yaml --model_config ./config/model.
yaml --run_platform PLATFORM
          --input_path INPUT_FILE_PATH --checkpoint_path CHECKPOINT_PATH

选项:
--data_config        数据预处理参数配置
--model_config       模型超参数配置
--input_path         输入文件路径，可包含多个 FASTA/PKL 文件
--checkpoint_path    模型权重文件路径
--use_pkl            是否使用 PKL 数据作为输入，默认为 False
--run_platform       运行平台，可选 Ascend 或者 GPU，默认为 Ascend
```

对于多条序列推理，MEGA-Fold 会基于所有序列的最长长度自动选择编译配置，避免重复编译。如需推理的序列较多，建议根据序列长度将序列分类放入不同文件夹中进行分批推理。由于数据库检索对于硬件要求较高，MEGA-Fold 支持先进行数据库检索生成 raw_feature 并保存为 PKL 文件，然后使用 raw_feature 作为预测工具的输入，此时需将 --use_pkl 选项设置为 True。examples 文件夹中提供了样例 PKL 文件及其对应的真实结构，供测试运行，测试命令参考 scripts/run_fold_infer_gpu.sh 中的命令。

推理结果保存在 ./result/ 目录下，每条序列的预测结果都被存储在独立文件夹中，以序列

名称命名，文件夹中共两个文件：PDB 文件保存了蛋白质结构预测结果，其中的倒数第二列为氨基酸残基的预测置信度；timings 文件保存了推理不同阶段的时间信息以及推理结果整体的置信度，如代码 4.21 所示。

代码4.21

```
{"pre_process_time": 0.61, "model_time": 87.5, "pos_process_time": 0.02, "all_time
": 88.12, "confidence ": 93.5}
```

注意，样例推理不包含数据库检索，检索耗时数分钟至数十分钟不等；在进行多条序列推理时，首条序列需编译网络，耗时可能更长，从第二条起耗时恢复正常。

3. MEGA-Fold 蛋白质结构预测训练

下载蛋白质结构数据集 PSP，执行代码 4.22 所示的命令启动蛋白质结构预测训练。

代码4.22

```
用法：python main.py --data_config ./config/data.yaml --model_config ./config/model.
yaml --is_training True
            --input_path INPUT_PATH --pdb_path PDB_PATH --run_platform PLATFORM

选项：
--data_config        数据预处理参数配置
--model_config       模型超参数配置
--is_training        是否设置为训练模式（推理无须添加此参数）
--input_path         训练输入数据（PKL 文件，包含 MSA 与模板信息）路径
--pdb_path           训练标签数据（PDB 文件，真实结构或知识蒸馏结构）路径
--run_platform       运行平台，可选 Ascend 或者 GPU，默认为 Ascend
```

代码默认每经过 50 次迭代保存一次权重，权重保存在 ./ckpt 目录下。数据集下载及测试命令参考 scripts/run_fold_train.sh 中的命令。

4. MEGA-EvoGen MSA 生成 / 增强推理

MEGA-EvoGen 相关超参数位于 ./config/evogen.yaml 中，下载模型权重 MEGAEvoGen.ckpt，执行代码 4.23 所示的命令启动 MSA 生成。

代码4.23

```
用法：python main.py --data_config ./config/data.yaml --model_config ./config/model.
yaml --evogen_config ./config/evogen.yaml
            --input_path INPUT_FILE_PATH --checkpoint_path CHECKPOINT_PATH --run_
evogen 1

选项：
--data_config        数据预处理参数配置
--model_config       模型超参数配置
--evogen_config      MSA 生成 / 增强模型超参数配置
--input_path         输入文件路径，可包含多个 FASTA/PKL 文件
--checkpoint_path    模型权重文件路径
--run_evogen         运行 MSA 生成 / 增强推理得到蛋白质结构
```

5. MEGA–Assessment 蛋白质结构评分推理

下载已经训练好的模型权重文件——MEGA_Assessment.ckpt，执行如代码 4.24 所示的命令启动蛋白质结构评分推理。

代码4.24

```
用法: python main.py --data_config ./config/data.yaml --model_config ./config/model.
yaml --input_path INPUT_FILE_PATH
          --decoy_pdb_path INPUT_FILE_PATH --checkpoint_path_assessment
CHECKPOINT_PATH_ASSESSMENT
          --run_assessment=1

选项:
--data_config                     数据预处理参数配置
--model_config                    模型超参数配置
--input_path                      输入文件路径，可包含多个 FASTA/PKL 文件
--decoy_pdb_path                  待评分蛋白质结构的路径，可包含多个 "_decoy.pdb" 文件
--checkpoint_path_assessment      MEGA-Assessment 的模型权重文件路径
--run_assessment                  运行蛋白质结构评分
```

6. MEGA–Assessment 蛋白质结构评分训练

下载蛋白质结构数据集 PSP lite dataset 和已经训练好的 MEGA-Fold 模型权重文件 MEGA_Fold_1.ckpt，执行如代码 4.25 所示的命令启动蛋白质结构评分训练。

代码4.25

```
用法: python main.py --data_config ./config/data.yaml --model_config ./config/model.
yaml --is_training True
          --input_path INPUT_PATH --pdb_path PDB_PATH --checkpoint_path
CHECKPOINT_PATH --run_assessment 1

选项:
--data_config        数据预处理参数配置
--model_config       模型超参数配置
--is_training        是否设置为训练模式（推理无须添加此参数）
--input_path         输入文件路径，可包含多个 FASTA/PKL 文件
--pdb_path           训练标签数据（PDB 文件，真实结构或知识蒸馏结构）路径
--checkpoint_path    MEGA-Fold 的模型权重文件路径
--run_assessment     运行蛋白质结构评分
```

4.3.2　动态蛋白质结构解析

已有的 AI 计算方法虽然极大地提高了预测静态蛋白质结构的准确性，但仍存在未解决的问题，例如生成动态构象和进行符合实验结果或先验知识的结构预测。为了解决这些问题，MindSPONGE 在已有 MEGA-Fold 的基础上自行研发了约束信息结构预测（Restraints Assisted Structure Predictor，RASP）模型。RASP 模型能接受抽象或实验约束，能根据抽象或实验、稀

疏或密集的约束实现结构预测。这使得 RASP 模型可用于改进多结构域蛋白质和 MSA 较少的蛋白质的结构预测。

核磁共振（Nuclear Magnetic Resonance，NMR）方法是唯一一种以原子分辨率解析蛋白质构象的方法，它能够提供更接近实际环境中蛋白质溶液态的构象与动态结构。然而，NMR 实验数据的获取与分析耗时长，平均单条蛋白质构象需专家花费数月时间，大部分时间用于实验数据的解析和归属工作。现有 NMR 核奥弗豪泽效应（Nuclear Overhauser Effect，NOE）谱峰数据解析方法使用传统分子动力学模拟生成的结构迭代解析数据，解析速度慢，且从数据中解析约束信息和结构仍然需要借助大量专家知识，同时需要花费较长时间对构象解析结果做进一步修正。为了提高 NMR 实验数据解析的速度和准确性，MindSPONGE 开发了 NMR 数据自动解析方法——迭代折叠辅助峰值分配（iterative Folding Assisted peak Assignment，FAAST）。

1. RASP 模型运行示例

（1）执行命令

下载 RASP 模型训练好的权重，执行代码 4.26 所示的命令启动 RASP 模型推理。

代码4.26

```
用法: python run_rasp.py --run_platform PLATFORM --use_pkl False --restraints_path
RESTRAINTS_PATH
          --input_path INPUT_FILE_PATH --checkpoint_file CHECKPOINT_FILE --use_
template True --use_custom False
          --a3m_path A3M_PATH --template_path TEMPLATE_PATH

选项:
--restraints_path      约束信息文件夹位置，其中的单个约束信息文件以 TXT 文件形式保存
--run_platform         运行平台，可选 Ascend 或 GPU
--input_path           输入文件路径，可包含多个 FASTA/PKL 文件
--checkpoint_file      模型权重文件路径
--use_pkl              是否使用 PKL 数据作为输入，默认为 False
--use_template         是否使用 template 信息，默认为 True
--use_custom           是否使用检索好的 MSA 信息与 template 信息，默认为 False
--a3m_path             检索后保存的 A3M 文件夹位置，或者直接提供的 A3M 文件路径位置
--template_path        检索后保存的 CIF 文件夹位置，或者直接提供的 CIF 文件路径位置
```

RASP 模型支持以下 3 种模式的输入。

输入原始 FASTA 序列：通过在线 MMseqs 检索得到 MSA 和 template 文件，需要将 --use_pkl 与 --use_custom 设置为 False，同时设置 --a3m_path 与 --template_path 作为保存检索结果的路径。

输入用户提供的 MSA 与 template 文件：MSA 为 A3M 格式，template 为 CIF 格式，可以由用户自行检索或者由经验知识提供；需要将 --use_pkl 设置为 False，--use_custom 设置为 True，同时设置用户提供的 MSA 与 template 路径，即 --a3m_path 与 --template_path。

输入提前预处理好得到的 PKL 文件：需要将 --use_pkl 设置为 True，不需要额外设置 --a3m_path 与 --template_path。

（2）约束信息提取

RASP 模型还需要约束信息作为输入，约束信息是指形如 [[1, 2], ……, [2, 10]] 等多维二进制序列代表的氨基酸对的空间位置信息，为了方便用户使用，输入的约束信息应是以 .txt 为后缀的文件。同时，约束信息的来源多样，包括 NMR 波谱法、质谱交联等。这里提供一个从 PDB 文件提取约束信息的样例命令说明，如代码 4.27 所示。

代码4.27

```
用法: python extract_restraints.py --pdb_path PDB_PATH --output_file OUTPUT_FILE
选项:
--pdb_path          提供约束信息的 PDB 文件路径
--output_file       输出约束信息的文件路径
```

以下是约束信息样例文件，每一行即一个氨基酸对的空间位置信息，空间位置信息之间用一个空格隔开。

51 74

46 60

36 44

.. ..

70 46

18 68

RASP 模型推理结果如下。

{confidence of predicted structrue :89.23, time :95.86，restraint recall :1.0}

将多域蛋白 6XMV 的真实结构与 AlphaFold、MEGA-Fold、RASP 的预测结果进行对比发现，AlphaFold 和 MEGA-Fold 的预测结果都与真实结构相差较大，RASP 的预测结果更接近真实结构。

2. FAAST–NMR 数据自动解析方法运行示例

（1）执行命令

下载 RASP 模型训练好的权重，执行如代码 4.28 所示的命令启动数据自动解析推理。通过修改 assign_settings.py 中的相关参数实现调整迭代配置。

代码4.28

```
用法: python main.py --run_platform PLATFORM --use_pkl True --peak_and_cs_path
PEAKLIST_PATH
            --input_path INPUT_FILE_PATH --checkpoint_file CHECKPOINT_FILE --use_
template True --use_custom False
            --a3m_path A3M_PATH --template_path TEMPLATE_PATH

选项:
--peak_and_cs_path    化学位移表和 NOE 谱峰数据列表所在路径
--run_platform        运行平台，可选 Ascend 或 GPU
--input_path          输入文件路径，可包含多个 FASTA/PKL 文件
```

```
--checkpoint_file        模型权重文件路径
--use_pkl                是否使用 PKL 数据作为输入，默认为 False
--use_template           是否使用 template 信息，默认为 True
--use_custom             是否使用检索好的 MSA 信息与 template 信息，默认为 False
--a3m_path               检索后保存的 A3M 文件夹位置，或者直接提供的 A3M 文件路径位置
--template_path          检索后保存的 CIF 文件夹位置，或者直接提供的 CIF 文件路径位置
```

FAAST-NMR 数据自动解析方法支持的输入模式与 RASP 模型支持的类似，区别在于该方法的输入模式不需要约束信息，但需要化学位移表与 NOE 谱峰数据。每条蛋白质序列的化学位移表与 NOE 谱峰数据需存放在独立的文件夹中，文件组织形式请参考样例文件 NOE 谱峰数据和化学位移表。

NOE 谱峰数据：文件必须是以 noelist_ 开头的 TXT 文件，包含 4 列数据，以空格分隔。第一列为重原子的共振频率，第三列为与重原子相连的氢原子的共振频率，第二列为另一个氢原子的共振频率，第四列为峰强。若存在多个 NOE 谱，需用多个 TXT 文件独立存储，当前仅支持三维 NOE 谱峰数据。文件示例如下。

```
w1 w3 w2 volume
119.73 4.584 8.102 7689.0
119.73 3.058 8.102 1084.0
119.73 3.057 8.102 1084.0
119.73 7.005 8.102 317.0
120.405 8.102 7.857 945.0
...
```

化学位移表：文件以 chemical_shift_aligned.txt 命名，包含以空格分隔的 5 列数据，依次为原子名称、原子类型、化学位移、原子所属残基编号、原子所属残基类型，其中原子所属残基编号必须与 --input_path 中的蛋白质序列对齐。文件示例如下。

```
atom_name atom_type chem_shift res_idx res_type
HA H 4.584 10 HIS
HB2 H 3.058 10 HIS
HB3 H 3.057 10 HIS
HD2 H 7.005 10 HIS
CA C 56.144 10 HIS
...
```

（2）运行日志示例

代码 4.29 所示为运行日志示例。FAAST 会进行多次迭代，每次迭代会运行多次 RASP 模型，使用随机采样的部分约束信息计算蛋白质结构。第 0 次迭代仅重复一次推理，所得结构用于过滤输入的约束信息中较差的约束信息。从第 1 次迭代开始，每次迭代重复多次推理，所得结构用于 NOE 谱峰指认，同时输出指认结构的评估结果。

代码4.29

```
# Initial structure prediction without restraint
>>>>>>>>>>>>>>>>>>>>>>>>>Protein name: 5W9F, iteration: 0, repeat: 0, number of input
```

```
restraint pair: 0, confidence: 84.58, input restraint recall: 1.0,
Violation of structure after relaxation:  0.0

# Initial assignment
Initial assignment:
C      2L33 noelist_17169_spectral_peak_list_2.txt 4644 4626
N      2L33 noelist_17169_spectral_peak_list_1.txt 1366 1210
Filtering restraint with given structure.

...

# Structure prediction with RASP
>>>>>>>>>>>>>>>>>>>>>>>>Protein name: 5W9F, iteration: 8, repeat: 0, number of input
restraint pair: 62, confidence: 75.21, input restraint recall: 1.0,
Violation of structure after relaxation:  0.0

>>>>>>>>>>>>>>>>>>>>>>>>Protein name: 5W9F, iteration: 9, repeat: 1, number of input
restraint pair: 56, confidence: 65.50, input restraint recall: 1.0,
Violation of structure after relaxation:  0.0

...

# Assignment
1st calibration and calculation of new distance-bounds done (calibration factor:
6.546974e+06)
Time: 0.019391536712646484s
Violation analysis done: 664 / 4447 restraints (14.9 %) violated.
Time: 14.645306587219238s
Final calibration and calculation of new distance-bounds done (calibration factor:
5.004552e+06).
Time: 0.015628814697265625s
Partial assignment done.
Time: 15.671599626541138s

...

# Evaluation of assignment
Iteration 1:
protein name:  2L33
restraints number per residue:  31.48
long restraints number per residue:  7.67
restraints-structure coincidence rate:  0.977
long restraints structure coincidence rate:  0.9642

...
```

上述示例中，Protein name 指蛋白质名称；number of input restraint pair 指有效输入的约束信息数量；confidence 指所得结构的可信度，可信度数值为 0 表示完全不可信，可信度数值为 100 表示非常可信，可信度与结构质量呈正相关（相关系数 >0.65）；input restraint recall 指推理所得结构与输入约束信息的符合率（结构 - 约束符合率）；long restraints 指蛋白质一级序列中残基编号距离大于或等于 4 的残基对约束信息。

（3）结果对比

表 4.2 所示是 FAAST 方法和传统方法的解析时间及精度对比情况，以 "ARM+Ascend 910" 平台为例，在一台硬件驱动包已经安装好的环境中，单条序列的 NOE 谱峰指认耗时约半小时，且解析出的约束数量、结构 - 约束符合率与人工解析的结果持平。

表4.2　FAAST方法和传统方法的解析时间及精度对比情况

蛋白质名称	FAAST 方法				传统方法 Munual Assignment		
	运行时间 / min	约束数量 / 个	结构 – 约束符合率	均方根差	约束数量 / 个	结构 – 约束符合率	均方根差
2HEQ	23.97	859	0.987	1.530	503	0.996	0.437
2K1S	42.70	2012	0.996	0.670	1077	0.995	0.790
2KBN	31.73	1343	0.992	0.670	1034	0.991	0.489
2KIF	24.54	1467	0.999	0.190	1837	0.986	0.559
2L06	50.50	2413	0.995	0.860	1293	0.989	1.055
2L7Q	35.82	2078	0.998	0.950	869	0.993	0.870
2LK2	22.41	1308	0.999	1.520	599	0.985	0.806

4.4　总结与展望

MindSPONGE 是第一个根植于 AI 框架的分子动力学模拟工具，使用模块化的设计思路，可以快速构建分子动力学模拟流程。同时，基于昇思 MindSpore 自动并行、图算融合等特性，MindSPONGE 可高效地完成传统分子动力学模拟。并且，MindSPONGE 集成了多种数据驱动的方法，具备蛋白质结构预测、蛋白质设计等能力。未来，MindSPONGE 会将神经网络等 AI 方法与传统分子动力学模拟进一步融合，从而更广泛地应用于生物、材料、医药等领域中。

第 5 章　流体力学应用实践

流体力学是从宏观的角度考虑系统特性，不是从微观的角度来考虑系统中每一个粒子的特性。流体力学（尤其是流体动力学）是一个活跃的研究领域，包含许多尚未解决或部分未解决的问题。传统流体力学的研究主要通过实验观测以及利用计算机进行数值分析，AI 的加入有望实现流体力学领域的求解精度等方面的提升。

5.1 概述

流体力学几乎贯穿人类文明史。从大禹治水到都江堰的修建，再到罗马人建成的大规模供水系统，流体力学与人类的发展息息相关。古希腊时期，阿基米德建立了包含物体浮力定理和浮体稳定性在内的液体平衡理论，奠定了流体静力学的基础。15 世纪，达·芬奇创作的作品涉及水波、管流、水力机械、鸟的飞翔原理等问题。17 世纪，帕斯卡阐明了静止流体中压力的概念。随着经典力学中速度、加速度、力、流场等概念的建立，以及质量、动量、能量 3 个守恒定律的奠定，流体力学逐步成为一门严密的学科。

流体力学与航空航天、海洋装备、能源电力的研究息息相关。流体力学发展至今，数值仿真方法面临一些挑战与瓶颈：网格剖分复杂，在复杂边界处网格无法完全自动化生成，需要人工处理；流体力学的仿真依赖于复杂的迭代计算，计算依赖度高，在高性能计算机上，并行化计算存在加速比的限制。在工程问题中，由于湍流尺度小于计算网格的大小，仿真软件常常使用湍流模型模拟湍流黏性对仿真的影响，由于湍流模型中含有大量经验参数，因此数值仿真在分离流等场景中常常存在算不准的问题。另外，传统数值仿真无法完全兼顾仿真精度与性能，低分辨率网格计算速度快，但会带来计算不稳定和精度不高的问题；高分辨率网格计算精度高，但仿真速度慢，无法大量用于工程实际。

这些挑战与瓶颈也为 AI 和科学计算的融合带来了新的机遇：AI 方法可以不依赖网格剖分，具有天然并行推理能力，无须迭代计算，可快速获得结果；AI 方法可有效学习物理世界的内在规律，并快速推理获得结果，兼顾仿真精度和性能。当前，谷歌、英伟达等各大机构已经开始将 AI 应用于流体力学的研究中，并获得学界和业界的广泛关注。

在研究范式上，AI 流体仿真存在物理驱动、数据驱动、数据 - 机理融合驱动 3 种计算范式。物理驱动的 AI 流体仿真关注流动方程、流动初始条件、边界条件，以 PINNs 为代表，其将物理方程和 AI 模型的损失函数相结合；数据驱动的 AI 流体仿真依赖大量的流体仿真数据，通过设计合适的神经网络来挖掘数据样本间的物理规律，具备高效并行、快速推理的优势，通过傅里叶神经算子、DeepONet 等神经算子进行学习，具备一定的参数泛化能力；介于两者之间的数据 - 机理融合驱动的 AI 流体仿真将 AI 能力和物理本质相结合，同时具备两者在泛化能力和精度上的优势，是 AI 流体仿真中富有生命力的一个研究方向。

在研究方法上，CFD 求解器作为传统 CFD 中重要的研究工具，采用数值方法求解流场结果，但是传统 CFD 求解器不可进行微分求解，无法与 AI 流体仿真模型结合使用。基于 AI 框架编写流体仿真求解器，整个数值求解过程都可实现微分求解，实现与 AI 模型的耦合仿真和耦合训练，以及流体仿真模型的 AI 修正、AI 插值和 AI 超分辨率等功能，是 AI 流体仿真的有力手段。

5.2 物理驱动的 AI 流体仿真

流体的控制方程是 N-S 方程等偏微分方程，因此流体仿真的数学机理是偏微分方程在特定初边值条件下的求解。物理驱动的 AI 流体仿真，主要关注流体方程的物理本质，针对控制方程的求解，训练神经网络，拟合偏微分方程的解。作为物理驱动的 AI 流体仿真方法中的典型代表，PINNs 方法将偏微分方程加入神经网络的损失函数中，采用无监督学习的方式进行神经网络训练，形成了偏微分方程求解的新范式。本节将展示基于 MindSpore 和 MindFlow 套件，采用 PINNs 方法求解 N-S 方程正问题和反问题的相关应用。

5.2.1 N-S 方程正问题求解

由于求解 N-S 方程难以得到泛化的理论解，因此使用数值方法对圆柱绕流场景下的控制方程进行求解，从而预测流场的流动，这也成为 CFD 中的样板问题。传统求解方法通常需要对流体进行精细离散化，以捕获需要建模的现象。因此，传统有限元法和有限差分法的计算成本往往比较高。本案例采用 PINNs 方法，实现 N-S 方程正问题的求解。

1. 问题描述

N-S 方程是流体力学领域的经典偏微分方程，在黏性不可压缩的情况下，无量纲 N-S 方程的形式如下：

$$\frac{\partial u}{\partial x} + \frac{\partial v}{\partial y} = 0 \tag{5-1}$$

$$\frac{\partial u}{\partial t} + u\frac{\partial u}{\partial x} + v\frac{\partial u}{\partial y} = -\frac{\partial p}{\partial x} + \frac{1}{Re}\left(\frac{\partial^2 u}{\partial x^2} + \frac{\partial^2 u}{\partial y^2}\right) \tag{5-2}$$

$$\frac{\partial v}{\partial t} + u\frac{\partial v}{\partial x} + v\frac{\partial v}{\partial x} = -\frac{\partial p}{\partial y} + \frac{1}{Re}\left(\frac{\partial^2 v}{\partial x^2} + \frac{\partial^2 v}{\partial y^2}\right) \tag{5-3}$$

其中，Re 表示雷诺数，u 表示 x 方向的速度分量，v 表示 y 方向的速度分量，p 表示流体压强。

本案例采用 PINNs 方法学习位置和时间 (x, y, t) 到相应流场物理量的映射，实现 N-S 方程的求解：

$$(x, y, t) \rightarrow (u, v, p) \tag{5-4}$$

2. 导入依赖

导入所需的依赖，如代码 5.1 所示。

代码5.1

```
import time
import numpy as np
import mindspore

from mindspore import context, nn, ops, Tensor, jit, set_seed, load_
checkpoint, load_param_into_net
from mindspore import dtype as mstype
from mindflow.cell import MultiScaleFCSequential
from mindflow.loss import MTLWeightedLoss
from mindflow.pde import NavierStokes, sympy_to_mindspore
from mindflow.utils import load_yaml_config

from src import create_training_dataset, create_test_dataset, calculate_l2_error

set_seed(123456)
np.random.seed(123456)
# set context for training: using graph mode for high performance training with
# GPU acceleration
config = load_yaml_config('cylinder_flow.yaml')
context.set_context(mode=context.GRAPH_MODE, device_target="GPU", device_id=3)
use_ascend = context.get_context(attr_key='device_target') == "Ascend"
```

3. 创建数据集

本案例对已有的雷诺数为 100 的标准圆柱绕流场景进行初边值条件的数据采样。首先对于训练集，构建平面矩形的问题域以及时间维度，再基于已知的初边值条件进行采样；然后基于已有的流场中的点构造测试集。

下载训练集与测试集——physics_driven/flow_past_cylinder/dataset。创建数据集如代码 5.2 所示。

代码5.2

```
# create training dataset
cylinder_flow_train_dataset = create_training_dataset(config)
cylinder_dataset = cylinder_flow_train_dataset.create_dataset(batch_size=config
["train_batch_size"],  shuffle=True, prebatched_data=True, drop_remainder=True)
# create test dataset
inputs, label = create_test_dataset(config["test_data_path"])
```

4. 构建模型

本案例使用一个简单的全连接网络来构建模型，如代码 5.3 所示。网络深度默认为 6 层，激活函数为 tanh 函数。

代码5.3

```
coord_min = np.array(config["geometry"]["coord_min"] + [config["geometry"]["time_
min"]]).astype(np.float32)
```

```
coord_max = np.array(config["geometry"]["coord_max"] + [config["geometry"]["time_
max"]]).astype(np.float32)
input_center = list(0.5 * (coord_max + coord_min))
input_scale = list(2.0 / (coord_max - coord_min))
model = MultiScaleFCSequential(in_channels=config["model"]["in_channels"],
                               out_channels=config["model"]["out_channels"],
                               layers=config["model"]["layers"],
                               neurons=config["model"]["neurons"],
                               residual=config["model"]["residual"],
                               act='tanh',
                               num_scales=1,
                               input_scale=input_scale,
                               input_center=input_center)
```

5. 自适应损失的多任务学习

基于 PINNs 的方法需要优化多个损失函数，这给优化过程带来巨大的挑战。我们采用 Kendall 等人提出的不确定性权重算法动态调整不同损失函数的权重，如代码 5.4 所示。

代码5.4

```
mtl = MTLWeightedLoss(num_losses=cylinder_flow_train_dataset.num_dataset)
```

6. 定义优化器

定义需要用到的优化器，如代码 5.5 所示。

代码5.5

```
if config["load_ckpt"]:
    param_dict = load_checkpoint(config["load_ckpt_path"])
    load_param_into_net(model, param_dict)
    load_param_into_net(mtl, param_dict)

# define optimizer
params = model.trainable_params() + mtl.trainable_params()
optimizer = nn.Adam(params, config["optimizer"]["initial_lr"])
```

7. 定义正问题

2D-Navier-Stokes 方程将正问题同数据集关联起来，如代码 5.6 所示，它包含 3 个部分——控制方程、边界条件和初始条件。

代码5.6

```
class NavierStokes2D(NavierStokes):
    def __init__(self, model, re=100, loss_fn=nn.MSELoss()):
        super(NavierStokes2D, self).__init__(model, re=re, loss_fn=loss_fn)
        self.ic_nodes = sympy_to_mindspore(self.ic(), self.in_vars, self.out_vars)
        self.bc_nodes = sympy_to_mindspore(self.bc(), self.in_vars, self.out_vars)

    def bc(self):
```

```
        bc_u = self.u
        bc_v = self.v
        equations = {"bc_u": bc_u, "bc_v": bc_v}
        return equations

    def ic(self):
        ic_u = self.u
        ic_v = self.v
        ic_p = self.p
        equations = {"ic_u": ic_u, "ic_v": ic_v, "ic_p": ic_p}
        return equations

    def get_loss(self, pde_data, bc_data, bc_label, ic_data, ic_label):
        pde_res = self.parse_node(self.pde_nodes, inputs=pde_data)
        pde_residual = ops.Concat(1)(pde_res)
        pde_loss = self.loss_fn(pde_residual, Tensor(np.array([0.0]).astype(np.
float32), mstype.float32))

        ic_res = self.parse_node(self.ic_nodes, inputs=ic_data)
        ic_residual = ops.Concat(1)(ic_res)
        ic_loss = self.loss_fn(ic_residual, ic_label)

        bc_res = self.parse_node(self.bc_nodes, inputs=bc_data)
        bc_residual = ops.Concat(1)(bc_res)
        bc_loss = self.loss_fn(bc_residual, bc_label)

        return pde_loss + ic_loss + bc_loss
```

8. 训练模型

当 MindSpore 的版本为 2.0.0 及以上时，可以使用函数式编程范式训练神经网络。用户可以调用 MindFlow 提供的接口定义待求解的 N-S 方程问题，如代码 5.7 所示。

代码5.7

```
problem = NavierStokes2D(model)
```

此外，利用 MindSpore 提供的混合精度接口，可实现对混合精度的训练，如代码 5.8 所示。

代码5.8

```
from mindspore.amp import DynamicLossScaler, auto_mixed_precision, all_finite
if use_ascend:
    loss_scaler = DynamicLossScaler(1024, 2, 100)
    auto_mixed_precision(model, 'O3')
else:
    loss_scaler = None
```

定义正向函数，在求解区域内、边界条件和初始条件处进行数据采样，计算损失函数的值，如代码 5.9 所示。

代码5.9

```
# the loss function receives 5 data sources: pde, ic, ic_label, bc and bc_label
def forward_fn(pde_data, bc_data, bc_label, ic_data, ic_label):
    loss = problem.get_loss(pde_data, bc_data, bc_label, ic_data, ic_label)
    if use_ascend:
        loss = loss_scaler.scale(loss)
    return loss
```

使用 MindSpore 的相关接口，对神经网络参数求导，如代码 5.10 所示。

代码5.10

```
grad_fn = ops.value_and_grad(forward_fn, None, optimizer.parameters, has_
aux=False)
```

定义模型训练函数，使用 @jit 装饰器进行计算图的即时编译，以加速训练，如代码 5.11 所示。

代码5.11

```
# using jit function to accelerate training process
@jit
def train_step(pde_data, bc_data, bc_label, ic_data, ic_label):
    loss, grads = grad_fn(pde_data, bc_data, bc_label, ic_data, ic_label)
    if use_ascend:
        loss = loss_scaler.unscale(loss)
        if all_finite(grads):
            grads = loss_scaler.unscale(grads)

    loss = ops.depend(loss, optimizer(grads))
    return loss
```

模型训练和验证的具体实现如代码 5.12 所示。

代码5.12

```
epochs = config["train_epochs"]
steps_per_epochs = cylinder_dataset.get_dataset_size()
sink_process = mindspore.data_sink(train_step, cylinder_dataset, sink_size=1)

for epoch in range(1, 1 + epochs):
    # train
    time_beg = time.time()
    model.set_train(True)
    for _ in range(steps_per_epochs + 1):
        step_train_loss = sink_process()
    print(f"epoch: {epoch} train loss: {step_train_loss} epoch time: {(time.
time() - time_beg)*1000 :.3f} ms")
    model.set_train(False)
    if epoch % config["eval_interval_epochs"] == 0:
        # eval
        calculate_l2_error(model, inputs, label, config)
time_beg = time.time()
```

– 153 –

```
train()
print("End-to-End total time: {} s".format(time.time() - time_beg))
```

9. 模型推理及可视化

训练后对流场内的所有数据点进行推理，并将相关结果可视化，如代码 5.13 所示。

代码5.13

```
from src import visual

# visualization
visual(model=model, epochs=config["train_epochs"], input_data=inputs, label=label)
```

流场的均方误差曲线如图 5.1 所示。

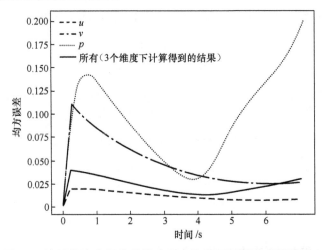

图5.1 流场的均方误差曲线（N−S方程正问题的求解结果）

5.2.2 N−S 方程反问题求解

N−S 方程反问题是指在已知某些流体运动特征（如流量、速度等）的条件下，求解流体性质（如黏度、密度等）和流体边界条件（如壁面摩擦力等）。与 N-S 方程正问题（即已知流体性质和边界条件，求解流体运动特征）不同，N-S 方程反问题需要通过数值优化和逆推算法等进行求解。

N-S 方程反问题在工程和科学计算中具有广泛的应用，例如在航空、能源、地质、生物等领域，它可以用于优化流体设计、预测流体运动、诊断流体问题等。尽管求解 N-S 方程反问题非常具有挑战性，但是随着计算机技术和数值计算的发展，该问题的求解已经取得了一定进展。例如，可以通过使用高性能计算和基于机器学习的逆推算法等技术，加速 N-S 方程反问题的求解过程，并提高求解精度。

1. 问题描述

在 N-S 方程反问题中，N-S 方程存在两个未知参数。N-S 方程反问题形式如下：

$$\frac{\partial u}{\partial x} + \frac{\partial v}{\partial y} = 0 \tag{5-5}$$

$$\frac{\partial u}{\partial t} + \theta_1 \left(u \frac{\partial u}{\partial x} + v \frac{\partial u}{\partial y} \right) = -\frac{\partial p}{\partial x} + \theta_2 \left(\frac{\partial^2 u}{\partial x^2} + \frac{\partial^2 u}{\partial y^2} \right) \tag{5-6}$$

$$\frac{\partial v}{\partial t} + \theta_1 \left(u \frac{\partial v}{\partial x} + v \frac{\partial v}{\partial x} \right) = -\frac{\partial p}{\partial y} + \theta_2 \left(\frac{\partial^2 v}{\partial x^2} + \frac{\partial^2 v}{\partial y^2} \right) \tag{5-7}$$

其中，θ_1 和 θ_2 表示未知参数。本案例采用 PINNs 方法学习位置和时间到相应流场物理量的映射，从而求解两个参数。

2. 导入依赖和初始化

导入所需的依赖并进行 MindSpore 初始化，如代码 5.14 所示。

代码5.14

```
import time

import numpy as np

import mindspore
from mindspore import context, nn, ops, jit, set_seed, load_checkpoint, load_
param_into_net
from mindflow.cell import MultiScaleFCSequential
from mindflow.utils import load_yaml_config
from mindflow.pde import sympy_to_mindspore
from mindflow.loss import get_loss_metric
from mindflow.pde import PDEWithLoss
from mindflow.pde import sympy_to_mindspore

from src import create_training_dataset, create_test_dataset, calculate_l2_error

set_seed(123456)
np.random.seed(123456)

# set context for training: using graph mode for high performance training with
# GPU acceleration
config = load_yaml_config('inverse_navier_stokes.yaml')
context.set_context(mode=context.GRAPH_MODE, device_target="GPU", device_id=0)
use_ascend = context.get_context(attr_key='device_target') == "Ascend"
```

src 包可以在 applications/physics_driven/navier_stokes_inverse/src 中下载。inverse_navier_stokes.yaml 文件可以在 applications/physics_driven/navier_stokes_inverse/navier_stokes_inverse.yaml 中下载。

3. 创建数据集

在本案例中，训练数据和测试数据均从原数据中采样得到。下载数据集与测试集——physics_driven/inverse_navier_stokes/dataset。创建数据集如代码 5.15 所示。

代码5.15

```
# create dataset
inv_ns_train_dataset = create_training_dataset(config)
train_dataset = inv_ns_train_dataset.create_dataset(batch_size=config["train_batch_
size"],
shuffle=True,
prebatched_data=True,
drop_remainder=True)
# create  test dataset
inputs, label = create_test_dataset(config)
```

4. 构建模型

本案例使用一个简单的全连接网络来构建模型，如代码 5.16 所示，网络深度为 6 层，激活函数为 tanh 函数，每层有 20 个神经元。

代码5.16

```
coord_min = np.array(config["geometry"]["coord_min"] + [config["geometry"]["time_
min"]]).astype(np.float32)
coord_max = np.array(config["geometry"]["coord_max"] + [config["geometry"]["time_
max"]]).astype(np.float32)
input_center = list(0.5 * (coord_max + coord_min))
input_scale = list(2.0 / (coord_max - coord_min))

model = MultiScaleFCSequential(in_channels=config["model"]["in_channels"],
                               out_channels=config["model"]["out_channels"],
                               layers=config["model"]["layers"],
                               neurons=config["model"]["neurons"],
                               residual=config["model"]["residual"],
                               act='tanh',
                               num_scales=1,
                               input_scale=input_scale,
                               input_center=input_center)
```

5. 定义优化器

在定义优化器时，将两个未知参数与模型的参数一起放入优化器进行训练，如代码 5.17 所示。

代码5.17

```
if config["load_ckpt"]:
    param_dict = load_checkpoint(config["load_ckpt_path"])
    load_param_into_net(model, param_dict)

theta = mindspore.Parameter(mindspore.Tensor(np.array([0.0, 0.0]).astype(np.
float32)), name="theta", requires_grad=True)
params = model.trainable_params()
params.append(theta)
optimizer = nn.Adam(params, learning_rate=config["optimizer"]["initial_lr"])
```

6. 定义反问题

Inv Navier-Stokes 方程定义了反问题，如代码 5.18 所示，它包含两个部分——控制方程和数据集。

代码5.18

```
from sympy import diff, Function, symbols
from mindspore import numpy as mnp

class InvNavierStokes(PDEWithLoss):
    r"""
    2D inverse NavierStokes equation problem based on PDEWithLoss.

    Args:
        model (mindspore.nn.Cell): network for training.
        params(mindspore.Tensor): parameter needs training
        loss_fn (Union[str, Cell]): Define the loss function. Default: mse.

    Supported Platforms:
        ''Ascend'' ''GPU''
    """

    def __init__(self, model, params, loss_fn="mse"):

        self.params_val = params[-1]
        self.theta1, self.theta2 = symbols('theta1 theta2')
        self.x, self.y, self.t = symbols('x y t')
        self.u = Function('u')(self.x, self.y, self.t)
        self.v = Function('v')(self.x, self.y, self.t)
        self.p = Function('p')(self.x, self.y, self.t)

        self.in_vars = [self.x, self.y, self.t]
        self.out_vars = [self.u, self.v, self.p]
        self.params = [self.theta1, self.theta2]

        super(InvNavierStokes, self).__init__(model, self.in_vars, self.out_
vars, self.params, self.params_val)
        self.data_nodes = sympy_to_mindspore(self.data_loss(), self.in_vars, self.
out_vars)
        if isinstance(loss_fn, str):
            self.loss_fn = get_loss_metric(loss_fn)
        else:
            self.loss_fn = loss_fn

    def pde(self):
        """
        Define governing equations based on sympy, abstract method.

        Returns:
            dict, user defined sympy symbolic equations.
        """
        momentum_x = self.u.diff(self.t) + \
                    self.theta1 * (self.u * self.u.diff(self.x) + self.v * self.
```

```
u.diff(self.y)) + \
                self.p.diff(self.x) - \
                self.theta2 * (diff(self.u, (self.x, 2)) + diff(self.
u, (self.y, 2)))
        momentum_y = self.v.diff(self.t) + \
                self.theta1 * (self.u * self.v.diff(self.x) + self.v * self.
v.diff(self.y)) + \
                self.p.diff(self.y) - \
                self.theta2 * (diff(self.v, (self.x, 2)) + diff(self.
v, (self.y, 2)))
        continuty = self.u.diff(self.x) + self.v.diff(self.y)

        equations = {"momentum_x": momentum_x, "momentum_y": momentum_
y, "continuty": continuty}
        return equations

    def data_loss(self):
        """
        Define governing equations based on sympy, abstract method.

        Returns:
            dict, user defined sympy symbolic equations.
        """
        velocity_u = self.u
        velocity_v = self.v
        p = self.p
        equations = {"velocity_u": velocity_u, "velocity_v": velocity_v, "p": p}
        return equations

    def get_loss(self, pde_data, data, label):
        """
        loss contains 2 parts,pde parts and data loss.
        """
        pde_res = self.parse_node(self.pde_nodes, inputs=pde_data)
        pde_residual = ops.Concat(1)(pde_res)
        pde_loss = self.loss_fn(pde_residual, mnp.zeros_like(pde_residual))

        data_res = self.parse_node(self.data_nodes, inputs=data)
        data_residual = ops.Concat(1)(data_res)
        train_data_loss = self.loss_fn(data_residual, label)

        return pde_loss + train_data_loss
```

7. 训练模型

当 MindSpore 的版本为 2.0.0 及以上时，可以使用函数式编程范式训练神经网络，如代码 5.19 所示。

代码5.19

```
def train():
    problem = InvNavierStokes(model, params)
    if use_ascend:
        from mindspore.amp import DynamicLossScaler, auto_mixed_precision, all_
```

```
finite
        loss_scaler = DynamicLossScaler(1024, 2, 100)
        auto_mixed_precision(model, 'O3')

    def forward_fn(pde_data, train_points, train_label):
        loss = problem.get_loss(pde_data, train_points, train_label)
        if use_ascend:
            loss = loss_scaler.scale(loss)
        return loss

    grad_fn = ops.value_and_grad(forward_fn, None, optimizer.parameters, has_
aux=False)

    @jit
    def train_step(pde_data, train_points, train_label):
        loss, grads = grad_fn(pde_data, train_points, train_label)
        if use_ascend:
            loss = loss_scaler.unscale(loss)
            if all_finite(grads):
                grads = loss_scaler.unscale(grads)
                loss = ops.depend(loss, optimizer(grads))
            else:
                loss = ops.depend(loss, optimizer(grads))
        return loss

    epochs = config["train_epochs"]
    steps_per_epochs = train_dataset.get_dataset_size()
    sink_process = mindspore.data_sink(train_step, train_dataset, sink_size=1)

    param1_hist = []
    param2_hist = []
    for epoch in range(1, 1 + epochs):
        # train
        time_beg = time.time()
        model.set_train(True)
        for _ in range(steps_per_epochs):
            step_train_loss = sink_process()
        print(f"epoch: {epoch} train loss: {step_train_loss} epoch time: {(time.
time() - time_beg) * 1000 :.3f} ms")
        model.set_train(False)
        if epoch % config["eval_interval_epochs"] == 0:
        # if epoch % 10 ==0:
            print(f"Params are{params[-1].value()}")
            param1_hist.append(params[-1].value()[0])
            param2_hist.append(params[-1].value()[1])
            calculate_l2_error(model, inputs, label, config)
start_time = time.time()
train()
print("End-to-End total time: {} s".format(time.time() - start_time))
```

8. 模型推理及可视化

训练后对流场内的所有数据点进行推理，并将相关结果可视化，如代码 5.20 所示。

代码5.20

```
from src import visual

# visualization
visual(model=model, epochs=config["train_epochs"], input_data=inputs, label=label)
```

流场的均方误差曲线如图 5.2 所示。

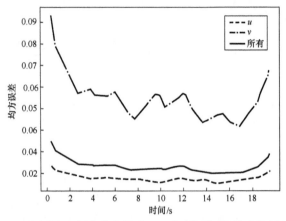

图5.2　流场的均方误差曲线（N–S方程反问题的求解结果）

训练后将未知参数可视化，如代码 5.21 所示，未知参数随 epoch 变化的曲线如图 5.3 所示。

代码5.21

```
from src import plot_params

plot_params(param1_hist, param2_hist)
```

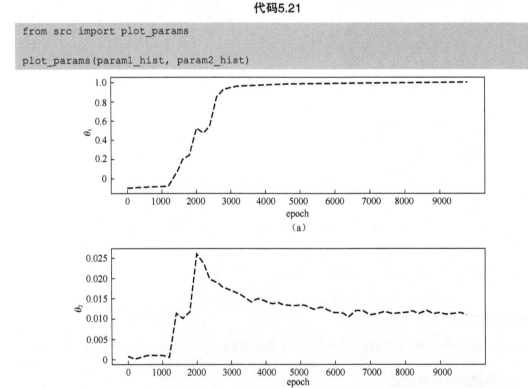

图5.3　未知参数随epoch变化的曲线

（a）θ_1　（b）θ_2

在本案例中，θ_1 和 θ_2 的标准值分别为 1 和 0.01，具体求解结果对比如表 5.1 所示。

表5.1　N–S方程反问题求解结果对比

目标结果	求解结果
$u_t + (uu_x + vu_x) = -p_x + 0.01(u_{xx} + u_{yy})$	$u_t + 0.998\ 444\ 4(uu_x + vu_x) = -p_x + 0.010\ 729\ 27(u_{xx} + u_{yy})$
$v_t + (uv_x + vv_x) = -p_x + 0.01(v_{xx} + v_{yy})$	$v_t + 0.998\ 444\ 4(uv_x + vv_x) = -p_x + 0.010\ 729\ 27(v_{xx} + v_{yy})$

5.3　数据驱动的 AI 流体仿真

5.3.1　流体仿真大模型——东方·御风

"东方·御风"是基于昇腾 AI 软硬性平台打造的面向大型客机翼型流场的高效、高精度的 AI 流体仿真模型，在昇思 MindSpore 流体仿真套件的支持下，模型对复杂流动的仿真能力有所提升，仿真时间缩短至传统方法的 1/24，减少了风洞试验的次数。同时，"东方·御风"对流场中变化剧烈的区域可进行精准预测，预测平均误差降至 1/10000 量级，达到工业级标准，其发布图如图 5.4 所示。

图5.4　"东方·御风"发布图

本节将对"东方·御风"的技术难点和技术路径进行介绍，并展示如何通过 MindSpore Flow 实现对该模型的训练和快速推理，以及流场可视化分析，从而快速获取流场物理信息。

1. 背景

民用飞机的气动设计水平直接决定飞机的"四性"，即安全性、舒适性、经济性、环保性。飞机的气动设计作为飞机设计中最基础、最核心的技术之一，在飞机飞行包线（起飞—爬升—巡航—下降—降落等）的不同阶段有着不同的研究需求和重点。如在起飞阶段，工程师更关注外部噪声和高升阻比；在巡航阶段，工程师更关注油耗率。流体仿真技术广泛用于飞机气动设计，主要目的是通过数值计算获取仿真目标的流场特性（速度、压力等），进而分析飞机的气动参数，实现飞行器的气动性能的优化设计。

目前，通常采用商业仿真软件对流体的控制方程进行求解，得到相应的气动参数。无论基于何种 CFD 仿真软件，飞行器的气动仿真都包含以下 5 个步骤，如图 5.5 所示。

物理建模：将物理问题抽象简化，对相关几何体的二维 / 三维的流体和固体计算域进行建模。

网格离散：将计算域划分为相应大小的面 / 体单元，以便解析不同区域、不同尺度的湍流。

N-S 方程求解：将流体控制方程中的积分项、微分项、偏导项离散为代数形式，组成相应的代数方程组；利用数值方法（常见的有 SIMPLE 算法、PISO 算法等）对离散后的控制方程组进行迭代求解，计算离散的时间 / 空间点上的数值解。

获取流场：求解完成后，使用流场后处理软件对仿真结果进行定性和定量的分析以及可视化，验证结果的准确性。

气动参数分析：分析所关心的气动参数对设计参数的响应。

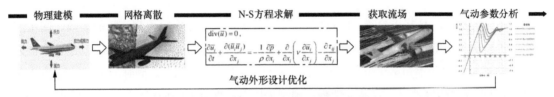

图5.5　飞行器的气动仿真步骤

然而，随着飞机设计研制周期不断缩短，现有的气动设计方法存在诸多局限。为了提高中国大型客机的气动设计水平，必须发展先进的气动设计手段，结合 AI 等先进技术，开发适合型号设计的快速气动设计工具。飞行器阻力分布如图 5.6 所示。

在飞行器中，机翼阻力约占整个飞行器阻力的 52%，因此，机翼形状设计对飞机整体的飞行性能而言至关重要，飞行器机翼结构如图 5.7 所示。然而，三维翼型高精度 CFD 仿真需划分出上千万的计算网格，计算资源消耗大且计算周期长。为了提高仿真设计效率，通常会先针对三维翼型的二维剖面进行设计优化，这个过程往往需要对成千上万种的翼型及其对应工况进行 CFD 的重复

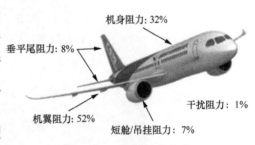

图5.6　飞行器阻力分布

迭代计算。其中，超临界翼型在高速巡航阶段有重要作用。相较于普通翼型，超临界翼型的头部比较丰满，这降低了前缘的负压峰值，提高了临界马赫数；同时，超临界翼型上表面中部比较平坦，有效控制了上翼面气流的进一步加速，降低了激波的强度和影响范围，并且推迟了上表面的激波诱导边界层分离的时间。因此，超临界翼型有更高的临界马赫数，可大幅改善在跨声速范围内的气动性能。降低阻力并增强姿态可控性，是设计机翼形状时必须考虑的。

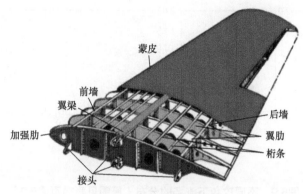

图5.7　飞行器机翼结构

　　二维超临界翼型的气动设计需要针对不同的形状参数和来流参数进行仿真，依然需要进行大量的重复迭代计算工作，设计周期长。因此，利用 AI 的天然并行推理能力，缩短设计研发周期显得尤为重要。基于此，中国商飞公司和华为联合发布了业界首个 AI 流体仿真大模型——"东方·御风"，该模型能在超临界翼型的几何形状、来流参数（攻角、马赫数）发生变化时，实现大型客机翼型流场的高效、高精度推理，快速、精准地预测翼型周围的流场及升阻力。

2. 技术难点

　　为了实现超临界翼型流场的高效、高精度 AI 流场预测，需要克服如下技术难点。

　　翼型网格疏密不均，流动特征提取困难。二维超临界翼型计算域的流体仿真网格常采用 O 型或 C 型网格。图 5.8 所示为典型的 O 型网格。为了精准地计算流动边界层，对翼型近壁面进行了网格加密，来流远场的网格结构相对稀疏。这种非均匀的网格结构增大了提取流动特征的困难程度。

　　当来流参数或翼型几何形状发生改变时，流动特征变化明显。不同攻角下流场的分布如图 5.9 所示，当翼型的攻角发生变化时，流场会发生剧烈的变化，尤其当攻角增大到一定程度时，会产生激波现象，即流场中存在明显的间断现象，流体在波阵面上的压力、速度和密度出现明显的突变。

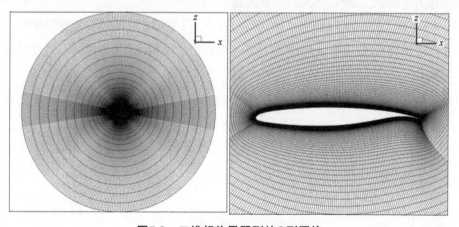

图5.8　二维超临界翼型的O型网格

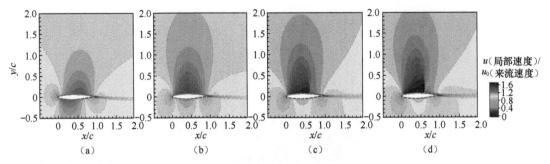

注：c为翼型弦长。

图5.9　不同攻角下流场的分布（原图见彩插页图5.9）

（a）攻角=–2.0°　（b）攻角=0.5°　（c）攻角=2.0°　（d）攻角=3.1°

第三，当激波区域的流场剧烈变化时，AI 预测变得困难。由于激波对其附近的流场影响显著，激波前后的流场变化剧烈，导致 AI 预测困难。激波的位置直接影响翼型的气动性能设计和载荷分布。因此，对激波信号的精准捕捉是十分重要且充满挑战的。

3. 技术路径

针对上述技术难点，中国商飞公司和华为设计了基于 AI 模型的技术路径，用于构建不同流动状态下的翼型几何形状到对应流场的端到端映射，主要包含以下几个核心步骤。

首先，设计 AI 数据高效转换工具，实现翼型流场复杂几何边界和流场信息的特征提取。先通过几何形状网格坐标转换程序实现规则化 AI 张量数据生成，再利用几何编码方式加快复杂几何边界特征的提取。

其次，利用神经网络模型，实现不同流动状态下翼型几何形状到流场信息的映射；模型的输入为坐标转换后所生成的翼型几何形状信息和气动参数；模型的输出为流场信息，如速度和压力。

最后，利用多级小波变换损失函数训练网络权重，对流场中突变高频信号进行分解学习，进而提升流场剧烈变化（如激波）区域的预测精度。

4. "东方·御风" MindSpore Flow 实现

"东方·御风" MindSpore Flow 实现分为以下 8 个步骤：配置网络与训练参数、数据集制作与加载、模型构建、定义损失函数与优化器、训练函数、模型训练、结果可视化、模型推理。

首先导入所需的依赖，如代码 5.22 所示。

代码5.22

```
import os
import time
import numpy as np

import mindspore.nn as nn
import mindspore.ops as ops
```

```
from mindspore import context
from mindspore import dtype as mstype

from mindspore import save_checkpoint, jit, data_sink
from mindspore.common import set_seed

from mindflow.common import get_warmup_cosine_annealing_lr
from mindflow.pde import SteadyFlowWithLoss
from mindflow.loss import WaveletTransformLoss
from mindflow.cell import ViT
from mindflow.utils import load_yaml_config

from src import AirfoilDataset, calculate_eval_error, plot_u_and_cp, get_ckpt_
summ_dir

set_seed(0)
np.random.seed(0)

context.set_context(mode=context.GRAPH_MODE,
                    save_graphs=False,
                    device_target="Ascend",
                    device_id=6)
use_ascend = context.get_context("device_target") == "Ascend"
```

（1）配置网络与训练参数

如代码 5.23 所示，从配置文件中读取 5 类参数，分别为数据相关参数（data）/ 模型相关参数（model）、优化器相关参数（optimizer）、输出相关参数（ckpt）、验证相关参数（eval）。

代码5.23

```
config = load_yaml_config("config.yaml")
data_params = config["data"]
model_params = config["model"]
optimizer_params = config["optimizer"]
ckpt_params = config["ckpt"]
eval_params = config["eval"]
```

（2）数据集制作与加载

具体实现如代码 5.24 所示。

代码5.24

```
mindrecord_name = "flowfiled_000_050.mind"
dataset = ds.MindDataset(dataset_files=mindrecord_name, shuffle=False)
dataset = dataset.project(["inputs", "labels"])
print("samples:", dataset.get_dataset_size())
for data in dataset.create_dict_iterator(num_epochs=1, output_numpy=False):
    input = data["inputs"]
```

```
label = data["labels"]
print(input.shape)
print(label.shape)
break
```

数据集文件包含 2808 个流场数据，为 51 个超临界翼型在 Ma（变马赫数）=0.73 和不同攻角（$-2.0 \sim 4.6°$）下的流场数据。其中，input 的数据维度为 (13, 192, 384)，192 和 384 表示经过雅可比转换后的网格分辨率，13 表示不同的特征维度，分别为$\left(AOA, x, y, x_{i,0}, y_{i,0}, \xi_x, \xi_y, \eta_x, \eta_y, x_\xi, x_\eta, y_\xi, y_{eta}\right)$。

label 的数据维度为 (288，768)，可以经过 patchify 输入模型训练后得到流场数据 (u, v, p)，再通过 unpatchify 操作还原得到原数据 (13, 192, 384)，用户可根据自身网络输入输出设计进行个性化配置和选择。

首先将 CFD 的数据集转换成张量数据，然后将张量数据转换成 MindRecord 格式，转换后的流场信息如图 5.10 所示。

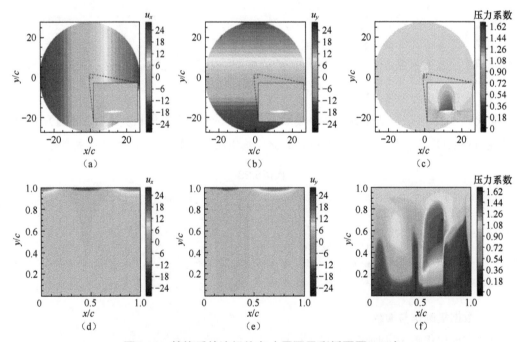

图5.10　转换后的流场信息（原图见彩插页图5.10）

坐标变换前（a）x方向速度的分布（b）y方向速度的分布（c）压力系数的分布

坐标变换后（d）x方向速度的分布（e）y方向速度的分布（f）压力系数的分布

AI 流体仿真目前支持使用本地数据集进行训练，可以通过 MindDataset 接口配置相应数据集选项，需要指定 MindRecord 数据集文件的位置。

config.yaml 中的"train_size"字段默认为 0.8，表示在"train"模式下训练集和验证集的默认比例为 4：1，用户可自定义该比例；config.yaml 中的"finetune_size"默认为 0.2，表示在"finetune"模式下训练集和验证集的默认比例为 1 : 4，用户可自定义该比例；当训练模式设置为"eval"时，数据集全部用作验证集。

config.yaml 中的"max_value_list"字段、"min_value_list"字段分别表示攻角、几何编码后 x 信息和 y 信息的最大、最小值。

config.yaml 中的"train_num_list"字段和"test_num_list"字段分别表示训练集和验证集所对应的翼型的起始编号列表参数。每组数据集包含 50 个翼型数据。例如，"train_num_list"字段为 [0]，表示训练集包含 0 ~ 49 所对应的 50 个翼型数据。数据集制作如代码 5.25 所示。

代码5.25

```
method = model_params['method']
batch_size = data_params['batch_size']
model_name = "_".join([model_params['name'], method, "bs", str(batch_size)])
ckpt_dir, summary_dir = get_ckpt_summ_dir(ckpt_params, model_name, method)
max_value_list = data_params['max_value_list']
min_value_list = data_params['min_value_list']
data_group_size = data_params['data_group_size']
dataset = AirfoilDataset(max_value_list, min_value_list, data_group_size)

train_list, eval_list = data_params['train_num_list'], data_params['test_num_
list']
train_dataset, eval_dataset = dataset.create_dataset(data_params['data_path'],
                                    train_list,
                                    eval_list,
                                    batch_size=batch_size,
                                    shuffle=False,
                                    mode="train",
                                    train_size=data_params['train_size'],
                                    finetune_size=data_params['finetune_size'],
                                    drop_remainder=True)
```

（3）模型构建

下面以 ViT 模型作为示例进行说明。该模型通过 MindFlow 的 ViT 接口构建，需要指定 ViT 模型的参数。用户也可以构建自己的模型。ViT 模型中非常重要的参数为 encoder 和 decoder 的 depths、embed_dim 和 num_heads，分别用于控制模型层数、隐向量的长度以及多头注意力机制中的头数。具体参数配置如代码 5.26 所示。

代码5.26

```
if use_ascend:
    compute_dtype = mstype.float16
else:
    compute_dtype = mstype.float32
model = ViT(in_channels=model_params[method]['input_dims'],
            out_channels=model_params['output_dims'],
```

```
    encoder_depths=model_params['encoder_depth'],
    encoder_embed_dim=model_params['encoder_embed_dim'],
    encoder_num_heads=model_params['encoder_num_heads'],
    decoder_depths=model_params['decoder_depth'],
    decoder_embed_dim=model_params['decoder_embed_dim'],
    decoder_num_heads=model_params['decoder_num_heads'],
    compute_dtype=compute_dtype
    )
```

（4）定义损失函数与优化器

为了提升对流场高低频信息的预测精度，尤其是减小激波区域的误差，我们使用了多级小波变换损失函数，wave_level 参数可以用来确定小波变换的级数，建议使用 2 级或 3 级小波变换。在网络训练的过程中，我们选取了 Adam 作为优化器，具体实现如代码 5.27 所示。

代码5.27

```
# prepare loss scaler
if use_ascend:
    from mindspore.amp import DynamicLossScaler, all_finite
    loss_scaler = DynamicLossScaler(1024, 2, 100)
else:
    loss_scaler = None
steps_per_epoch = train_dataset.get_dataset_size()
wave_loss = WaveletTransformLoss(wave_level=optimizer_params['wave_level'])
problem = SteadyFlowWithLoss(model, loss_fn=wave_loss)
# prepare optimizer
epochs = optimizer_params["epochs"]
lr = get_warmup_cosine_annealing_lr(lr_init=optimizer_params["lr"],
                                    last_epoch=epochs,
                                    steps_per_epoch=steps_per_epoch,
                                    warmup_epochs=1)
optimizer = nn.Adam(model.trainable_params() + wave_loss.trainable_params(),
learning_rate=Tensor(lr))
```

（5）训练函数

当 MindSpore 的版本为 2.0.0 及以上时，可以使用函数式编程范式训练神经网络，单步训练函数用 @jit 装饰。基于数据下沉函数 data_sink，传入单步训练函数和训练集，如代码 5.28 所示。

代码5.28

```
def forward_fn(x, y):
    loss = problem.get_loss(x, y)
    if use_ascend:
        loss = loss_scaler.scale(loss)
    return loss

grad_fn = ops.value_and_grad(forward_fn, None, optimizer.parameters, has_aux=False)

@jit
```

```
def train_step(x, y):
    loss, grads = grad_fn(x, y)
    if use_ascend:
        loss = loss_scaler.unscale(loss)
        if all_finite(grads):
            grads = loss_scaler.unscale(grads)
    loss = ops.depend(loss, optimizer(grads))
    return loss

train_sink_process = data_sink(train_step, train_dataset, sink_size=1)
```

（6）模型训练

模型训练过程也含推理。用户可以直接加载测试集，每训练 n 个 epoch 后输出一次测试集上的推理精度，如代码 5.29 所示。

代码5.29

```
print(f'pid: {os.getpid()}')
print(datetime.datetime.now())
print(f'use_ascend : {use_ascend}')
print(f'device_id: {context.get_context("device_id")}')

eval_interval = eval_params['eval_interval']
plot_interval = eval_params['plot_interval']
save_ckt_interval = ckpt_params['save_ckpt_interval']
# train process
for epoch in range(1, 1+epochs):
    # train
    time_beg = time.time()
    model.set_train(True)
    for step in range(steps_per_epoch):
        step_train_loss = train_sink_process()
    print(f"epoch: {epoch} train loss: {step_train_loss} epoch time: {time.time()
- time_beg:.2f}s")
    # eval
    model.set_train(False)
    if epoch % eval_interval == 0:
        calculate_eval_error(eval_dataset, model)
    if epoch % plot_interval == 0:
        plot_u_and_cp(eval_dataset=eval_dataset, model=model,
grid_path=data_params['grid_path'], save_dir=summary_dir)
    if epoch % save_ckt_interval == 0:
        ckpt_name = f"epoch_{epoch}.ckpt"
        save_checkpoint(model, os.path.join(ckpt_dir, ckpt_name))
        print(f'{ckpt_name} save success')
```

（7）结果可视化

翼型几何形状、来流攻角、来流马赫数发生改变后，AI 仿真和 CFD 计算预测的流场分布如图 5.11 ～图 5.13 所示。

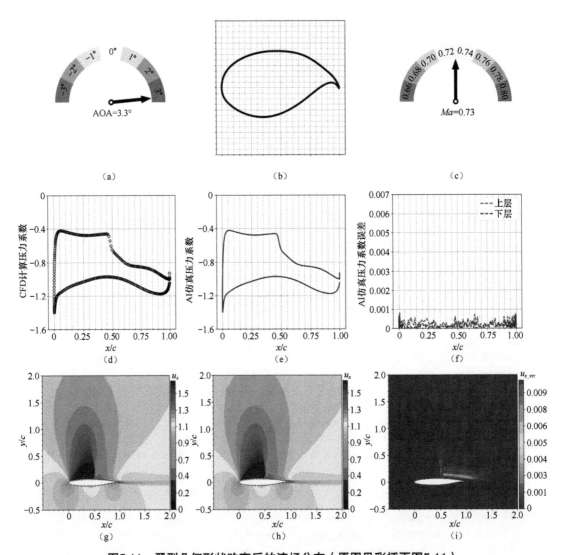

图5.11　翼型几何形状改变后的流场分布（原图见彩插页图5.11）

（a）攻角（b）翼型几何形状（c）马赫数（d）传统CFD计算的压力系数的分布（e）AI仿真的压力系数的分布（f）AI仿真的压力系数的误差分布（g）传统CFD计算的x方向速度的分布（h）AI仿真的x方向速度的分布（i）AI仿真的x方向速度的误差分布

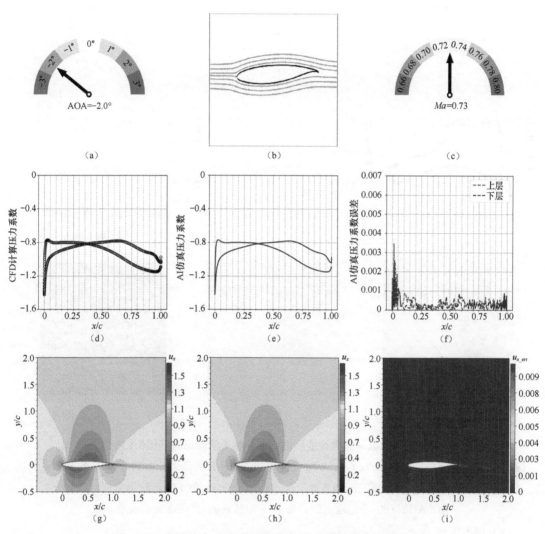

图5.12　来流攻角改变后的流场分布（原图见彩插图5.12）

（a）攻角（b）翼型几何形状（c）马赫数（d）传统CFD计算的压力系数的分布（e）AI仿真的压力系数的分布（f）AI仿真的压力系数的误差分布（g）传统CFD计算的x方向速度的分布（h）AI仿真的x方向速度的分布（i）AI仿真的x方向速度的误差分布

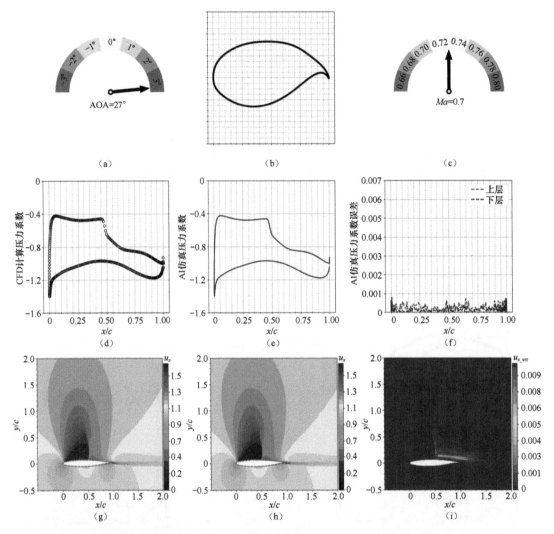

图5.13　来流马赫数改变后的流场分布（原图见彩插图5.13）

（a）攻角（b）翼型几何形状（c）马赫数（d）传统CFD计算的压力系数的分布（e）AI仿真的压力系数的分布（f）AI仿真的压力系数的误差分布（g）传统CFD计算的x方向速度的分布（h）AI仿真的x方向速度的分布（i）AI仿真的x方向速度的误差分布

（8）模型推理

模型训练结束后，可调用 train.py 中的 train 函数，将 mode 设置为 eval 可进行推理，将 mode 设置为 finetune 可进行迁移学习。

在设计新翼型时，需要考虑各种不同的初边界条件（如不同的攻角或马赫数等），以进行气动性能的评估。为了提高模型的可推广性，扩大其在工程场景中的应用范围，我们可以采用迁移学习方式。具体做法为：先在大规模数据集上预训练模型，再在小数据集上快速微调，从而实现模型对新工况的推理泛化。考虑到预测精度和时间之间的平衡，一共使用了 4 种不同大小的数据集来获取不同的预训练模型。在较小数据集上进行预训练，耗时较少，但预测精度较低；在较大数据集上进行预训练，预测精度较高，但需要更多的时间。

迁移学习的结果如图 5.14 所示。当使用微小数据集预训练模型时，至少需要 3 个新的流场才能实现 4×10^{-4} 的预测精度误差。而当使用小、中或大数据集预训练模型时，只需要一个新的流场即可实现。此外，通过 5 个流场的迁移学习，平均绝对误差至少可以下降 50%。使用大数据集预训练的模型可以在 0 个流场的情况下以较高的精度预测流场。使用不同规模和不同大小的数据集获得的微调结果如图 5.14 所示。微调所需的时间远少于生成样本所需的时间，当微调结束后，即可对新翼型的其他工况进行快速推理。因此，基于迁移学习的微调技术在工程应用中具有重要意义。

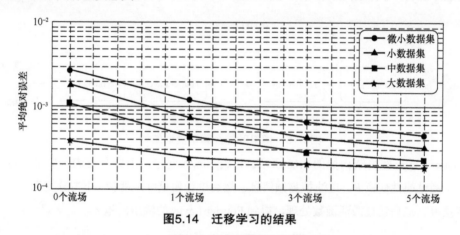

图5.14　迁移学习的结果

5.3.2　基于傅里叶神经算子的流场仿真

近年来，神经网络迅猛发展，为科学计算提供了新的范式。经典的神经网络是在有限维度的空间进行映射，只能学习与特定离散化相关的解。与经典的神经网络不同，傅里叶神经算子是一种能够学习无限维函数空间映射的新型深度学习架构。该架构可直接学习从任意函数的参数到解的映射，以解决某类偏微分方程的求解问题，具有非常强的泛化能力。

1. 伯格斯方程

一维伯格斯方程是一个非线性偏微分方程，具有广泛应用，如用于一维黏性流体流动建模等。它的形式如下：

$$\frac{\partial u(x,t)}{\partial t} + \frac{\partial \left[u^2(x,t)/2 \right]}{\partial x} = \frac{v \partial^2 u(x,t)}{\partial x^2}, x \in (0,1), t \in (0,1] \tag{5-8}$$

$$u(x,0) = u_0(x), x \in (0,1) \tag{5-9}$$

其中，u 表示速度，u_0 表示初始速度，v 表示黏度系数。

2. 问题描述

本案例利用傅里叶神经算子学习初始状态到下一时刻状态的映射，实现一维伯格斯方程的求解：

$$u_0 \mapsto u(\cdot, 1) \tag{5-10}$$

3. 技术路径

使用 MindSpore Flow 求解该问题的具体流程如下：创建数据集、模型构建、定义优化器与损失函数、模型训练。

傅里叶神经算子模型结构如图 5.15 所示。W_0 表示初始涡度，通过 Lifting Layer 实现输入向量的高维映射，然后将映射结果作为 Fourier Layer 的输入，进行频域信息的非线性变换，最后由 Decoding Layer 将变换结果映射为最终的预测结果 W_1。

Lifting Layer、Fourier Layer 以及 Decoding Layer 共同组成了傅里叶神经算子。

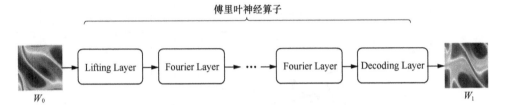

图5.15 傅里叶神经算子模型结构

Fourier Layer 网络结构如图 5.16 所示。V 表示输入向量，上方分支表示向量经过傅里叶变换后，经过线性变换 R，过滤掉高频信息，然后进行傅里叶逆变换；下方分支表示向量经过线性变换 W，最后经过激活函数处理，得到 Fourier Layer 的输出向量 σ。

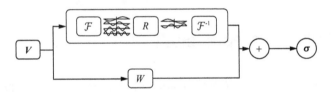

图5.16 Fourier Layer网络结构

导入所需的依赖，如代码 5.30 所示。

代码5.30

```
import os
import time
import numpy as np

from mindspore.amp import DynamicLossScaler, auto_mixed_precision, all_finite
from mindspore import context, nn, Tensor, set_seed, ops, data_sink, jit, save_
checkpoint
from mindspore import dtype as mstype
from Mindspore Flow import FNO1D, RelativeRMSELoss, load_yaml_config, get_warmup_
cosine_annealing_lr
from Mindspore Flow.pde import UnsteadyFlowWithLoss

from src.dataset import create_training_dataset

set_seed(0)
np.random.seed(0)
```

```
context.set_context(mode=context.GRAPH_MODE, device_target="GPU", device_id=4)
use_ascend = context.get_context(attr_key='device_target') == "Ascend"
```

从 burgers1d.yaml 中读取数据、模型、优化器的参数，如代码 5.31 所示。

代码5.31

```
config = load_yaml_config('burgers1d.yaml')
data_params = config["data"]
model_params = config["model"]
optimizer_params = config["optimizer"]
```

（1）创建数据集

本案例根据 Zongyi Li 等人在"Fourier Neural Operator for Parametric Partial Differential Equations"一文中对数据集的设置生成训练集与测试集。

本案例选取黏度系数 $v = 0.1$，并使用分步法求解方程，在傅里叶空间中精确求解热方程部分，然后使用前向欧拉方法求解非线性部分。训练集样本数目为 1000，测试集样本数目为 200，具体如代码 5.32 所示。

代码5.32

```
# create training dataset
train_dataset = create_training_dataset(data_params, shuffle=True)

# create test dataset
test_input, test_label = np.load(os.path.join(data_params["path"], "test/inputs.
npy")), \
                         np.load(os.path.join(data_params["path"], "test/label.
npy"))
test_input = Tensor(np.expand_dims(test_input, -2), mstype.float32)
test_label = Tensor(np.expand_dims(test_label, -2), mstype.float32)
```

（2）模型构建

网络由一层 Lifting Layer、一层 Decoding Layer 以及多层 Fourier Layer 叠加组成。

基于网络结构进行模型构建，如代码 5.33 所示，模型参数可在配置文件中修改。

代码5.33

```
model = FNO1D(in_channels=model_params["in_channels"],
              out_channels=model_params["out_channels"],
              resolution=model_params["resolution"],
              modes=model_params["modes"],
              channels=model_params["width"],
              depths=model_params["depth"])
model_params_list = []
for k, v in model_params.items():
    model_params_list.append(f"{k}:{v}")
```

```
model_name = "_".join(model_params_list)
print(model_name)
```

（3）定义优化器与损失函数

使用 Adam 优化器的相对均方根误差作为网络训练损失函数，如代码 5.34 所示。

代码5.34

```
steps_per_epoch = train_dataset.get_dataset_size()
lr = get_warmup_cosine_annealing_lr(lr_init=optimizer_params["initial_lr"],
                                    last_epoch=optimizer_params["train_epochs"],
                                    steps_per_epoch=steps_per_epoch,
                                    warmup_epochs=1)
optimizer = nn.Adam(model.trainable_params(), learning_rate=Tensor(lr))

if use_ascend:
    from mindspore.amp import DynamicLossScaler, auto_mixed_precision, all_finite
    loss_scaler = DynamicLossScaler(1024, 2, 100)
    auto_mixed_precision(model, 'O1')
else:
    loss_scaler = None
```

（4）模型训练

当 MindSpore 的版本为 2.0.0 及以上时，我们可以使用函数式编程来训练神经网络，如代码 5.35 所示。MindSpore Flow 为非稳态问题提供了一个训练接口 UnsteadyFlowWithLoss，用于模型训练和评估。

代码5.35

```
problem = UnsteadyFlowWithLoss(model, loss_fn=RelativeRMSELoss(), data_
format="NHWTC")

summary_dir = os.path.join(config["summary_dir"], model_name)
print(summary_dir)

def forward_fn(data, label):
    loss = problem.get_loss(data, label)
    if use_ascend:
        loss = loss_scaler.scale(loss)
    return loss
grad_fn = ops.value_and_grad(forward_fn, None, optimizer.parameters, has_aux=False)

@jit
def train_step(data, label):
    loss, grads = grad_fn(data, label)
    if use_ascend:
        loss = loss_scaler.unscale(loss)
        if all_finite(grads):
            grads = loss_scaler.unscale(grads)
    loss = ops.depend(loss, optimizer(grads))
```

```
    return loss

sink_process = data_sink(train_step, train_dataset, 1)
summary_dir = os.path.join(config["summary_dir"], model_name)
ckpt_dir = os.path.join(summary_dir, "ckpt")
if not os.path.exists(ckpt_dir):
    os.makedirs(ckpt_dir)

for epoch in range(1, config["epochs"] + 1):
    model.set_train()
    local_time_beg = time.time()
    for _ in range(steps_per_epoch):
        cur_loss = sink_process()
    print(f"epoch: {epoch} train loss: {cur_loss.asnumpy()} time cost: {time.
time() - local_time_beg:.2f}s")

    if epoch % config['eval_interval'] == 0:
        model.set_train(False)
        print("================================Start
Evaluation================================")
        rms_error = problem.get_loss(test_input, test_label)/test_input.shape[0]
        print(f"mean rms_error: {rms_error}")
        print("================================End
Evaluation================================")
        save_checkpoint(model, os.path.join(ckpt_dir, model_params["name"] + '_
epoch' + str(epoch)))
```

5.3.3　基于 Koopman 神经算子的流场仿真

CFD 是 21 世纪流体力学领域的重要技术之一，通过使用数值方法在计算机中对流体力学的控制方程进行求解，从而实现对流场的分析、预测和控制。传统的有限元法和有限差分法常用于复杂的仿真流程（如物理建模、网格划分、数值离散、迭代求解等），计算成本高且效率低下。因此，借助 AI 提升流体仿真效率是十分必要的。

但是，傅里叶神经算子在学习非线性偏微分方程的长期行为时不够准确且缺乏可解释性。Koopman 神经算子（Koopman Neural Operator，KNO）通过构建方程解的非线性动力学系统，解决了以上问题。通过近似 KNO，将一个控制动力学系统所有可能的无限维线性算子作用于动力学系统的流映射，然后通过求解简单的线性预测问题，等价地学习整个非线性偏微分方程。

本案例介绍利用 KNO 的一维伯格斯方程的求解方法。

1. 问题描述

本案例利用 KNO 学习初始状态到下一时刻状态的映射，实现一维伯格斯方程的求解。

2. 技术路径

使用 MindSpore Flow 求解该问题的具体流程如下：创建数据集、模型构建、定义优化器与损失函数、模型训练、模型推理与可视化。

KNO 模型结构如图 5.17 所示，包含上下两个主要分支和对应输出。Input 表示初始涡度，上路分支通过 Encoding Layer 实现输入向量的高维映射；然后将映射结果作为 Koopman Layer 的输入，进行频域信息的非线性变换；最后由 Decoding Layer 将变换结果映射至最终的预测结果 Prediction。同时，下路分支通过 Encoding Layer 实现输入向量的高维映射，然后通过 Decoding Layer 对输入进行重建。上下两个分支的 Encoding Layer 之间共享（Shared）权重，Decoding Layer 之间也共享权重。Prediction 用于和 Label 一起计算预测误差，Reconstruction 用于和 Input 一起计算重建误差。两个误差共同指导模型的梯度计算。

Encoding Layer、Koopman Layer、Decoding Layer 以及两个分支共同组成了 KNO。

图 5.17 中的虚线框为 Koopman Layer 结构，可重复（Repeated）堆叠。输入向量经过傅里叶变换（FFT）后，再经过线性变换（Linear），过滤掉高频信息；然后进行傅里叶逆变换（iFFT）；输出结果与输入向量相加；最后通过激活函数，得到输出向量。

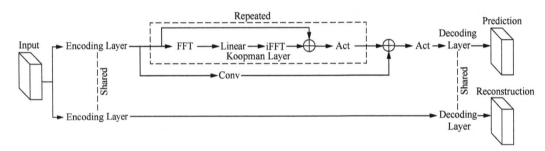

图5.17　KNO模型结构

导入所需的依赖，如代码 5.36 所示。

代码5.36

```
import os
import time
import datetime
import numpy as np

import mindspore
from mindspore import nn, context, ops, Tensor, set_seed
from mindspore.nn.loss import MSELoss

from mindflow.cell import KNO1D
from mindflow.common import get_warmup_cosine_annealing_lr
from mindflow.utils import load_yaml_config

from src.dataset import create_training_dataset
from src.trainer import BurgersWithLoss
from src.utils import visual

set_seed(0)
np.random.seed(0)
```

```
print("pid:", os.getpid())
print(datetime.datetime.now())

context.set_context(mode=context.GRAPH_MODE, device_target='Ascend', device_id=1)
use_ascend = context.get_context(attr_key='device_target') == "Ascend"
```

从 burgers1d.yaml 中读取数据、模型、优化器的参数，如代码 5.37 所示。

代码5.37

```
config = load_yaml_config('burgers1d.yaml')
data_params = config["data"]
model_params = config["model"]
optimizer_params = config["optimizer"]
```

（1）创建数据集

本案例根据 Zongyi Li 等人在 "Fourier Neural Operator for Parametric Partial Differential Equations" 一文中对数据集的设置生成训练集与测试集。

本案例选取黏度系数 $v = 0.1$，并使用分步法求解方程，在傅里叶空间中精确求解热方程部分，然后使用前向欧拉方法求解非线性部分。训练集样本数目为 1000，测试集样本数目为 200，如代码 5.38 所示。

代码5.38

```
# create training dataset
train_dataset = create_training_dataset(data_params, shuffle=True)

# create test dataset
eval_dataset = create_training_dataset(
    data_params, shuffle=False, is_train=False)
```

（2）模型构建

网络由一层共享的 Encoding Layer、多层 Koopman Layer 以及一层共享的 Decoding Layer 叠加组成。

基于上述网络结构，进行模型构建，如代码 5.39 所示，模型参数可在配置文件中修改。

代码5.39

```
model = KNO1D(in_channels=data_params['in_channels'],
              channels=model_params['channels'],
              modes=model_params['modes'],
              depths=model_params['depths'],
              resolution=model_params['resolution']
              )

model_params_list = []
for k, v in model_params.items():
    model_params_list.append(f"{k}:{v}")
```

```
model_name = "_".join(model_params_list)
print(model_name)
```

（3）定义优化器与损失函数

使用 Adam 优化器的相对均方根误差作为网络训练损失函数，如代码 5.40 所示。

代码5.40

```
train_size = train_dataset.get_dataset_size()
eval_size = eval_dataset.get_dataset_size()

lr = get_warmup_cosine_annealing_lr(lr_init=optimizer_params["lr"],
                                     last_epoch=optimizer_params["epochs"],
                                     steps_per_epoch=train_size,
                                     warmup_epochs=1)
optimizer = nn.AdamWeightDecay(model.trainable_params(),
                               learning_rate=Tensor(lr),
                               weight_decay=optimizer_params["weight_decay"])
model.set_train()
loss_fn = MSELoss()
if use_ascend:
    from mindspore.amp import DynamicLossScaler, auto_mixed_precision, all_finite
    loss_scaler = DynamicLossScaler(1024, 2, 100)
    auto_mixed_precision(model, 'O3')
else:
    loss_scaler = None
```

（4）模型训练

当 MindSpore 的版本为 2.0.0 及以上时，我们可以使用函数式编程来训练神经网络。MindSpore Flow 为非稳态问题提供了一个训练接口 UnsteadyFlowWithLoss，如代码 5.41 所示。

代码5.41

```
problem = BurgersWithLoss(model, data_params["out_channels"], loss_fn)

def forward_fn(inputs, labels):
    loss, l_recons, l_pred = problem.get_loss(inputs, labels)
    if use_ascend:
        loss = loss_scaler.scale(loss)
    return loss, l_recons, l_pred

grad_fn = ops.value_and_grad(forward_fn, None, optimizer.parameters, has_aux=True)

def train_step(inputs, labels):
    (loss, l_recons, l_pred), grads = grad_fn(inputs, labels)
    if use_ascend:
        loss = loss_scaler.unscale(loss)
        if all_finite(grads):
            grads = loss_scaler.unscale(grads)
    loss = ops.depend(loss, optimizer(grads))
```

```
    return loss, l_recons, l_pred

def eval_step(inputs, labels):
    return problem.get_rel_loss(inputs, labels)

train_sink = mindspore.data_sink(train_step, train_dataset, sink_size=1)
eval_sink = mindspore.data_sink(eval_step, eval_dataset, sink_size=1)

summary_dir = os.path.join(config["summary_dir"], model_name)
os.makedirs(summary_dir, exist_ok=True)
print(summary_dir)

for epoch in range(1, optimizer_params["epochs"] + 1):
    time_beg = time.time()
    l_recons_train = 0.0
    l_pred_train = 0.0
    for _ in range(train_size):
        _, l_recons, l_pred = train_sink()
        l_recons_train += l_recons.asnumpy()
        l_pred_train += l_pred.asnumpy()
    l_recons_train = l_recons_train / train_size
    l_pred_train = l_pred_train / train_size
    print(f"epoch: {epoch}, time cost: {(time.time() - time_beg):>8f},"
        f" recons loss: {l_recons_train:>8f}, pred loss: {l_pred_train:>8f}")

    if epoch % config['eval_interval'] == 0:
        l_recons_eval = 0.0
        l_pred_eval = 0.0
        print("-------------------------start evaluation-------------------------")
        for _ in range(eval_size):
            l_recons, l_pred = eval_sink()
            l_recons_eval += l_recons.asnumpy()
            l_pred_eval += l_pred.asnumpy()
        l_recons_eval = l_recons_eval / eval_size
        l_pred_eval = l_pred_eval / eval_size
        print(f'Eval epoch: {epoch}, recons loss: {l_recons_eval},'
            f' relative pred loss: {l_pred_eval}')
        print("-------------------------end evaluation-------------------------")
        mindspore.save_checkpoint(model, ckpt_file_name=summary_dir + '/save_model.
ckpt')
```

（5）模型推理与可视化

取 6 个样本进行连续 10 步推理并将结果可视化，如代码 5.42 所示；可视化结果如图 5.18 所示。

代码5.42

```
# Infer and plot some data
inputs = np.load(os.path.join(data_params["path"], "test/inputs.npy"))  # (200,1024,1)
problem = BurgersWithLoss(model, 10, loss_fn)
visual(problem, inputs)
```

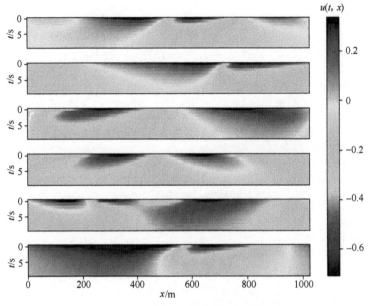

图5.18 可视化结果（原图见彩插页图5.18）

5.4 数据－机理融合驱动的 AI 流体仿真

传统流体仿真的数值方法（如有限体积法、有限差分法等），主要依赖商业仿真软件实现，需要经过物理建模、网格划分、数值离散、迭代求解等步骤，且仿真过程较为复杂，计算周期长。AI 具备强大的学习拟合能力和天然的并行推理能力，可以有效提升流体仿真效率。

然而，在 AI 流体仿真的场景里也常面临着样本数据少、信息稀疏、模型外推和泛化难的挑战。因此需要在模型中嵌入物理先验知识，实现模型泛化。在本节中，我们将基于昇思 MindSpore 构建两种数据－机理融合驱动的 AI 流体仿真方案：基于 PDE-Net 的 AI 流体仿真和 AI 湍流建模。

5.4.1 基于 PDE-Net 的 AI 流体仿真

PDE-Net 是一种前馈深度网络，用于从数据中学习偏微分方程，同时实现了准确预测复杂系统的动力学特性和揭示潜在的偏微分方程模型。PDE-Net 的基本思想是通过学习卷积核（滤波器）来逼近微分算子，并应用神经网络或其他机器学习方法来拟合未知的非线性响应。实验表明，即使在噪声环境中，该模型也可以识别被观测的动力学方程，并预测相对较长时间内的物理场动态行为。

本案例将以可变参数的对流扩散方程的反问题为例，讲解数据－机理融合驱动的 AI 流体仿真的过程，实现对流场的长期预测。

在本案例中，对流扩散方程的形式为：

$$\begin{cases} \dfrac{\partial u}{\partial t} = a(x,y)\dfrac{\partial u}{\partial x} + b(x,y)\dfrac{\partial u}{\partial y} + c\dfrac{\partial^2 u}{\partial x^2} + d\dfrac{\partial^2 u}{\partial y^2} \\ (x,y) \in [0,2\pi] \times [0,2\pi] \\ u|_{t=0} = u_0(x,y) \end{cases} \tag{5-11}$$

a、b、c、d 分别为：

$$\begin{cases} a(x,y) = 0.5[\cos y + x(2\pi - x)\sin x] + 0.6 \\ b(x,y) = 2(\cos y + \sin x) + 0.8 \\ c = 0.2 \quad d = 0.3 \end{cases} \tag{5-12}$$

PDE-Net 结构如图 5.19 和图 5.20 所示，该网络由多个 δt-block 串联构成，以实现对长序列信息的预测。在每一个 δt-block 中，包含可训练参数的 moment 矩阵，该矩阵可根据映射关系转化为对应导数的卷积核，从而获取物理场的导数。将导数及其对应物理量线性组合后，采用前向欧拉法，即可推导下一个时间步的信息。

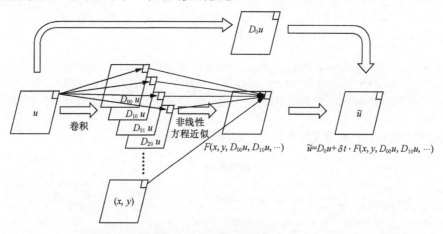

图5.19　PDE-Net结构（1）

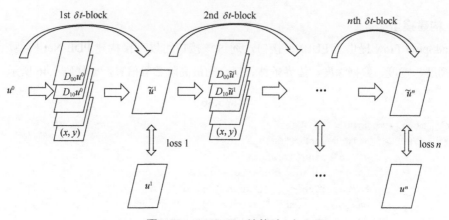

图5.20　PDE-Net结构（2）

使用 MindSpore Flow 求解该问题的具体流程如下：构建模型、单步训练、多步训练、模型推理及可视化。

导入所需的依赖，如代码 5.43 所示。

代码5.43

```
import os
import time
import numpy as np

import mindspore
from mindspore.common import set_seed
from mindspore import nn, Tensor, ops, jit
from mindspore.train.serialization import load_param_into_net
```

src 的获取如代码 5.44 所示。

代码5.44

```
from mindflow.cell import PDENet
from mindflow.utils import load_yaml_config
from mindflow.loss import get_loss_metric, RelativeRMSELoss
from mindflow.pde import UnsteadyFlowWithLoss

from src import init_model, create_dataset, calculate_lp_loss_error
from src import make_dir, scheduler, get_param_dic
from src import plot_coe, plot_extrapolation_error, get_label_coe, plot_test_error
```

所有配置参数可以在配置文件中修改，如代码 5.45 所示。

代码5.45

```
set_seed(0)
np.random.seed(0)
mindspore.set_context(mode=mindspore.GRAPH_MODE, device_target="GPU", device_id=3)
config = load_yaml_config('pde_net.yaml')
```

1. 构建模型

MindSpore Flow 提供了 PDENet 接口，通过该接口可以直接构建 PDE-Net 模型，需指定网格的高度、宽度、数据深度、边界条件、拟合的最高阶数等信息，如代码 5.46 所示。

代码5.46

```
def init_model(config):
    return PDENet(height=config["mesh_size"],
                  width=config["mesh_size"],
                  channels=config["channels"],
                  kernel_size=config["kernel_size"],
                  max_order=config["max_order"],
                  dx=2 * np.pi / config["mesh_size"],
                  dy=2 * np.pi / config["mesh_size"],
                  dt=config["dt"],
                  periodic=config["perodic_padding"],
```

```
            enable_moment=config["enable_moment"],
            if_frozen=config["if_frozen"],
            )
```

2. 单步训练

由于每个 δt-block 的参数是共享的，模型大小随 δt-block 的串联个数增加依次增加，因此逐一进行训练。其中，在 step 为 1 时，模型处于 warm-up 阶段，PDE-Net 的 moment 为"frozen"状态，此时 moment 中的参数不参与训练。每新增一个 δt-block，程序就先进行数据生成和数据集的读取，然后初始化模型，载入前一个 step 训练的 checkpoint，并定义优化器、模式、损失函数，然后进行模型训练，代码会实时反映模型性能，如代码 5.47 所示。

代码5.47

```
def train_single_step(step, config_param, lr, train_dataset, eval_dataset):
    """train PDE-Net with advancing steps"""
    print(f"Current step for train loop: {step}")
    model = init_model(config_param["model"])

    epoch = optimizer_params["epochs"]
    warm_up_epoch_scale = 10
    if step == 1:
        model.if_frozen = True
        epoch = warm_up_epoch_scale * epoch
    elif step == 2:
        param_dict = get_param_dic(os.path.join(summary_params["root_dir"],
summary_params["ckpt_dir"]), step - 1, epoch * 10)
        load_param_into_net(model, param_dict)
        print("Load pre-trained model successfully")
    else:
        param_dict = get_param_dic(os.path.join(summary_params["root_dir"],
summary_params["ckpt_dir"]), step - 1, epoch)
        load_param_into_net(model, param_dict)
        print("Load pre-trained model successfully")

    optimizer = nn.Adam(model.trainable_params(), learning_rate=Tensor(lr))
    problem = UnsteadyFlowWithLoss(model, t_out=step, loss_fn=RelativeRMSELoss(),
data_format="NTCHW")

    def forward_fn(u0, uT):
        loss = problem.get_loss(u0, uT)
        return loss

    grad_fn = mindspore.value_and_grad(forward_fn, None, optimizer.parameters,
has_aux=False)

    @jit
    def train_step(u0, uT):
        loss, grads = grad_fn(u0, uT)
        loss = ops.depend(loss, optimizer(grads))
```

```
        return loss

    steps = train_dataset.get_dataset_size()
    sink_process = mindspore.data_sink(train_step, train_dataset, sink_size=1)

    for cur_epoch in range(epoch):
        local_time_beg = time.time()
        model.set_train()

        for _ in range(steps):
            cur_loss = sink_process()
            print("epoch: %s, loss is %s" % (cur_epoch + 1, cur_loss), flush=True)
        local_time_end = time.time()
        epoch_seconds = (local_time_end - local_time_beg) * 1000
        step_seconds = epoch_seconds / steps
        print("Train epoch time: {:5.3f} ms, per step time: {:5.3f} ms".format
            (epoch_seconds, step_seconds), flush=True)

        if (cur_epoch + 1) % config["save_epoch_interval"] == 0:
            ckpt_file_name = "ckpt/step_{}".format(step)
            ckpt_dir = os.path.join(config["summary_dir"], ckpt_file_name)
            if not os.path.exists(ckpt_dir):
                make_dir(ckpt_dir)
            ckpt_name = "pdenet-{}.ckpt".format(cur_epoch + 1, )
            mindspore.save_checkpoint(model, os.path.join(ckpt_dir, ckpt_name))

        if (cur_epoch + 1) % config['eval_interval'] == 0:
            calculate_lp_loss_error(problem, eval_dataset, config["batch_size"])
```

3. 多步训练

PDE-Net 模型是逐步进行训练的。当 MindSpore 的版本为 2.0.0 及以上时，可以使用函数式编程范式训练神经网络，如代码 5.48 所示。

代码5.48

```
def train(config):
    lr = config["lr"]
    for i in range(1, config["multi_step"] + 1):
        db_name = "train_step{}.mindrecord".format(i)
        dataset = create_dataset(config, i, db_name, "train", data_size=2 *
config["batch_size"])
        train_dataset, eval_dataset = dataset.create_train_dataset()
        lr = scheduler(int(config["multi_step"] / config["learning_rate_reduce_
times"]), step=i, lr=lr)
        train_single_step(step=i, config=config, lr=lr, train_dataset=train_dataset,
eval_dataset=eval_dataset)

if not os.path.exists(config["mindrecord_data_dir"]):
    make_dir(config["mindrecord_data_dir"])
train(config)
```

所得部分结果如下:

Mindrecorder saved

Current step for train loop: 1

epoch: 1, loss is 313.45258

Train epoch time: 7294.444 ms, per step time: 7294.444 ms

epoch: 2, loss is 283.09055

Train epoch time: 15.857 ms, per step time: 15.857 ms

epoch: 3, loss is 292.2815

Train epoch time: 16.684 ms, per step time: 16.684 ms

epoch: 4, loss is 300.3354

Train epoch time: 18.559 ms, per step time: 18.559 ms

epoch: 5, loss is 295.53436

Train epoch time: 16.430 ms, per step time: 16.430 ms

epoch: 6, loss is 289.45068

Train epoch time: 8.752 ms, per step time: 8.752 ms

epoch: 7, loss is 297.86658

Train epoch time: 10.015 ms, per step time: 10.015 ms

epoch: 8, loss is 269.71762

Train epoch time: 9.050 ms, per step time: 9.050 ms

epoch: 9, loss is 298.23706

Train epoch time: 8.361 ms, per step time: 8.361 ms

epoch: 10, loss is 271.063

Train epoch time: 8.056 ms, per step time: 8.056 ms

==============================Start Evaluation==============================

LpLoss_error: 15.921201

==============================End Evaluation==============================

...

==============================Start Evaluation==============================

LpLoss_error: 0.040348217

==============================End Evaluation==============================

predict total time: 0.6067502498626709 s

Output is truncated. View as a scrollable element or open in a text editor. Adjust

cell output settings...

4. 模型推理及可视化

完成训练后,重新初始化模型,读取参数,进行推理和可视化,如代码 5.49 所示。

代码5.49

```
step = 20
test_data_size = 20

model = init_model(config)
param_dict = get_param_dic(config["summary_dir"], config["multi_step"], config["epochs"])
load_param_into_net(model, param_dict)
```

绘制相关参数变化图的过程如代码 5.50 所示。

代码5.50

```
coe_label = get_label_coe(max_order=config["max_order"], resolution=config["mesh_size"])
coes_out_dir = os.path.join(config["figure_out_dir"], "coes")
plot_coe(model.coe, coes_out_dir, prefix="coe_trained", step=step, title="Coefficient Regression Results of the PDE")
plot_coe(coe_label, coes_out_dir, prefix="coe_label", title="Data Labels for the Coefficients of the PDE")
```

绘制测试误差，如代码 5.51 所示。

代码5.51

```
dataset = create_dataset(config, step, "eval.mindrecord", "test", data_size=test_data_size)
test_dataset = dataset.create_test_dataset(step)
iterator_test_dataset = test_dataset.create_dict_iterator()
final_item = [_ for _ in iterator_test_dataset][-1]
plot_test_error(model, get_loss_metric("mse"), final_item, step, config["mesh_size"], config["figure_out_dir"])
```

输出外插后的精度，如代码 5.52 所示。

代码5.52

```
max_step = 60
sample_size = 40

dataset = create_dataset(config, max_step, "extrapolation.mindrecord", "test", data_size=sample_size)
plot_extrapolation_error(config, dataset, max_step=max_step)
```

所得结果如下，长时间预测误差曲线如图 5.21 所示。

Mindrecorder saved

step = 1, p25 = 0.06405, p75 = 0.08643

step = 2, p25 = 0.05012, p75 = 0.08393

step = 3, p25 = 0.06112, p75 = 0.10304

step = 4, p25 = 0.06977, p75 = 0.11740

step = 5, p25 = 0.07448, p75 = 0.12558

step = 6, p25 = 0.07964, p75 = 0.13329

step = 7, p25 = 0.08389, p75 = 0.14144

step = 8, p25 = 0.08721, p75 = 0.14411

step = 9, p25 = 0.08933, p75 = 0.14618

step = 10, p25 = 0.09413, p75 = 0.14660

step = 11, p25 = 0.09456, p75 = 0.14647

step = 12, p25 = 0.09532, p75 = 0.15166

step = 13, p25 = 0.09663, p75 = 0.15069

step = 14, p25 = 0.10087, p75 = 0.14878

step = 15, p25 = 0.10134, p75 = 0.14877

step = 16, p25 = 0.10700, p75 = 0.14848

step = 17, p25 = 0.10862, p75 = 0.15084

step = 18, p25 = 0.11188, p75 = 0.15105

step = 19, p25 = 0.11380, p75 = 0.15106

step = 20, p25 = 0.11437, p75 = 0.15068

step = 21, p25 = 0.11436, p75 = 0.15261

step = 22, p25 = 0.11572, p75 = 0.15087

step = 23, p25 = 0.11534, p75 = 0.15267

step = 24, p25 = 0.11588, p75 = 0.15540

...

step = 57, p25 = 0.12319, p75 = 0.17869

step = 58, p25 = 0.12315, p75 = 0.17695

step = 59, p25 = 0.12245, p75 = 0.17721

step = 60, p25 = 0.12120, p75 = 0.17679

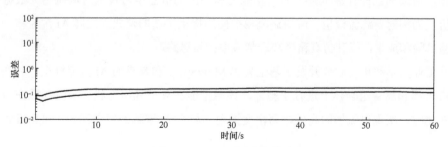

图5.21　长时间预测误差曲线

5.4.2 AI 湍流建模

自 1904 年普朗特提出边界层理论以来，人们已针对湍流模拟问题开展了 100 多年的研究，然而并未取得实质性的突破。传统的 RANS 湍流封闭模式虽然广泛应用于航空航天等工程领域，但仅在小攻角、附着流主导的流动中有较准确的预测能力。对于涡旋、分离主导的流动问题，如飞行器大攻角机动飞行与控制率设计、民用飞机阻力与噪声的精准评估以及高超声速飞行器的气动热与热防护设计等，仍然没有适用的湍流模拟方法，必须依赖于风洞试验甚至飞行试验。对于复杂湍流场的 DNS 准确模拟，仍需要万亿量级以上的求解自由度，传统湍流模拟方法往往耗时数月甚至几年，成为高端装备研制中面临的重要瓶颈，且面临计算效率和精度方面的双重挑战。

常用的湍流模型根据所采用的微分方程数目不同可分为：零方程模型、一方程模型和二方程模型。零方程模型分为两种，分别是由 Cebeci、Smith 提出的 C-S 模型和由 Baldwin、Lomax 提出的 B-L 模型。一方程模型分为两种，分别是从经验和量纲分析出发的针对简单流场逐步发展起来的 Spalart-Allmaras（S-A）模型和由二方程模型简化而来的 Baldwin-Barth 模型。应用广泛的二方程模型有 k-ε 模型和 k-ω 模型。此外，湍流模型还包括雷诺应力模型。湍流模型的分类如图 5.22 所示。

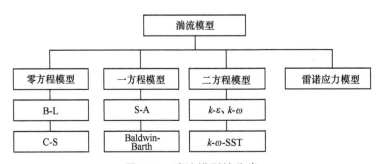

图5.22　湍流模型的分类

近年来，随着计算机运算能力和存储能力的大幅提升，AI 技术已被广泛应用于多个领域。对于湍流模拟问题，通过精细化实验测量手段和高分辨率数值模拟方法可以得到海量的湍流场大数据，借助高性能计算机强大的运算能力和先进的机器学习技术对湍流场大数据进行挖掘、分析，为构建新湍流模型、解决湍流模拟问题提供了新的范式。发展 AI 湍流模型，成为降低试验风险和成本，提升仿真精度和研制效率的新思路。

西北工业大学和华为联合开发了基于昇思 MindSpore 和昇腾的 AI 湍流模型，并在二维机翼、三维机翼和翼身组合体上进行了验证，该模型能在翼型几何形状、来流参数在一定范围内发生变化时，实现对流场的高效、高精度推理，与 CFD 求解器双向耦合，可精准预测流场参数。

AI 湍流建模是基于昇腾 AI 开发面向航空航天工程高雷诺数问题的高精度 AI 仿真模型，在昇思 MindSpore 流体仿真套件的支持下，建立了大型客机机翼、翼身组合体等千万网格量级的全尺度应用级大规模并行智能化的高效湍流模拟方法，有效提升了传统湍流模拟方法的计算效率和精度，计算精度绝对误差小于 5%，达到工业级标准。

接下来，将对 AI 湍流建模的技术难点和技术路径等进行介绍，并展示如何通过 MindFlow 实现对该模型的训练。

1. 技术难点

湍流建模所面临的技术难点主要包含以下几个方面。

首先是高雷诺数导致的流场特征的尺度差异。从壁面到边界层外边缘，湍流涡黏性系数从几乎为 0 变到几百甚至上千，在数值上存在很大差异。由于壁面附近的剪切应变率很大，因此，对涡黏性系数的精度要求更高。然而，在经典的均方差损失函数下，只增加神经元的数目不仅不能显著提升精度，还容易造成过拟合问题。所以，直接将涡黏性系数作为模型输出是不可行的。

然后是模型的泛化能力受限。边界层内的流动与雷诺数的变化息息相关，高雷诺数意味着流场变量之间具有强非线性关系。机器学习模型能否捕获以及捕获何种程度的非线性关系，这是影响模型泛化能力的关键因素。这需要在把握流场特性的基础上精心设计巧妙的建模策略。此外，构建和选择的模型输入特征及其形式对泛化能力的影响也十分重要。

最后是求解器与模型双向耦合后的收敛性。模型输出异常值是在所难免的，这在一定程度上会降低求解器的收敛性。另外，求解器在输入发生微小变化时呈现的高敏感性会导致残值振荡、收敛速度变慢甚至不收敛。

2. 技术路径

本工作分为建模、耦合两部分。建模流程包括数据获取、数据预处理、特征构建和选择、网络训练。耦合流程则用训练的深度神经网络模型替换原始湍流模型，将其耦合到 CFD 求解器中参与流场迭代变化，最终获取收敛的流场。

3. 特征构建和选择

在特征构建上，选择有物理含义的特征，包括 x 方向速度、速度旋度范数、熵、剪切应变率、壁面距离及变换公式等，作为模型输入。为保证在昇腾上可算，将特征构建的计算精度设为 fp32。同时，为了提升模型对近壁面区域的涡黏性系数 μ_T 预测的准确性，将涡黏性系数进行关于壁面距离的缩放，从而得到 μ_{trans}：

$$\begin{cases} \text{trans} = \exp\sqrt{\dfrac{Re^{-0.56}}{\text{dis}}} \\ \mu_{\text{trans}} = \mu_T \cdot \text{trans} \end{cases} \tag{5-13}$$

其中，Re 为变雷诺数，dis 为壁面距离。

4. 模型设计

选择全连接神经网络预测涡黏性系数，网络中共有 4 个隐藏层（Dense Layer），每层的神经元数目分别为 128、64、64、64，层与层之间的激活函数为 ReLU。模型架构如图 5.23 所示，在训练时开启混合精度训练。

模型的损失函数 Loss 如下：

$$Loss = Lx_0 + Lx_1 + Lx_2 \qquad (5\text{-}14)$$

损失函数由 3 部分组成。

Lx_0 负责对负数进行惩罚，使得涡黏性系数预测值不小于 0：

$$Lx_0 = \frac{\overline{\left(|Pred| - Pred\right)^2}}{2.0} \qquad (5\text{-}15)$$

其中，Pred 为神经网络的预测值。Lx_1 为计算预测值和 Label 的均方误差。Lx_2 为近壁面雷诺应力的损失。

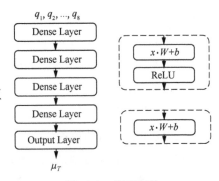

图5.23　模型架构

训练模型的 batch size 为 256，初始学习率为 0.001；随着训练进行和误差减小，动态地减小学习率。当训练 epoch 为 300 时，训练集和验证集的涡黏性系数误差趋于稳定，稳定在 10^{-5} 量级。

5. 结果展示

模型在三维百万级网格上进行了变工况、变外形的验证，基于 M6 机翼外形、对变攻角（AoA）、变雷诺数（Re）、变马赫数（Ma）等工况进行验证，结果如表 5.2 所示。

表5.2　M6机翼训练和测试工况表

数据集	Ma	AoA/°	$Re/\times 10^6$
训练集	0.76	1.25	11.71
	0.79	3.70	11.71
验证集	0.83	3.02	11.71
	0.84	3.02	11.71
测试集	0.699	3.06	11.76
	0.15	3.06	11.71

升力系数（CL）和阻力系数（CD）如表 5.3 所示。

表5.3　升力系数和阻力系数

Ma	AoA/°	$Re/\times 10^6$	CL			CD	
			SA	DNN	Error	SA	DNN
0.15	3.06	11.71	1.46×10^{-1}	1.49×10^{-1}	2.06%	8.64×10^{-3}	8.20×10^{-3}
0.83	3.02	11.71	1.95×10^{-1}	1.96×10^{-1}	0.33%	1.23×10^{-2}	1.22×10^{-2}
0.84	3.02	11.71	1.99×10^{-1}	2.01×10^{-1}	0.73%	1.32×10^{-2}	1.30×10^{-2}
0.50	5.00	11.71	2.55×10^{-1}	2.58×10^{-1}	1.11%	1.36×10^{-2}	1.32×10^{-2}
0.699	3.06	11.71	1.69×10^{-1}	1.73×10^{-1}	2.10%	9.744×10^{-3}	9.42×10^{-3}

注：SA 代表湍流建模下的仿真结果，DNN 代表 AI 仿真结果，Error 代表误差。

当 Ma=0.84、AoA=3.02°、Re=11.71×10^6 时，不同截面上 cf、cp 的表面分布如图 5.24 所示。其中，Z 代表机翼面位置，cf 代表表面摩阻，cp 代表表面压力系数。

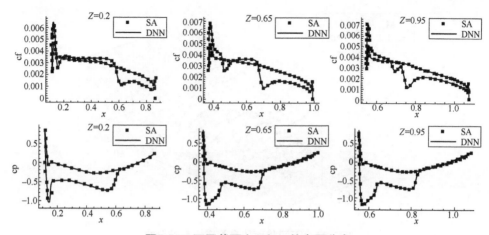

图5.24　不同截面上cf和cp的表面分布

当 Ma=0.83、AoA=3.02°、Re=11.71×10^6 时，不同截面上 cf、cp 的表面分布如图 5.25 所示。

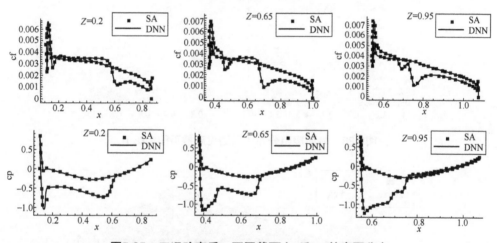

图5.25　工况改变后，不同截面上cf和cp的表面分布

基于 M6 机翼外形等进行训练，在 DPW-W2 机翼上进行泛化：当 Ma=0.76、AoA=1.25°、Re=5×10^6 时，结果如表 5.4、图 5.26～图 5.29 所示。

表5.4　升力系数和阻力系数对比情况

仿真类型	CL	CD
SA	6.27×10^{-1}	3.30×10^{-2}
DNN	6.04×10^{-1}	3.19×10^{-2}

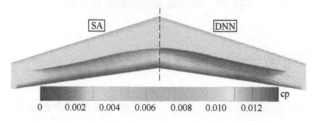

图5.26　表面压力系数分布（原图见彩插页图5.26）

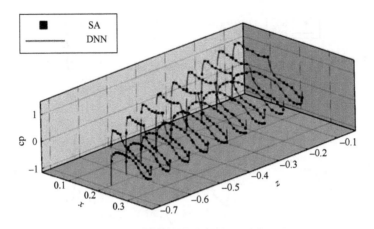

图5.27 不同截面的表面压力系数分布

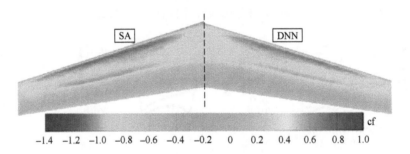

图5.28 表面摩阻分布（原图见彩插页图5.28）

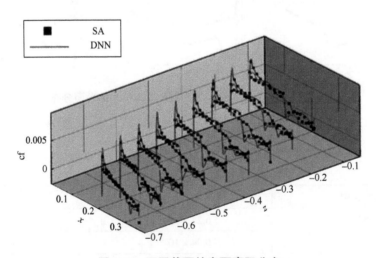

图5.29 不同截面的表面摩阻分布

5.5 端到端可微分 CFD 求解器

CFD 求解器是 CFD 中的重要工具，现已广泛应用在航空航天、化工、车辆、船舶、能源、水利水电、生物学、环保、建筑等众多领域中。

　　传统的 CFD 求解流程是不可微分的，因此在处理优化、流动控制等问题时，无法获得目标函数的梯度，无法采用基于梯度的优化算法，优化效率低。随着 AI 技术的发展，AI 融合计算（AI 与传统数值方法融合）有望解决上述问题。基于昇思 MindSpore 构建了端到端可微分 CFD 求解器，该求解器可以采用昇思 MindSpore 的神经网络算子重写 CFD 的正向求解过程，也可以利用昇思 MindSpore 的自动微分能力求解仿真过程的梯度。未来可将端到端可微分 CFD 求解器用于优化、流动控制等典型场景中，为流体力学的探索和研究提供更多可能。

5.5.1　可微分 CFD 求解器原理

　　流体力学的基本控制方程为 N-S 方程，方程的守恒形式为：

$$\frac{\partial U}{\partial t}+\frac{\partial F_1(U)}{\partial x}+\frac{\partial F_2(U)}{\partial y}+\frac{\partial F_3(U)}{\partial z}=\frac{\partial G_1}{\partial x}+\frac{\partial G_2}{\partial y}+\frac{\partial G_3}{\partial z} \tag{5-16}$$

　　其中，方程守恒量 U 为：

$$U=\begin{pmatrix}\rho\\\rho u\\\rho v\\\rho w\\E\end{pmatrix} \tag{5-17}$$

　　其中，ρ 为密度，u、v、w 分别为 x、y、z 这 3 个方向的速度，E 为流体的能量密度，无黏流通量 F 包含质量流量、流入质量带来的各方向动量、压力冲量、流入质量带来的能量及压力所做的功：

$$F_1(U)=\begin{pmatrix}\rho u\\\rho u^2+p\\\rho uv\\\rho uw\\u(E+p)\end{pmatrix},F_2(U)=\begin{pmatrix}\rho v\\\rho uv\\\rho v^2+p\\\rho vw\\v(E+p)\end{pmatrix},F_3(U)=\begin{pmatrix}\rho w\\\rho uw\\\rho vw\\\rho w^2+p\\w(E+p)\end{pmatrix} \tag{5-18}$$

　　其中，p 为压强。G 为黏性流通量，以 G_1 为例，矩阵的第 2、3、4、5 行依次是黏性力提供的 x 方向冲量、黏性力提供的 y 方向冲量、黏性力提供的 z 方向冲量、热传导输入的热量及黏性力所做的功：

$$G_1=\begin{pmatrix}0\\\tau_{11}\\\tau_{12}\\\tau_{13}\\\kappa\frac{\partial T}{\partial x}+u\tau_{11}+v\tau_{12}+w\tau_{13}\end{pmatrix},G_2=\begin{pmatrix}0\\\tau_{21}\\\tau_{22}\\\tau_{23}\\\kappa\frac{\partial T}{\partial y}+u\tau_{21}+v\tau_{22}+w\tau_{23}\end{pmatrix},G_3=\begin{pmatrix}0\\\tau_{31}\\\tau_{32}\\\tau_{33}\\\kappa\frac{\partial T}{\partial z}+u\tau_{31}+v\tau_{32}+w\tau_{33}\end{pmatrix} \tag{5-19}$$

其中，τ 为黏性力冲量，T 为温度，κ 为热导率。

有限体积法又称为控制体积法（Control Volume Method，CVM）。有限体积法的基本思路是将计算区域划分为网格，并使每个网格点周围有一个互不相同的控制体积，使用待解微分方程（控制方程）对每一个控制体积积分，从而得出一组离散方程。其中的未知量是网格点上的因变量。为了对控制体积积分，必须假定物理量的值在网格点之间的某种变化规律。从积分区域的选取方法来看，有限体积法属于加权余量法中的子域法；从未知解的近似方法来看，有限体积法属于采用局部近似的离散方法。简言之，子域法加离散方法，就是有限体积法的基本方法。

有限体积法的核心体现在区域离散方式上，区域离散的实质就是用有限个离散点来代替原来的连续空间。有限体积法的区域离散实施过程是把所计算的区域划分为多个互不重叠的子区域，即计算网格，然后确定每个子区域中的节点位置及该节点所代表的控制体积。

5.5.2 MindFlow CFD 求解器的实现

1. Simulator

Simulator 是 MindFlow CFD 求解器提供的高阶 API（Application Program Interface，应用程序接口），根据参数配置中的材料、数值格式、求解维度等信息，定义流场仿真器，如代码 5.53所示。

代码5.53

```
from mindflow import cfd
config = {'mesh': {'dim': 1, 'nx': 100, 'gamma': 1.4, 'x_range': [0, 1], 'pad_
size': 3},
        'material': {'type': 'IdealGas', 'heat_ratio': 1.4, 'specific_heat_
ratio': 1.4,
        'specific_gas_constant': 1.0}, 'runtime': {'CFL': 0.9, 'current_time':
0.0, 'end_time': 0.2},
        'integrator': {'type': 'RungeKutta3'}, 'space_solver': {'is_convective_
flux': True,
        'convective_flux': {'reconstructor': 'WENO5', 'riemann_computer':
'Rusanov'},
        'is_viscous_flux': False}, 'boundary_conditions': {'x_min': {'type':
'Neumann'},
        'x_max': {'type': 'Neumann'}}}
s = cfd.Simulator(config)
```

2. RunTime

RunTime 是 MindFlow CFD 求解器提供的高阶 API，用于对仿真时间进行控制，如代码 5.54 所示。

代码5.54

```
from mindflow import cfd
config = {'mesh': {'dim': 1, 'nx': 100, 'gamma': 1.4, 'x_range': [0, 1], 'pad_
size': 3},
          'material': {'type': 'IdealGas', 'heat_ratio': 1.4, 'specific_heat_
ratio': 1.4,
          'specific_gas_constant': 1.0}, 'runtime': {'CFL': 0.9, 'current_time':
0.0, 'end_time': 0.2},
          'integrator': {'type': 'RungeKutta3'}, 'space_solver': {'is_convective_
flux': True,
          'convective_flux': {'reconstructor': 'WENO5', 'riemann_computer':
'Rusanov'},
          'is_viscous_flux': False}, 'boundary_conditions': {'x_min': {'type':
'Neumann'},
          'x_max': {'type': 'Neumann'}}}
s = cfd.Simulator(config)
r = cfd.RunTime(c, s.mesh_info, s.material)
```

5.5.3　激波管问题求解

1. 问题描述

激波管问题是 CFD 的基本问题，也常用于检验 CFD 的代码。激波管问题也称为黎曼问题，即在无限长的管道中，管道中的流体在中间部分被薄膜隔开，初始时刻薄膜左右两侧流体的压强、密度、速度不同，某一时刻薄膜突然破裂，求薄膜破裂之后管道中流场的变化。激波管问题可以使用一维非定常流动的欧拉方程来描述，包含质量、动量和能量守恒关系：

$$\begin{cases} \dfrac{\partial}{\partial t}\begin{pmatrix} \rho \\ \rho u \\ E \end{pmatrix} + \dfrac{\partial}{\partial x}\begin{pmatrix} \rho u \\ \rho u^2 + p \\ u(E+p) \end{pmatrix} = 0 \\ E = \dfrac{\rho}{\gamma-1} + \dfrac{1}{2}\rho u^2 \end{cases} \tag{5-20}$$

式（5-20）中各物理量的含义与 5.5.1 节相同。对于理想气体，γ（绝热指数）=1.4，初始条件为：

$$\begin{pmatrix} \rho \\ u \\ p \end{pmatrix}_{x<0.5} = \begin{pmatrix} 1.0 \\ 0.0 \\ 1.0 \end{pmatrix} \quad \begin{pmatrix} \rho \\ u \\ p \end{pmatrix}_{x>0.5} = \begin{pmatrix} 0.125 \\ 0.0 \\ 0.1 \end{pmatrix} \tag{5-21}$$

在激波管两端，施加第二类边界条件，即保证激波管两端的物理量对 x 求导的结果为 0。

2. 导入依赖

导入所需的依赖和接口，如代码 5.55 所示。

代码5.55

```
import mindspore as ms
from mindflow import load_yaml_config, vis_1d
from mindflow import cfd
from mindflow.cfd.runtime import RunTime
from mindflow.cfd.simulator import Simulator

from src.ic import sod_ic_1d
```

其中，src/ic 文件里定义了 sod_ic_1d 函数，该函数用于定义激波管的初始条件，如代码 5.56 所示。

代码5.56

```
from mindspore import Tensor
from mindspore import numpy as mnp

def sod_ic_1d(mesh_x):
    large_x = mnp.greater(mesh_x, Tensor(0.5))
    small_x = mnp.less_equal(mesh_x, Tensor(0.5))
    rho = 1.0 * small_x + 0.125 * large_x
    u = mnp.zeros_like(rho)
    v = mnp.zeros_like(rho)
    w = mnp.zeros_like(rho)
    p = 1.0 * small_x + 0.1 * large_x

    return mnp.stack([rho, u, v, w, p], axis=0)
```

3. 读取配置文件

CFD 求解器提供了多种选项来配置网格、材料、仿真时间、边界条件等，可以在 numeric.yaml 文件中进行设置，如代码 5.57 所示。用户可以根据自己的需求选择不同的数值方法。当前，MindFlow CFD 求解器支持 WENO3、WENO5 和 WENO7 这 3 种重构格式，具体解法可分为 Rusanov、HLLC 和 Roe 这 3 种黎曼求解器。

代码5.57

```
config = load_yaml_config('numeric.yaml')
```

以 WENO5、Roe 为例，配置文件内容如代码 5.58 所示。

代码5.58

```
mesh:
  dim: 1
  nx: 100
  gamma: 1.4
  x_range: [0, 1]
  pad_size: 4

material:
  type: "IdealGas"
```

```
    heat_ratio: 1.4
    specific_heat_ratio: 1.4
    specific_gas_constant: 1.0

runtime:
    CFL: 0.9
    current_time: 0.0
    end_time: 0.2

integrator:
    type: "RungeKutta3"

space_solver:

    is_convective_flux: True
    convective_flux:
      reconstructor: 'WENO5'
      riemann_computer: 'Roe'

    is_viscous_flux: False

boundary_conditions:
    x_min:
      type: 'Neumann'
    x_max:
      type: 'Neumann'
```

4. 定义 Simulator 和 RunTime

根据 MindFlow CFD 的接口，定义高阶 API，如代码 5.59 所示。

代码5.59

```
simulator = Simulator(config)
runtime = RunTime(config['runtime'], simulator.mesh_info, simulator.material)
```

5. 确定初始条件

根据网格坐标确定初始条件，如代码 5.60 所示。

代码5.60

```
mesh_x, _, _ = simulator.mesh_info.mesh_xyz()
pri_var = sod_ic_1d(mesh_x)
con_var = cfd.cal_con_var(pri_var, simulator.material)
```

6. 执行仿真

随时间推进执行仿真，如代码 5.61 所示。

代码5.61

```
while runtime.time_loop(pri_var):
    pri_var = cfd.cal_pri_var(con_var, simulator.material)
```

```
runtime.compute_timestep(pri_var)
con_var = simulator.integration_step(con_var, runtime.timestep)
runtime.advance()
```

7. 后处理

完成仿真后，用户可以使用 MindFlow CFD 的自带工具，对密度、压强、速度等仿真结果进行可视化处理，如代码 5.62 所示。

代码5.62

```
pri_var = cfd.cal_pri_var(con_var, simulator.material)
vis_1d(pri_var, 'sod.jpg')
```

采用不同的数值方法对激波管问题进行仿真。图 5.30 和图 5.31 展示了针对激波管问题采用不同的重构格式和黎曼求解器计算得到的结果，包括在使用 Roe 求解器的情况下，采用不同的重构格式得到的结果，以及在使用固定重构格式 WENO5 的情况下，采用不同黎曼求解器得到的结果。其中，"exact"表示精确解，用作参考、对比。需要注意的是，如图 5.30 和图 5.31 所示，求解结果呈现出一定的振荡性。这是因为 CFD 求解器采用了基于物理空间的守恒变量重构，而在物理空间中进行高阶重构可能会引起一些振荡。从这些结果中也可以观察到，WENO7 的振荡比 WENO3 的振荡更明显。

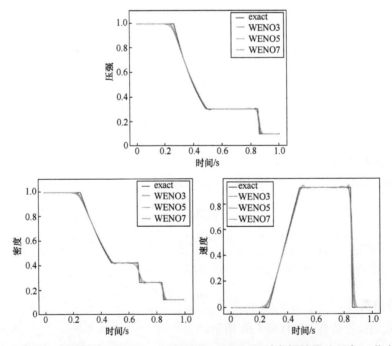

图5.30 使用Roe求解器，WENO3、WENO5、WENO7对求解结果（已归一化）的影响

（原图见彩插页图5.30）

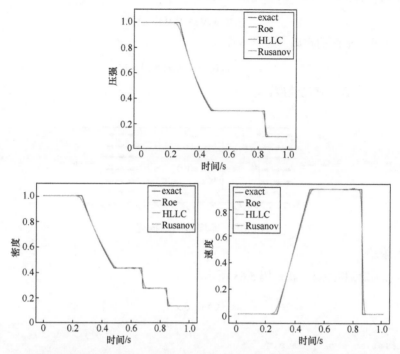

图5.31　使用固定重构格式WENO5，Roe、HLLC、Rusanov对求解结果（已归一化）的影响

（原图见彩插页图5.31）

5.5.4　库埃特问题求解

1. 问题描述

在流体动力学中，库埃特流动是指两个表面之间的空间中黏性流体的流动，其中一个表面相对另一个表面正切向移动，如图 5.32 所示。库埃特流动是由作用在流体上的黏性力和与平板平行的外部压力推动的。这种流动类型是为了纪念 19 世纪末法国安格斯大学的物理学家 Maurice Marie Alfred Couette 而命名的。

库埃特流动在很多实际问题中都有应用，如轻载轴颈轴承中的流动。在聚合物流体的流动中，边界的运动会带动流体流动。例如，用同轴圆筒式黏度计测量勃度时，除了因圆筒的相对运动导致两圆筒间环形流体的剪切流动，还会因圆筒的旋转而带动流体的拖曳流动。此外，在聚合物的挤出成型（螺杆为运动边界）和电缆线包覆层成型（金属电线为运动边界）等成型工艺中，均可产生库埃特流动。在成型设备的设计和工艺条件的控制中，要考虑库埃特流动。

二维库埃特流动的定义为：

$$\frac{\partial u}{\partial x} = \frac{\partial^2 u}{\partial y^2} \tag{5-22}$$

其中，μ 为流场流速。模拟的初始条件为：

$$u(y,0)=0, 0 < y < h \qquad (5\text{-}23)$$

其中，h 为两平板间的距离，边界条件为：

$$u(0,t)=0, u(h,t)=U \qquad (5\text{-}24)$$

其中，U 为上平板的移动速度。

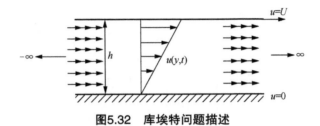

图5.32　库埃特问题描述

2. 导入依赖

导入所需的依赖和接口，如代码 5.63 所示。

代码5.63

```
import numpy as np
import matplotlib.pyplot as plt
from matplotlib.legend_handler import HandlerTuple


from mindspore import context
from mindflow import load_yaml_config
from mindflow import cfd
from mindflow.cfd.runtime import RunTime
from mindflow.cfd.simulator import Simulator


from src.ic import couette_ic_2d
```

其中，src/ ic 文件里定义了 couette_ic_2d 函数，该函数用于定义库埃特流动的初始条件，如代码 5.64 所示。

代码5.64

```
from mindspore import numpy as mnp

def couette_ic_2d(mesh_x, mesh_y):
    rho = mnp.ones_like(mesh_x)
    u = mnp.zeros_like(mesh_y)
    v = mnp.zeros_like(mesh_x)
    w = mnp.zeros_like(mesh_x)
    p = mnp.ones_like(mesh_x)

    return mnp.stack([rho, u, v, w, p], axis=0)
```

3. 读取配置文件

网格、材料、仿真时间、边界条件等可以在文件 couette.yaml 中设置，如代码 5.65 所示。

代码5.65

```
config = load_yaml_config('couette.yaml')
```

配置文件内容如代码 5.66 所示。

代码5.66

```
mesh:
  dim: 2
  nx: 4
  ny: 100
  x_range: [0, 1]
  y_range: [0, 1]
  pad_size: 3

material:
  type: "IdealGas"
  heat_ratio: 1.4
  gas_constant: 1.0
  dynamic_viscosity: 0.1
  bulk_viscosity: 0.0
  thermal_conductivity: 0.0

runtime:
  fixed_timestep: True
  timestep: 0.0002
  CFL: 0.9
  current_time: 0.0
  end_time: 5.0

integrator:
  type: "RungeKutta3"

space_solver:

  is_convective_flux: False
  convective_flux:
    reconstructor: 'WENO5'
    riemann_computer: 'Rusanov'

  is_viscous_flux: True
  viscous_flux:
    interpolator: 'CentralFourthOrderInterpolator'
    face_derivative_computer: 'FourthOrderFaceDerivativeComputer'
    central_derivative_computer: 'FourthOrderCentralDerivativeComputer'

boundary_conditions:
  x_min:
    type: 'Periodic'
  x_max:
    type: 'Periodic'
```

```
y_min:
  type: 'Wall'
y_max:
  type: 'Wall'
  velocity_x: 0.1
```

4. 定义 Simulator 和 RunTime

根据 MindFlow CFD 的接口，定义高阶 API，如代码 5.67 所示。

代码5.67

```
simulator = Simulator(config)
runtime = RunTime(config['runtime'], simulator.mesh_info, simulator.material)
```

5. 获取理论解

对库埃特流动的控制方程，通过抽取稳态解，使问题趋于齐次，应用分离变量法可以求得理论解：

$$u(y,t) = U\frac{y}{h} - \frac{2U}{\pi}\sum_{n=1}^{\infty}\frac{1}{n}e^{-n^2\pi^2\frac{vt}{h^2}}\sin\left[n\pi\left(1-\frac{y}{h}\right)\right] \tag{5-25}$$

其中，v 代表流体运动黏度。在本案例中，取式（5-25）中的前 100 项（$n=100$）作为理论界，如代码 5.68 所示。

代码5.68

```
def label_fun(y, t):
    nu = 0.1
    h = 1.0
    u_max = 0.1
    coe = 0.0
    for i in range(1, 100):
        coe += np.sin(i*np.pi*(1 - y/h))*np.exp(-(i**2)*(np.pi**2)*nu*t/(h**2))/i
    return u_max*y/h - (2*u_max / np.pi)*coe
```

6. 确定初始条件

根据网格坐标确定初始条件，如代码 5.69 所示。

代码5.69

```
mesh_x, mesh_y, _ = simulator.mesh_info.mesh_xyz()
pri_var = couette_ic_2d(mesh_x, mesh_y)
con_var = cfd.cal_con_var(pri_var, simulator.material)
```

7. 执行仿真并可视化

执行仿真，并将 t=0.005 s，t=0.5 s，t=0.05 s 时的求解结果与理论解相比较，如代码 5.70 所示。

代码5.70

```
dy = 1/config['mesh']['ny']
cell_centers = np.linspace(dy/2, 1 - dy/2, config['mesh']['ny'])
```

```
label_y = np.linspace(0, 1, 30, endpoint=True)
label_plot_list = []
simulation_plot_list = []
plot_step = 3

fig, ax = plt.subplots()

while runtime.time_loop(pri_var):
    runtime.compute_timestep(pri_var)
    con_var = simulator.integration_step(con_var, runtime.timestep)
    pri_var = cfd.cal_pri_var(con_var, simulator.material)
    runtime.advance()

    if np.abs(runtime.current_time.asnumpy() - 5.0*0.1**plot_step) < 0.1*runtime.
timestep:
        label_u = label_fun(label_y, runtime.current_time.asnumpy())
        simulation_plot_list.append(plt.plot(cell_centers, pri_var.asnumpy()[1, 0,
:, 0], color='tab:blue')[0])
        label_plot_list.append(plt.plot(label_y, label_u, label='ground_truth',
marker='o', linewidth=0, color='tab:orange')[0])
        plot_step -= 1

plt.legend(loc='best')
ax.legend([tuple(label_plot_list), tuple(simulation_plot_list)], ['ground_truth',
'mindflow_cfd'], numpoints=1, handler_map={tuple: HandlerTuple(ndivide=1)})
plt.xlabel('y')
plt.ylabel('velocity-x')
plt.savefig('couette.jpg')
```

库埃特问题求解结果如图 5.33 所示，可以看出 MindFlow CFD 求解结果与理论解高度一致，说明了 MindFlow CFD 求解器在黏性流体力学求解中的有效性。

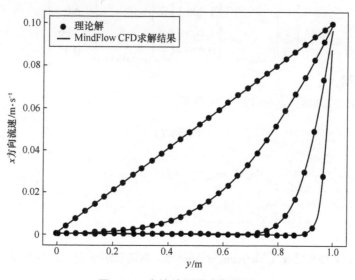

图5.33　库埃特问题求解结果

5.5.5 二维黎曼问题求解

黎曼问题因黎曼命名，是由守恒方程和分段常数初始条件组成的特定初值问题，在研究区域内具有单个间断面。黎曼问题对于理解欧拉方程等方程具有重要作用，因为这些方程所具有的性质（如冲击和稀疏波等）都会出现在黎曼问题的解中。此外，黎曼问题还给出了包括欧拉方程在内的一些复杂非线性方程的精确解。

在数值分析中，由于网格的离散性，黎曼问题很自然地出现在守恒方程的有限体积求解的过程中。因此，它被广泛应用在 CFD 和计算磁流体力学的模拟中。

1．问题描述

二维黎曼问题的定义为：

$$
\begin{cases}
\dfrac{\partial}{\partial t}\begin{pmatrix}\rho\\\rho u\\\rho v\\E\end{pmatrix}+\dfrac{\partial}{\partial x}\begin{pmatrix}\rho u\\\rho u^2+p\\\rho uv\\u(E+p)\end{pmatrix}+\dfrac{\partial}{\partial y}\begin{pmatrix}\rho v\\\rho uv\\\rho v^2+p\\v(E+p)\end{pmatrix}=0\\[2em]
E=\dfrac{\rho}{\gamma-1}+\dfrac{1}{2}\rho u^2
\end{cases}
\tag{5-26}
$$

式（5-26）中各物理量的含义与 5.5.1 节相同。对于理想气体，绝热指数 $\gamma=1.4$，初始条件为：

$$
\begin{pmatrix}\rho\\u\\v\\p\end{pmatrix}_{x<0.5,y>0.5}=\begin{pmatrix}0.5323\\1.206\\0.0\\0.3\end{pmatrix},\begin{pmatrix}\rho\\u\\v\\p\end{pmatrix}_{x>0.5,y>0.5}=\begin{pmatrix}1.5\\0.0\\0.0\\1.5\end{pmatrix}
$$
$$
\begin{pmatrix}\rho\\u\\v\\p\end{pmatrix}_{x<0.5,y<0.5}=\begin{pmatrix}0.138\\1.206\\1.206\\0.029\end{pmatrix},\begin{pmatrix}\rho\\u\\v\\p\end{pmatrix}_{x>0.5,y<0.5}=\begin{pmatrix}0.5323\\0.0\\1.206\\0.3\end{pmatrix}
\tag{5-27}
$$

2．导入依赖

导入所需的依赖与接口，如代码 5.71 所示。

代码5.71

```
from mindspore import context
from mindflow import load_yaml_config, vis_2d
from mindflow import cfd
from mindflow.cfd.runtime import RunTime
from mindflow.cfd.simulator import Simulator
```

其中，src/ ic 文件里定义了 riemann2d_ic 函数，该函数用于定义二维黎曼问题的初始条件，如代码 5.72 所示。

代码5.72

```
from mindspore import ops
from mindspore import numpy as mnp

def riemann2d_ic(mesh_x, mesh_y):
    """initial condition of riemann 2d flow."""
    rho = [1.5, 0.5323, 0.138, 0.5323]
    u = [0.0, 1.206, 1.206, 0.0]
    v = [0.0, 0.0, 1.206, 1.206]
    p = [1.5, 0.3, 0.029, 0.3]

    logical_and = ops.LogicalAnd()

    large_x = mnp.greater_equal(mesh_x, 0.5)
    small_x = mnp.less(mesh_x, 0.5)
    large_y = mnp.greater_equal(mesh_y, 0.5)
    small_y = mnp.less(mesh_y, 0.5)

    one = mnp.ones_like(mesh_x)
    zero = mnp.zeros_like(mesh_x)
    reg1 = logical_and(large_x, large_y)
    reg1 = mnp.where(reg1, one, zero)
    reg2 = logical_and(small_x, large_y)
    reg2 = mnp.where(reg2, one, zero)
    reg3 = logical_and(small_x, small_y)
    reg3 = mnp.where(reg3, one, zero)
    reg4 = logical_and(large_x, small_y)
    reg4 = mnp.where(reg4, one, zero)

    rho_0 = rho[0] * reg1 + rho[1] * reg2 + rho[2] * reg3 + rho[3] * reg4
    u_0 = u[0] * reg1 + u[1] * reg2 + u[2] * reg3 + u[3] * reg4
    v_0 = v[0] * reg1 + v[1] * reg2 + v[2] * reg3 + v[3] * reg4
    w_0 = mnp.zeros_like(u_0)
    p_0 = p[0] * reg1 + p[1] * reg2 + p[2] * reg3 + p[3] * reg4

    return mnp.stack([rho_0, u_0, v_0, w_0, p_0], axis=0)
```

3. 读取配置文件

网格、材料、仿真时间、边界条件等可以在文件 numeric.yaml 中设置，如代码 5.73 所示。

代码5.73

```
config = load_yaml_config('numeric.yaml')
```

配置文件内容如代码 5.74 所示。

代码5.74

```
mesh:
  dim: 2
```

```
  nx: 256
  ny: 256
  gamma: 1.4
  x_range: [0, 1]
  y_range: [0, 1]
  pad_size: 3

material:
  type: "IdealGas"
  heat_ratio: 1.4
  specific_heat_ratio: 1.4
  specific_gas_constant: 1.0

runtime:
  CFL: 0.9
  current_time: 0.0
  end_time: 0.3

integrator:
  type: "RungeKutta3"

space_solver:

  is_convective_flux: True
  convective_flux:
    reconstructor: 'WENO5'
    riemann_computer: 'Rusanov'

  is_viscous_flux: False

boundary_conditions:
  x_min:
    type: 'Neumann'
  x_max:
    type: 'Neumann'
  y_min:
    type: 'Neumann'
  y_max:
    type: 'Neumann'
```

4. 定义 Simulator 和 RunTime

使用 MindFlow CFD 的接口，定义 CFD 求解的高阶接口，如代码 5.75 所示。

代码5.75

```
simulator = Simulator(config)
runtime = RunTime(config['runtime'], simulator.mesh_info, simulator.material)
```

5. 确定初始条件

根据网格坐标确定初始条件，如代码 5.76 所示。

代码5.76

```
mesh_x, mesh_y, _ = simulator.mesh_info.mesh_xyz()
pri_var = riemann2d_ic(mesh_x, mesh_y)
con_var = cfd.cal_con_var(pri_var, simulator.material)
```

6. 执行仿真

随时间推进执行仿真，如代码 5.77 所示。

代码5.77

```
while runtime.time_loop(pri_var):
    pri_var = cfd.cal_pri_var(con_var, simulator.material)
    runtime.compute_timestep(pri_var)
    con_var = simulator.integration_step(con_var, runtime.timestep)
    runtime.advance()
```

7. 后处理

完成仿真后，用户可以使用 MindFlow CFD 的自带工具，对密度、压强、速度等仿真结果进行可视化处理，如代码 5.78 所示。

代码5.78

```
pri_var = cfd.cal_pri_var(con_var, simulator.material)
vis_2d(pri_var, 'riemann2d.jpg')
```

其中，t=0.3 s 的流场可视化结果如图 5.34 所示，分别为密度、x 方向速度、y 方向速度、压强在整个求解域中的分布情况，这与传统求解器得出的求解结果相符，说明了可微分 CFD 求解器在流体仿真中的有效性。

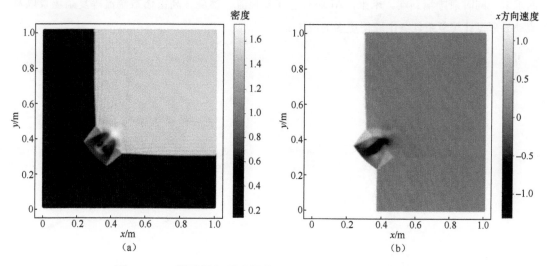

图5.34　二维黎曼问题求解结果（结果已进行归一化处理）

（a）密度　（b）x方向速度　（c）y方向速度　（d）压强

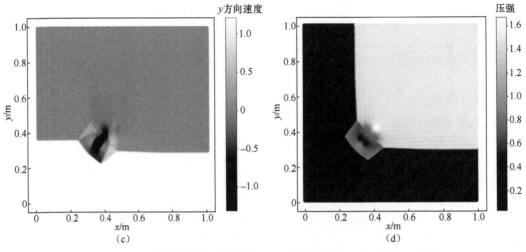

图5.34　二维黎曼问题求解结果（结果已进行归一化处理）（续）

（a）密度　（b）x方向速度　（c）y方向速度　（d）压强

5.6　总结与展望

本章主要介绍了 MindSpore 在 AI 流体仿真方面的相关应用实践，物理驱动的 AI 流体仿真主要是以 PINNs 为代表的仿真方法，其专注于物理方程的本质求解；数据驱动的 AI 流体仿真可挖掘流场数据之间的联系，基于一定量的流场数据发现流场演化的规律；介于两者之间的数据 - 机理融合驱动的 AI 流场仿真同时兼顾了物理方程和数据，实现了仿真精度和效率的提高；此外，基于 MindSpore 的可微分特性，端到端可微分 CFD 求解器可以实现基于流动方程的求解，同时兼顾端到端。未来，AI 还有望在多相流、燃烧、高雷诺数湍流等复杂场景以及流动外形设计等复杂任务中取得更多的成果。

第 6 章　气象学应用实践

天气与人类的生产生活、社会经济、军事活动等方面面密切相关，准确的天气预报能够减少极端天气的影响。目前，主要采用数值天气预报模式，通过处理由气象卫星、观测台站、雷达等收集到的观测资料，求解描述天气演变的大气动力学方程组，进而获取预测信息。数值天气预报模式的预测过程涉及大量计算，会耗费较长时间与较多的计算资源。相较于数值天气预报模式，数据驱动的深度学习模型能够有效地将计算成本降低数个量级。

6.1 概述

根据天气预报时效，本章将介绍 AI 中期天气预报与 AI 短临降水预报。

中期天气预报是对未来 1～10 天内天气变化趋势的预报，其准确性对于农业、建筑业、旅游业等行业的天气决策制定来说至关重要。在中期天气预报的制作过程中，有两个关键步骤都需要利用大规模高性能计算集群进行模拟：一个是数据同化，即通过分析由卫星、气象站、船舶等收集的当前数据和历史数据来预测天气状况；另一个是建立数值天气预报系统，即建立能预测天气相关变量随时间变化的模型。然而，传统数值天气预报系统存在计算耗时、计算资源消耗大的问题。另外，随着海量观测数据的积累，数值天气预报系统无法从大数据集中实现有效扩展，难以充分利用大量的天气和气候档案。相比之下，基于深度学习的方法可以利用更多、更高质量的可用数据来提高模型的预测准确性，而且计算预算通常要少得多。随着大模型的发展，中期天气预报领域涌现了一批深度学习模型，如 FourCastNet、盘古气象大模型、GraphCast 等，展现了 AI 方法在气象预测领域的巨大价值。相比物理驱动的方法，AI 方法提速超过 10 000 倍，部分指标的精度也实现了超越。

在"AI+ 天气预报"领域，一个备受关注的场景是短临降水预报。短临降水预报是对短期降水的高分辨率预测，这是一项重要且困难的任务。近年来，受全球气候变化的影响，短时强降水、暴风雨、暴雪、冰雹等极端降水天气的发生频率逐年增长，严重威胁生产安全和人民的生命财产安全。更准确、更精细和更长预警提前量的短临降水预报业务能够更好地支持气象决策，为农业生产、新能源开发、航空航天任务执行等国家重大需求保驾护航。然而，极端降水天气过程大多持续几十分钟且空间尺度在几公里范围内，受对流、气旋等复杂过程和混沌效应的严重影响。基于物理方程模拟的数值天气预报技术很难对公里尺度的极端降水天气过程做出有效预报。在深度学习背景下，短临降水预报被视为基于雷达回波图像的时空序列预测任务。由于降水总是在空间和时间维度上发生显著变化，普通模型难以应对复杂的非线性时空变换，导致预测模糊。因此，如何进一步提高模型的预测能力，减少预测模糊，是深度学习在短临降水预报任务中面临的难题。近几年的 AI 降水模型大多基于卷积神经网络、循环神经网络等架构构建，而生成模型为降水预报提供了新的思路。

6.2　基于 Koopman 神经算子的 AI 天气预报模型

MindSpore Earth 模块提供了基于 Koopman 的全局线性化理论并结合神经算子的思想设计的一个轻量化的、网格无关的 Koopman 神经算子模型。该模型由清华大学与华为 2012 实验室中央研究院合作研究。通过在线性结构中嵌入复杂的动力学特性去约束重建过程，此模型能够捕获复杂的非线性行为，同时保持模型轻量化和计算有效性。

6.2.1　ViT-KNO 模型理论基础

根据 Koopman 理论，通过找到一个观测函数 $\boldsymbol{g}$，将原状态变量映射到观测空间，待预测的动力系统可通过线性变换来描述其状态变量在时间（或其他坐标）上的演化：

$$\mathcal{K}^{\varepsilon}\boldsymbol{g}(\gamma_t) = \boldsymbol{g}(\theta^{\varepsilon}(\gamma_t)) = \boldsymbol{g}(\gamma_{t+\varepsilon}), \forall \gamma_t \in \mathbb{R}^{d\gamma} \times T \tag{6-1}$$

其中，θ 代表原状态空间下的演化函数，T 代表时间步，γ 代表状态变量，γ 是偏微分方程的解（比如 N-S 方程里的 u），下标 t 代表时刻，$\mathcal{K}$ 代表无限维的线性 Koopman 算子。因此，根据式（6-1）就可以得到一个模型设计的计算框架，即通过观测函数 $\boldsymbol{g}$ 的变换将原状态变量 γ 映射到观测空间，将线性算子作用于观测空间中的物理量，即可在观测空间中完成时间步的推演，使状态变量随着时间演化 ε 步，得到 $\boldsymbol{g}(\gamma_{t+\varepsilon})$，再进行逆变换（$\boldsymbol{g}^{-1}$），即可得到 $\gamma_{t+\varepsilon}$。

由于 Koopman 算子是线性算子，因此可以使用全连接的线性层对其进行线性表征，但无限维的特点使得该方法在处理实际问题时需要进行有限维的近似，这导致了之前的基于深度学习的 Koopman 算子的模型表达能力有限，往往只能处理自治动力系统。并且，Koopman 算子通常是简单的常微分方程控制下的理想模型，难以处理真实问题。所以，如何使用有限的数据和有限的参数来逼近无限维的 Koopman 算子是一个难题。受 DMD 方法和基于傅里叶变换的傅里叶神经算子方法的启发，两者均包含分频处理的思想，并且神经算子类模型通过参数化格林函数的核积分的方式实现对 Banach（巴拿赫）空间映射的逼近。因此，ViT-KNO 模型或许可以增强线性层的表达能力，趋近于客观存在的 Koopman 算子。基于 Koopman 理论设计了如图 6.1 所示的 ViT-KNO 模型架构。

其中，Part 1 和 Part 6 为自编码器结构，通过对状态变量场的重建来学习 $\boldsymbol{g}$ 和 $\boldsymbol{g}^{-1}$。

Part 2～Part 4 将观测空间进一步映射到傅里叶空间，在过滤高频信息后学习傅里叶的隐空间中低频模态所对应的 Koopman 算子。Part 3 中的 $\bar{\mathcal{K}}_{\varepsilon}^{r}$ 是一个可学习的线性矩阵。上标 r 为 Koopman 矩阵的幂，是模型主要的超参数之一，当数据集的 snapshots 时间跨度较大时，可以调大 r，使得 Koopman 算子多次作用于输入时刻的变量，从而进行时间预测。之前的相关工作表明，卷积层有利于提取模型的高频信息，因此在 Part 5 部分采用卷积层来进行残差连接，卷积层一方面作为状态变量场的高频补充，另一方面使模型更容易优化。

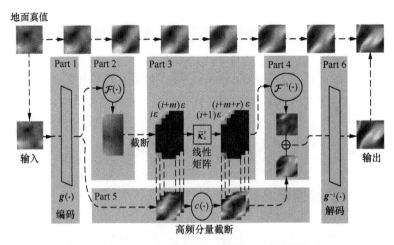

图6.1 ViT-KNO模型架构（原图见彩插页图6.1）

MindSpore Earth 求解中期天气预报的具体流程如下。

（1）导入依赖。

（2）配置文件。

（3）创建数据集。

（4）构建神经网络。

（5）构建损失函数。

（6）模型训练。

（7）模型测试。

6.2.2 导入依赖

导入本案例所依赖的模块与接口，如代码 6.1 所示，其中，src 文件位于 MindEarth/applications/koopman-vit/src 中。

代码6.1

```
import os
import numpy as np
import matplotlib
import matplotlib.pyplot as plt

from mindspore import context, Model
from mindspore import dtype as mstype
from mindspore.train.serialization import load_checkpoint, load_param_into_net
from mindspore.train.loss_scale_manager import DynamicLossScaleManager

from mindearth.cell import ViTKNO
from mindearth.utils import load_yaml_config, create_logger
from mindearth.data import Dataset, Era5Data, FEATURE_DICT, SIZE_DICT
from mindearth.module import Trainer
```

```
from src.callback import EvaluateCallBack, InferenceModule, Lploss, CustomWithLossCell
```

6.2.3　配置文件

该数据共包含 69 个特征（feature_dims: 69）、4 个表面特征（平均海平面气压、10 m 垂直风速、10 m 水平风速、温度）和 13 个不同大气压力水平（pressure_level_num: 13）下的 5 个大气特征（位势高度、湿度、温度、垂直风速、水平风速）。其中，interval 表示时间序列的采样间隔，data_frequency 为数据集本身的采样间隔（以小时为单位），pred_lead_time 为 label 与 input 的真实间隔（以小时为单位），具体配置参考代码 6.2 和代码 6.3。

代码6.2

```
data:
name: "era5"
root_dir: "/data1/lbk/WB_demo_69/"
feature_dims: 69
pressure_level_num: 13
patch: True
patch_size: 8
batch_size: 1
h_size: 128
w_size: 256
t_in: 1
t_out_train: 1
t_out_valid: 20
t_out_test: 20
valid_interval: 1
test_interval: 1
train_interval: 1
pred_lead_time: 6
data_frequency: 6
train_period: [2015,2015]
valid_period: [2016, 2016]
test_period: [2017, 2017]
num_workers: 1
```

代码6.3

```
config = load_yaml_config('./vit_kno.yaml')

config['train']['distribute'] = False

config['optimizer']['epochs'] = 10
config['optimizer']['finetune_epochs'] = 1
config['optimizer']['warmup_epochs'] = 1
config['optimizer']['initial_lr'] = 0.0001

config['summary']["summary_dir"] = './summary'
```

```
logger = create_logger(path=os.path.join(config['summary']["summary_dir"], "results.
log"))
```

6.2.4　创建数据集

关于数据集存储结构，训练集、验证集和测试集各有 4 个相关的文件夹，比如训练集相关文件夹分为 train、train_surface、train_static 和 train_surface_static 文件夹。

为减小数据集占用的存储空间，将原始的数据按年进行精度变换，变换成特征数据和静态数据，特征数据为精度降低后的数据，静态数据为尺度变化因子和偏置。此处以训练集为例介绍，train 文件夹和 train_surface 文件夹分别存储表面特征数据和大气特征数据，里面文件的命名格式为 year_month_data_hour.npy，存储数据类型为 int16。train_static 和 train_surface_static 文件夹中存储静态数据，里面文件的命名格式为 year.npy，存储数据类型为 float32。在实际训练或推理时，可通过相关代码将下载的数据集还原成初始数据，参考代码 6.4。

代码6.4

```
def _get_origin_data(x, static):
    data = x * static[..., 0] + static[..., 1]
    return data
```

除了精度变换，为实现有效训练，本案例在数据输入网络前对数据进行了归一化处理，参考代码 6.5，归一化的相关参数位于 statistic 文件夹中。其中，mean.npy、mean_s.npy、std.npy 和 std_s.npy 分别保存高空层气象要素均值、高空层气象要素标准差、地表气象要素均值、地表气象要素标准差。

代码6.5

```
def normalize(self, x, x_surface):
statistic_dir = os.path.join(root_dir, "statistic")
mean_pressure_level = np.load(os.path.join(statistic_dir, 'mean.npy'))
std_pressure_level = np.load(os.path.join(statistic_dir, 'std.npy'))
    x = (x - mean_pressure_level) / std_pressure_level
    x_surface = (x_surface - mean_surface) / std_surface
    return x, x_surface
```

代码 6.4 和代码 6.5 都封装在类 ViTKNOEra5Data 中。获取训练数据和验证数据如代码 6.6 所示。

代码6.6

```
train_dataset_generator = ViTKNOEra5Data(data_params=config['data'], run_mode='train')
valid_dataset_generator = ViTKNOEra5Data(data_params=config['data'], run_mode='valid')

train_dataset = Dataset(train_dataset_generator, distribute=config['train']['distribute'],
                        num_workers=config['data']['num_workers'])
```

```
valid_dataset = Dataset(valid_dataset_generator, distribute=False, num_workers=
config['data']['num_workers'],shuffle=False)
train_dataset = train_dataset.create_dataset(config['data'] ['batch_size'])
valid_dataset = valid_dataset.create_dataset(config['data'] ['batch_size'])
```

6.2.5　构建神经网络

本案例中所使用的网络为 ViT-KNO，其模型架构细节如图 6.2 所示，主要包含两个分支：上路分支和下路分支。上路分支负责结果预测，由 Encoder 模块、Koopman Layer 模块、Decoder 模块组成。Koopman Layer 模块结构如图 6.2 中上路分支中的虚线框所示，可重复堆叠。下路分支负责输入信息的重构，由 Encoder 模块、Decoder 模块组成。定义 ViT-KNO 网络如代码 6.7 所示。

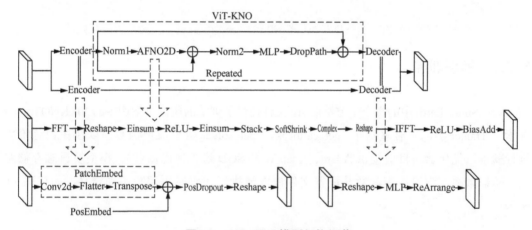

图6.2　ViT-KNO模型架构细节

代码6.7

```
model = ViTKNO(image_size=(data_params["h_size"], data_params["w_size"]),
               in_channels=data_params["feature_dims"],
               out_channels=data_params["feature_dims"],
               patch_size=data_params["patch_size"],
               encoder_depths=model_params["encoder_depth"],
               encoder_embed_dims=model_params["encoder_embed_dim"],
               mlp_ratio=model_params["mlp_ratio"],
               dropout_rate=model_params["dropout_rate"],
               num_blocks=model_params["num_blocks"],
               high_freq=True,
               encoder_network=model_params["encoder_network"],
               compute_dtype=compute_type)
```

6.2.6　构建损失函数

在本案例中，构建的网络主要包含两个分支：上路分支负责结果预测，下路分支负责输入信息的重构。因此损失函数由预测损失与重构损失构成，其中，重构损失负责减小编解码过程带来的误差。构建损失函数过程如代码 6.8 所示。

代码6.8

```
class CustomWithLossCell(nn.Cell):
    def __init__(self, backbone, loss_fn):
        super(CustomWithLossCell, self).__init__()
        self._backbone = backbone
        self._loss_fn = loss_fn

    def construct(self, data, label):
        output, recons = self._backbone(data)
        loss = self._loss_fn(output, recons, label, data)
        return loss

loss_fn = Lploss()
loss_net = CustomWithLossCell(model, loss_fn)
```

6.2.7 模型训练

MindSpore Earth 中的每个子方法的 src 文件提供了训练的类。本案例中的 ViTKNOTrainer 继承了 Trainer 类，同时重写了 _get_callback、_get_solver 两个成员函数，以便在训练阶段执行验证。优化器（目前提供 Adam、AdamW 和 SGD 这 3 种优化器）、模型及日志存储路径、验证频率、学习率等参数从配置文件读取或执行代码时由用户手动定义，如代码 6.9 所示。

代码6.9

```
class ViTKNOTrainer(Trainer):
    def __init__(self, config, model, loss_fn, logger):
        super(ViTKNOTrainer, self).__init__(config, model, loss_fn, logger)
        self.pred_cb = self._get_callback()

    def _get_callback(self):
        pred_cb = EvaluateCallBack(self.model, self.valid_dataset, self.config,
self.logger)
        return pred_cb

    def _get_solver(self):
        loss_scale = DynamicLossScaleManager()
        solver = Model(self.loss_fn,
                       optimizer=self.optimizer,
                       loss_scale_manager=loss_scale,
                       amp_level=self.train_params['amp_level']
                       )
        return solver

trainer = ViTKNOTrainer(config, model, loss_net, logger)
trainer.train()
```

基于 ViT-KNO 的预测及误差的可视化结果如图 6.3 所示。其中，Z500 代表 500 hPa 气压层的位势高度，T850 代表 850 hPa 气压层的温度，U10 代表 10 米高度处的风速，T2M 代表 10 米高度处的温度。

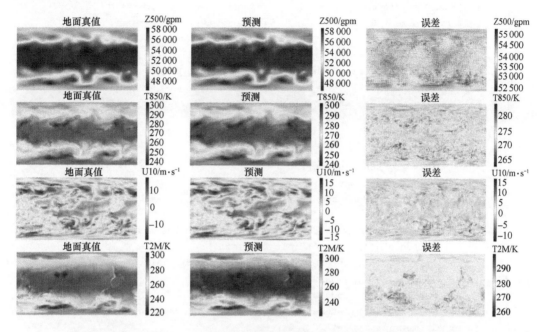

图6.3　基于ViT-KNO的预测及误差的可视化结果（原图见彩插页图6.3）

6.2.8　模型测试

本案例可实现边训练边推理的功能。用户也可以在训练完成得到模型后，直接加载测试集进行推理，如代码 6.10 所示。

代码6.10

```
inference_module = InferenceModule(model, config, logger)
test_dataset_generator = Era5Data(data_params=config["data"], run_mode='test')
test_dataset = Dataset(test_dataset_generator, distribute=False,
                    num_workers=config["data"]['num_workers'], shuffle=False)
test_dataset = test_dataset.create_dataset(config["data"]['batch_size'])
inference_module.eval(test_dataset)
```

本案例通过自定义的 callback 函数，得到推理结果的 RMSE（Root Mean Square Error，均方根误差）指标和 ACC（Accuracy，准确率）指标，并对指标进行可视化，如代码 6.11 所示。

代码6.11

```
class EvaluateCallBack(Callback):
    def __init__(self,
                model,
                valid_dataset,
```

```
                    config,
                    logger
                    ):
        super(EvaluateCallBack, self).__init__()
        self.config = config
        self.eval_time = 0
        self.model = model
        self.valid_dataset = valid_dataset
        self.predict_interval = config['summary']["valid_frequency"]
        self.logger = logger
        self.eval_net = InferenceModule(model,
                                        config,
                                        logger)

    def epoch_end(self, run_context):
        cb_params = run_context.original_args()
        if cb_params.cur_epoch_num % self.predict_interval == 0:
            self.eval_time += 1
            lat_weight_rmse, lat_weight_acc = self.eval_net.eval(self.valid_dataset)
            if self.config['summary']['plt_key_info']:
                plt_key_info(lat_weight_rmse, self.config, self.eval_time * self.
predict_interval, metrics_type="RMSE",
                            loc="upper left")
                plt_key_info(lat_weight_acc, self.config, self.eval_time * self.
predict_interval, metrics_type="ACC",
                            loc="lower left")
```

ViT-KNO 模型预测精度如图 6.4 所示。

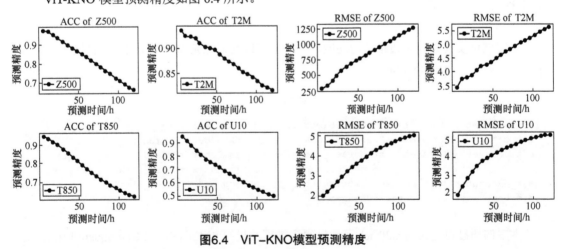

图6.4 ViT-KNO模型预测精度

▌6.3 基于深度生成模型的短临降水 AI 预测

短临降水预报在能源管理、洪水预警、交通管制和海洋服务等的天气决策制定中至关重要。传统的数值天气预报系统通过模拟大气层的耦合物理方程来生成多个降水预报，但对于短临降水而言，两个小时的时间不足以用同化数据模拟出比较精确的结果，因此，现阶段的数值方法效果欠佳。MindSpore Earth 提供了基于深度生成模型的短临降水 AI 预测方法，基于卷积门控循环单元（Convolutional Gated Recurrent Unit，ConvGRU）生成对抗网络对未来两小时内的降水进行预测，在光流外推法预测准确率急剧下降的后期，依旧可以保持相对稳定的预测准确率。

使用 MindSpore Earth 求解短临降水问题的具体流程如下：创建数据集、构建模型、构建优化器和损失函数、模型训练、模型推理及可视化。

导入相应模块如代码 6.12 所示，src 文件可以在代码中获取，所有配置参数可以在配置文件中修改。

代码6.12

```
import os
import argparse
import datetime

import mindspore as ms
from mindspore import context, nn, ops
from mindspore.communication import init

from mindearth.utils import load_yaml_config, create_logger
from mindearth.data import RadarData, Dataset

from src import init_model, update_config, init_data_parallel
from src import GenWithLossCell, DiscWithLossCell, DgmrTrainer, InferenceModule
```

6.3.1　创建数据集

本案例根据 Suman Ravuri 等人使用的重要性抽样方案来增强训练过程中降水天气的代表性。由于在雷达组合数据中，大多数区域几乎没有降水，这些区域对于评估指标和损失梯度的贡献不大，因此我们选择重要性抽样方案来筛选样本。

其中，数据集中图像的分辨率为 1536 像素 ×1280 像素，图像中的每个网格单元代表 OSGB36 坐标系中一个 1 km × 1 km 区域的地表降水率。训练数据在此基础上，从整个雷达流中裁剪图像（256 像素 ×256 像素），形成长度为 110 分钟的雷达观测序列，最大降水强度被限制为 128 mm/h，时间跨度为 2016—2018 年，训练样本数目总计约为 150 万。最终，在 2019 年的测试集上进行评估，创建数据集如代码 6.13 所示。

代码6.13

```
class RadarData(Data):
    NUM_INPUT_FRAMES = 4
    NUM_TARGET_FRAMES = 18
    def __init__(self,
                 data_params,
```

```
                            run_mode='train'):
        super(RadarData, self).__init__(data_params['root_dir'])
        self.run_mode = run_mode
        if run_mode == 'train':
            file_list = os.walk(self.train_dir)
        elif run_mode == 'valid':
            file_list = os.walk(self.valid_dir)
        else:
            file_list = os.walk(self.test_dir)
        self.data = []
        for root, _, files in file_list:
            for file in files:
                if not file.endswith(".pickle"):
                    continue
                json_path = os.path.join(root, file)
                self.data.append(json_path)

    def __len__(self):
        return len(self.data)

    def __getitem__(self, idx):
        pkl_dir = self.data[idx]
        with open(pkl_dir, "rb") as pkl:
            sample = pickle.load(pkl)
        if sample is None or sample["radar_frames"] is None:
            random.seed()
            new_idx = random.randint(0, len(self.data) - 1)
            return self.__getitem__(new_idx)

        radar_frames = sample["radar_frames"]
        input_frames = radar_frames[-RadarData.NUM_TARGET_FRAMES - RadarData.NUM_
INPUT_FRAMES: -RadarData.NUM_TARGET_FRAMES]
        target_frames = radar_frames[-RadarData.NUM_TARGET_FRAMES:]
        return np.moveaxis(input_frames, [0, 1, 2, 3], [0, 2, 3, 1]), np.moveaxis(
            target_frames, [0, 1, 2, 3], [0, 2, 3, 1])
train_dataset_generator = RadarData(data_params=self.data_params, run_mode='train')
valid_dataset_generator = RadarData(data_params=self.data_params, run_mode='valid')

train_dataset = Dataset(train_dataset_generator, distribute=self.train_
params['distribute'],num_workers=self.data_params['num_workers'])
valid_dataset = Dataset(valid_dataset_generator, distribute=self.train_
params['distribute'],num_workers=self.data_params['num_workers'],
                        shuffle=False)
train_dataset = train_dataset.create_dataset(self.data_params['batch_size'])
valid_dataset = valid_dataset.create_dataset(self.data_params['batch_size'])
```

6.3.2 构建模型

短临降水模型的主体是生成器，配合时间判别器和空间判别器损失以及额外的正则化项进行对抗训练。模型从前 4 帧雷达观测序列中学习上下文表示，作为采样器的输入，采样器是一个由 ConvGRU 构成的递归网络，它将上下文表示和从高斯分布中取样的潜向量作为输入，对未来 18 个雷达场的降水进行预测（未来 90 分钟）。基于雷达的深度生成模型（Deep Generative Model for Radar，DGMR）网络架构如图 6.5 所示。

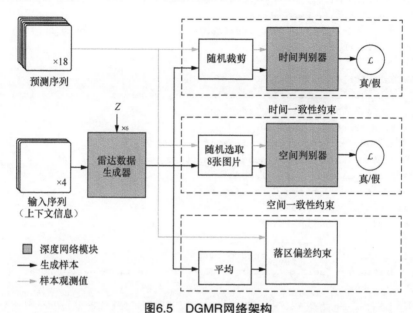

图6.5 DGMR网络架构

分别对 DgmrGenerator 和 DgmrDiscriminator 进行实例化，构建判别器和生成器，如代码 6.14 所示。

代码6.14

```
g_model = DgmrGenerator(
        forecast_steps=model_params["forecast_steps"],
        in_channels=model_params["in_channels"],
        out_channels=model_params["out_channels"],
        conv_type=model_params["conv_type"],
        num_samples=model_params["num_samples"],
        grid_lambda=model_params["grid_lambda"],
        latent_channels=model_params["latent_channels"],
        context_channels=model_params["context_channels"],
        generation_steps=model_params["generation_steps"]
)
d_model = DgmrDiscriminator(
        in_channels=model_params["in_channels"],
        num_spatial_frames=model_params["num_spatial_frames"],
        conv_type=model_params["conv_type"]
```

6.3.3 构建优化器和损失函数

为了约束预测样本的落区偏差，使用 **grid_cell_regularizer** 作为部分网络的损失函数，具体实现和 MSE 相同。模型采用 Adam 优化器，参数 beta1 设置为 0.0001，beta2 设置为 0.999。构建优化器和损失函数如代码 6.15 所示。

代码6.15

```
g_optimizer = nn.Adam(self.g_model.trainable_params(), self.config["optimizer"]
["gen_lr"], beta1=beta1, beta2=beta2)
d_optimizer = nn.Adam(self.d_model.trainable_params(), self.config["optimizer"]
["disc_lr"], beta1=beta1, beta2=beta2)

class GenWithLossCell(nn.Cell):
    def __init__(self, generator, discriminator, generation_steps, grid_lambda):
        super(GenWithLossCell, self).__init__()
        self.generator = generator
        self.discriminator = discriminator
        self.generation_steps = generation_steps
        self.grid_lambda = grid_lambda
        self.concat_op1 = ops.Concat(axis=1)
        self.concat_op2 = ops.Concat(axis=0)
        self.split = ops.Split(0, 2)

    def construct(self, images, future_images):
        predictions = [self.generator(images) for _ in range(self.generation_steps)]

        grid_cell_reg = grid_cell_regularizer(ops.stack(predictions, 0), future_
images)

        generated_sequence = [self.concat_op1((images, x)) for x in predictions]
        real_sequence = self.concat_op1((images, future_images))
        generated_scores = []
        for g_seq in generated_sequence:
            concatenated_inputs = self.concat_op2((real_sequence, g_seq))
            concatenated_outputs = self.discriminator(concatenated_inputs)
            # Split along the concatenated dimension, as discrimnator concatenates
# along dim=1
            score_real, score_generated = self.split(concatenated_outputs)
            generated_scores.append(score_generated)
        generator_disc_loss = loss_hinge_gen(self.concat_op2(generated_scores))
        generator_loss = generator_disc_loss + self.grid_lambda * grid_cell_reg
        return generator_loss


class DiscWithLossCell(nn.Cell):
    def __init__(self, generator, discriminator):
        super(DiscWithLossCell, self).__init__()

        self.dis_loss = loss_hinge_disc
        self.generator = generator
        self.discriminator = discriminator
        self.concat_op1 = ops.Concat(axis=1)
        self.concat_op2 = ops.Concat(axis=0)
```

```
        self.split1 = ops.Split(0, 2)
        self.split2 = ops.Split(1, 2)

    def construct(self, images, future_images):
        predictions = self.generator(images)

        generated_sequence = self.concat_op1((images, predictions))
        real_sequence = self.concat_op1((images, future_images))

        concatenated_inputs = self.concat_op2((real_sequence, generated_sequence))
        concatenated_outputs = self.discriminator(concatenated_inputs)

        score_real, score_generated = self.split1(concatenated_outputs)

        score_real_spatial, score_real_temporal = self.split2(score_real)
        score_generated_spatial, score_generated_temporal = self.split2(score_
generated)
        discriminator_loss = loss_hinge_disc(
            score_generated_spatial, score_real_spatial
        ) + loss_hinge_disc(score_generated_temporal, score_real_temporal)

        return discriminator_loss
```

6.3.4 模型训练

当 MindSpore 的版本为 2.0.0 及以上时，可以使用函数式编程来训练神经网络。MindSpore Earth 提供了一个训练接口，用于模型训练，如代码 6.16 所示。

代码6.16

```
class DgmrTrainer:
    def __init__(self, config, g_model, d_model, g_loss_fn, d_loss_fn, logger):
        self.config = config
        self.model_params = config["model"]
        self.data_params = config["data"]
        self.train_params = config["train"]
        self.optimizer_params = config["optimizer"]
        self.callback_params = config["summary"]
        self.logger = logger

        self.train_dataset, self.valid_dataset = self._get_dataset()
        self.dataset_size = self.train_dataset.get_dataset_size()
        self.g_model = g_model
        self.d_model = d_model
        self.g_loss_fn = g_loss_fn
        self.d_loss_fn = d_loss_fn
        self.g_optimizer, self.d_optimizer = self._get_optimizer()
        self.g_solver, self.d_solver = self._get_solver()

    def _get_solver(self):
```

```
        loss_scale = nn.FixedLossScaleUpdateCell(loss_scale_value=self.config
["optimizer"]["loss_scale"])

        g_solver = nn.TrainOneStepWithLossScaleCell(self.g_loss_fn, self.g_
optimizer, scale_sense=loss_scale)
        d_solver = nn.TrainOneStepWithLossScaleCell(self.d_loss_fn, self.d_
optimizer, scale_sense=loss_scale)

        return g_solver, d_solver

    def train(self):
        evaluator = EvaluateCallBack(config=self.config, dataset_size=self.dataset_
size, logger=self.logger)
        for epoch in range(self.config["train"]["epochs"]):
            evaluator.epoch_start()
            for data in self.train_dataset.create_dict_iterator():
                images = ops.cast(data["inputs"], ms.float32)
                future_images = ops.cast(data["labels"], ms.float32)
                for _ in range(2):
                    res_D = self.d_solver(images, future_images)
                res_G = self.g_solver(images, future_images)
                evaluator.print_loss(res_G, res_D)
            if epoch % self.callback_params["save_checkpoint_steps"] == 0:
                evaluator.save_ckpt(self.g_solver)
            evaluator.epoch_end(self.valid_dataset, self.g_solver.network.generator)
        evaluator.summary()

def train(config, g_model, d_model, g_loss_fn, d_loss_fn, logger):
    g_model.set_train()
    d_model.set_train()
    trainer = DgmrTrainer(config, g_model, d_model, g_loss_fn, d_loss_fn, logger)
    trainer.train()
```

6.3.5 模型推理及可视化

本案例提供代码 6.17 所示的推理及可视化脚本作为示例，通过加载测试数据进行推理及可视化，用于生成第 30 分钟、60 分钟和 90 分钟的降水雷达数据图。

代码6.17

```
ckpt_path = os.path.join(config['summary']["summary_dir"], config['summary']["ckpt_
path"])
params = load_checkpoint(ckpt_path)
load_param_into_net(g_model, params)

with open('dataset/test/test.pickle', "rb") as pkl:
    sample = pickle.load(pkl)

tensor_sample = ms.Tensor(sample["radar_frames"])
tensor_sample = tensor_sample.squeeze(-1).unsqueeze(1)[2:6]
```

```
tensor_sample = tensor_sample.unsqueeze(0)
out = g_model(tensor_sample)
target_frames = ms.Tensor(sample["radar_frames"]).squeeze(-1)[-18:].unsqueeze(0)
x, y = out.squeeze(2), target_frames

plt_radar_data(x, y)
```

6.3.6　性能对比

在模型的预报准确率方面，相较 PYSTEPS 和 U-Net，DGMR 具备较高的预报准确率，Max-Pooled CRPS 指标（该指标越小，预报准确率越高）下降了 20% 左右，如图 6.6 所示。

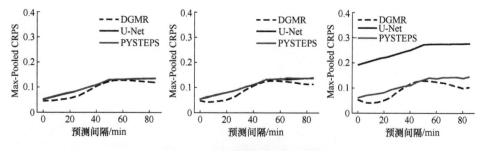

图6.6　DGMR模型预报准确率

在高性能计算、深度神经网络训练等场景中，图算融合优化可实现预测性能的成倍提升。MindSporeAKG 基于多面体编译技术，对融合算子进行加速优化与自动生成，能够帮助昇思 MindSpore 的融合算子在异构硬件平台（GPU/Ascend）上自动生成高性能的 kernel，提升 MindSpore 的训练性能。DGMR 模型在不同软硬件平台的训练性能如表 6.1 所示。

表6.1　DGMR模型在不同软硬件平台的训练性能

单步训练时间 /ms			推理时间 /ms	
PyTorch+V100	MindSpore+V100	MindSpore+Ascend	PyTorch+V100	MindSpore+Ascend
6300	4900	2300	3200	1120

▥6.4　总结与展望

本章介绍了 MindSpore Earth 在 AI 中期天气预报、AI 短临降水预报方面的应用，AI 气象模型相较于传统模型，不仅预测性能大幅提升，还有望实现预报精度的提升。未来，MindSpore Earth 将持续提供前沿、高效的 AI 气象海洋模型与通用工具，涵盖气象海洋领域短临降水、短期天气预报、中期天气预报、长期气候预测等关键场景，并提供高效、易用的 AI 科学引擎，包括数据前处理（如数据融合、数据同化）、数据后处理（如偏差订正、降采样）等通用工具，覆盖气象海洋预报关键步骤，使能"AI+ 气象海洋"的融合研究。

第 7 章　材料化学应用实践

目前，针对传统材料化学的研究面临众多挑战，如实验设计、合成、表征以及仿真模拟的过程耗时长，所需成本高，并且高度依赖专家经验。AI 与材料化学的协同可以克服传统方法的局限性、开拓全新的研究范式。结合 AI 模型与物理化学知识，可以高效地处理大量数据、挖掘隐藏的关联信息，构建 AI 模型，从而加快化学反应的设计、优化进程，实现材料的性质预测，并辅助设计新材料。

7.1 概述

材料化学致力于探索物质的组成、结构、性质以及物质之间的相互作用和变化规律，涉及的研究领域广泛。材料化学在现代工程领域的应用也非常广泛，如石油化工、食品加工、航空航天、汽车制造、建筑能源等，是与国计民生相关的重要学科。

随着 AI 技术的发展与普及，基础学科与 AI 的交叉学科成为研究的热点，在材料化学方面，AI 技术被用于分子性质预测、分子设计、分子合成与分子反应预测等多个方面。AI 模型天然适用于解正问题与反问题。近年来，由于算力的爆炸式增长、开源的 AI 框架出现，以及研究人员对 AI 技术的逐步接受，AI 在材料化学的性质预测及新材料设计等领域的应用激增。AI 模型首先需在具有已知输出值的代表性数据集上进行训练，从而学习、拟合输入与输出的关系，训练后的模型可用于预测和训练集相似的数据的输出值，或生成类似训练集的数据。在化学领域，许多问题的输入与输出间具有复杂或隐性的关系，这导致基于机理或程序化的建模非常困难甚至不可能实现。例如，通过传统方法计算化合物在不同构型下的受力，计算量大，特别是在较大的体系规模下，传统方法会面临"算不动"的困境。而 AI 模型通过对已知构型与受力的映射关系进行学习，可以建立构型 - 受力的关系，从而快速地计算新构型下的受力。事实证明，AI 可以改善传统材料化学方法中"算不准""算不动"的难题，为更智能、更高效的材料化学研究提供新的思路。

材料化学在发展过程中积累了海量实验数据。近十几年，计算化学领域也积累了大量数据。大量的高质量数据是 AI 与材料化学结合的基础。但现有的数据存在收录标准不一、格式不同等问题，将数据转换成计算机可识别、可处理的电子数据，并实现材料化学信息间的融合与转换至关重要。材料化学领域的 AI 模型主要采用两类数据描述格式：一类是较为传统的物理驱动的数据描述格式，如 SMILES、SMARTS 等；另一类是结合了 AI 模型预训练方法的数据驱动的数据描述格式，如基于图神经网络对化合物进行编码，用图结构数据来表征化合物。在材料化学领域的 AI 模型中，考虑化合物空间结构的场景中往往采用图结构数据，而只考虑化合物组分等较基础信息的场景中往往采用传统方法。

分子设计与分子性质预测是利用 AI 模型求解化学领域正、反问题的两大典型场景。在分子设计场景中，往往借助生成模型与主动学习方法，基于已知的化合物来训练生成对抗网络、VAE 等生成模型，从而调用生成模型的解码器生成海量的新化合物，然后借助传统计算化学的仿真方法或 AI 模型的性质预测方法对新化合物进行筛选，得到符合设计要求的化合物候选集合，最后通过实验验证得出符合设计要求的化合物。在分子性质预测场景中，往往基于丰富的化合物信息（组分、坐标、化学键等）构建图神经网络进行计算。另外，由于分子本身的性质与构型具备等变关系，所以等变类计算也常用于分子性质预测。

7.2　MindSpore 实现基于主动学习的高熵合金组分设计

高熵合金是一种新型合金，通常由 5 种或 5 种以上元素组成，不同于典型合金。在以往的观念中，合金中加入过多种金属，会使合金材质脆化，因此典型合金的基础元素往往只有 1 ～ 2 种，例如以铁为基础元素，再加入一些微量元素（碳、锰等）来提升合金特性，这导致典型合金的构成元素种类少且除基础元素外的其他元素所占比例相当低。高熵合金作为一类新材料，确定合金的组分与各组分比例且保证材质不会脆化至关重要。传统的材料研发往往依赖于实验试错，本节提供 AI 模型辅助的主动学习框架案例，该案例将 AI 模型、材料仿真与实验验证通过主动学习框架串联，实现高效高熵合金组分设计。

高熵合金组分设计是基于主动学习框架的，高熵合金组分设计流程如图 7.1 所示。在主动学习框架下，算法实现分为两个阶段。第一个阶段是组分生成阶段，本阶段的数据由已知的高熵合金组分组成，采用 Wasserstein 自编码器（Wasserstein Auto-Encoders，WAE）模型，模型训练是基于已知的高熵合金组分训练 WAE 模型的编码器与解码器模块，模型推理是通过将随机生成的隐向量输入 WAE 的解码器模块中进行处理，以此计算出高熵合金组分的候选集合。第二个阶段是组分筛选阶段，本阶段的数据由针对已知高熵合金组分的仿真计算（DFT 计算、热动力学计算）得出，采用集成模型（由深度感知机以及 Boosting Tree 模型组成），模型训练是基于仿真标签训练深度感知机以及 Boosting Tree 模型，模型推理是基于第一个阶段中预测得出的高熵合金组分候选集合进行预测，选择符合预期性质的组分。通过这种方式可以对筛选后的高质量高熵合金组分候选集合执行下一步操作，从而减少试错成本。

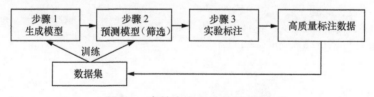

图7.1　高熵合金组分设计流程

7.2.1　组分生成

在组分生成阶段，基于 AI 模型生成候选的高熵合金组分，该过程分两步实现。第一步，将已知的高熵合金组分作为训练数据，训练 WAE 模型。WAE 模型分为编码器与解码器两部分，在训练过程中，编码器的输入为训练集中已知的高熵合金组分，输出为隐向量；解码器的输入为隐向量，输出为重建的高熵合金组分。通过计算重建的高熵合金组分与输入的高熵合金组分之间的重建损失得到目标函数，以隐向量的正则化作为惩罚，模型训练的目标是最小化重建损失。在模型推理时，可以随机在隐空间中采样一个向量，将其输入解码器中，得到随机生成的高熵合金组分。第二步，将隐空间中已知高熵合金组分对应的向量与高熵合金的热膨胀系数作为分类模型的输入与输出的标签数据，通过训练分类模型来确定隐空间中哪些向量对应的组分会有更好的热扩散性质，从而在模型推理时可以根据随机在隐空间中采样的向量来初步判断、筛选候选高熵合金组分。

1. 数据集准备

在数据集准备阶段，需将已知的高熵合金组分及其室温下的热膨胀系数转换为模型需要的特定输入格式。其中，已知的高熵合金组分作为输入数据，用于训练 WAE 模型；室温下热膨胀系数作为标签数据，用于训练分类模型。

2. 训练生成模型

（1）WAE 模型

WAE 模型的示意如图 7.2 所示。WAE 模型定义如代码 7.1 所示。

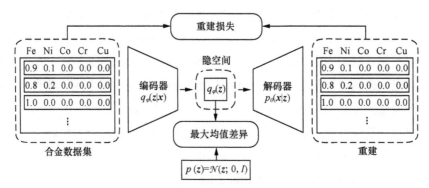

图7.2　WAE模型示意

代码7.1

```
import mindspore.nn as nn
from mindspore.common import initializer as init
from mindchemistry import AutoEncoder
class WAE(nn.Cell):
    def __init__(self, params):
        super(WAE, self).__init__()
        uniform_scale = [init.Uniform(x ** -0.5) for x in params['channels']]
        self.wae_model = AutoEncoder(channels=params['channels'],
                                     weight_init=uniform_scale,
                                     has_bias=True,
                                     bias_init=uniform_scale,
                                     has_layernorm=params['layer_norm'],
                                     layernorm_epsilon=1e-5,
                                     has_activation=params['activation'],
                                     act='relu',
                                     out_act='softmax')
    def construct(self, inputs):
```

```
        return self.wae_model(inputs)
    def encode(self, inputs):
        return self.wae_model.encode(inputs)
    def decode(self, inputs):
        return self.wae_model.decode(inputs)
```

从代码 7.1 可以看出，模型由编码器部分与解码器部分组成。在训练时，输入为已知的高熵合金组分，也是标签数据，调用编码器部分计算隐向量，再对隐向量解码得到输出，与输入进行对比得到损失函数，从而实现训练，模型计算调用 self.construct 函数；在推理时，输入为随机生成的隐向量，直接调用解码器部分生成新的组分从而实现推理，模型计算调用 self. decode 函数。其中，self.wae_model 由 MindChemistry 自带的 AutoEncoder 模块实现，可以直接调用。WAE 模型训练如代码 7.2 所示。

代码7.2

```
import mindspore as ms
import mindspore.dataset as ds
from src.dataset import HighEntropyAlloy
from src.model import WAE
wae_data, _ = HighEntropyAlloy(data_dir).process_train_gen_data()
wae_model = WAE(config)
train_wae(wae_model, wae_data, config_dir)
def train_wae(model, data, params):
    raw_x = data
    # prepare train data
    train_data = ds.NumpySlicesDataset(data={'x': data[:]}, shuffle=True)
    train_data = train_data.batch(batch_size=batch_size)
    train_iterator = train_data.create_dict_iterator()
    # prepare model training
    optimizer = ms.nn.Adam(params=model.trainable_params(), learning_rate=lr,
                           weight_decay=w_decay)
    def forward_fn(x):
        recon_x, z_tilde = model(x)
        z = sigma * ms.ops.StandardNormal()(z_tilde.shape)
        recon_loss = ms.ops.binary_cross_entropy(recon_x, x)
        mmd_loss = imq_kernel(z_tilde, z, h_dim=2)
        mmd_loss = mmd_loss / x.shape[0]
        return recon_loss, mmd_loss * mmd_lambda
    grad_fn = ms.ops.value_and_grad(forward_fn, None, optimizer.parameters)
    @ms.jit()
    def train_step(x):
        ((step_recon_loss, step_mmd_loss), grads) = grad_fn(x)
        step_loss = step_recon_loss + step_mmd_loss
        step_loss = ms.ops.depend(step_loss, optimizer(grads))
        return step_loss, step_recon_loss, step_mmd_loss / mmd_lambda
    # start model training
    loss_ = []
    for epoch in range(num_epoch):
        model.set_train(True)
```

```
    for i, data in enumerate(train_iterator):
        data_x = data['x']
        (iter_loss, iter_recon_loss, iter_mmd_loss) = train_step(data_x)
```

（2）分类模型

分类模型定义如代码 7.3 所示。

代码7.3

```
import mindspore.nn as nn
from mindspore.common import initializer as init
from mindchemistry import FCNet
class Classifier(nn.Cell):
    def __init__(self, params):
        super(Classifier, self).__init__()
        uniform_scale = [init.Uniform(x ** -0.5) for x in params['channels']]
        self.cls_model = FCNet(channels=params['channels'],
                               weight_init=uniform_scale,
                               has_bias=True,
                               bias_init=uniform_scale,
                               has_dropout=params['dropout'],
                               has_layernorm=False,
                               has_activation=params['activation'],
                               act='sigmoid')
    def construct(self, inputs):
        return self.cls_model(inputs)
```

在代码 7.3 中，self.cls_model 由 MindChemistry 自带的 FCNet 模块实现。FCNet 模块是 Mind-Chemistry 库中由全连接层组成的模块封装的高阶接口，可以直接调用。分类模型训练如代码 7.4 所示。

代码7.4

```
import mindspore as ms
import mindspore.dataset as ds

from src.dataset import HighEntropyAlloy
from src.model import Classifier
wae_data, label = HighEntropyAlloy(data_dir).process_train_gen_data()
latent_data = wae_model.decode(wae_data)
cls_data = (latent_data, label)
cls_model = Classifier(config)
train_wae(cls_model, cls_data, config_dir)
def train_cls(model, data, params):
    '''Train classification network'''
    latents, label_y = data
    kf = KFold(n_splits=params['num_fold'])
    k = 1

    # prepare training
```

```
optimizer = ms.nn.Adam(params=model.trainable_params(), learning_rate=lr,
                       weight_decay=w_decay)  # initialize optimizer
def forward_fn(input_x, label):
    y_pred = model(input_x)
    loss = ms.ops.binary_cross_entropy(y_pred, label)
    return loss, y_pred


grad_fn = ms.ops.value_and_grad(forward_fn, None, optimizer.parameters)


@ms.jit()
def train_step(step_x, step_y):
    ((step_loss, step_y_pred), grads) = grad_fn(step_x, step_y)
    step_loss = ms.ops.depend(step_loss, optimizer(grads))
    return step_loss, step_y_pred


for train, test in kf.split(latents):
    # split train and test data
    x_train, x_test, y_train, y_test = latents[train], latents[test], label_
y[train], label_y[test]
    # prepare train data
    train_data = ds.NumpySlicesDataset(data={'x': x_train, 'y': y_train},
shuffle=True)
    train_data = train_data.batch(batch_size=params['batch_size'])
    train_iterator = train_data.create_dict_iterator()

    # start model training
    for epoch in range(num_epoch):
        model.set_train(True)
        for i, data in enumerate(train_iterator):
            x = data['x']
            y = data['y']
            iter_loss, iter_y_pred = train_step(x, y)
    k += 1
```

7.2.2　组分筛选

在组分筛选阶段，采用已知的高熵合金组分的热膨胀系数作为标签数据，然后采用基于组分推导的合金性质作为输入来训练集成模型，集成模型由多层感知机与 Boosting Tree 模型组成。由于组分筛选模型在深度神经网络实现上只涉及多层感知机的实现，所以本节只展示基于 MindSpore 实现多层感知机模型的代码样例。

1. 数据集准备

组分筛选阶段的数据集需将已知的高熵合金组分及其热动力学性质转换为模型需要的特定输入格式。其中，已知的高熵合金组分为输入数据；热膨胀系数为标签数据，用于训练分类模型。

2. 模型训练

（1）多层感知机模型

多层感知机模型定义如代码 7.5 所示，注意需要继承 nn.Cell。

代码7.5

```
import mindspore.nn as nn
from mindspore.common import initializer as init
from mindspore.common.initializer import HeNormal

from mindchemistry import MLPNet


class MlpModel(nn.Cell):
    def __init__(self, params):
        super(MlpModel, self).__init__()
        # load BO searched params
        num_feature = params['num_feature'][int(params['stage_num']) - 1]
        num_output = params['num_output']
        layer_num = int(params['module__w'])
        hidden_num = int(params['module__n_hidden'])
        # model init
        self.mlp_model = MLPNet(in_channels=num_feature,
                                out_channels=num_output,
                                layers=layer_num,
                                neurons=hidden_num,
                                weight_init=HeNormal(),
                                has_bias=True,
                                has_dropout=False,
                                has_layernorm=False,
                                has_activation=True,
                                act=['relu'] * (layer_num - 1))

    def construct(self, inputs):
        return self.mlp_model(inputs)
```

在代码 7.5 中，self.mlp_model 由 MindChemistry 中自带的 MLPNet 模块实现，可以直接调用，如代码 7.6 所示。

代码7.6

```
class MLPNet(nn.Cell):
    def __init__(self,
                 in_channels,
                 out_channels,
                 layers,
                 neurons,
                 weight_init='normal',
                 has_bias=True,
                 bias_init='zeros',
                 has_dropout=False,
                 dropout_rate=0.5,
                 has_layernorm=False,
                 layernorm_epsilon=1e-7,
                 has_activation=True,
```

```
                act='relu'):
        super(MLPNet, self).__init__()
        self.channels = (in_channels,) + (layers - 2) * \
            (neurons,) + (out_channels,)
        self.network = FCNet(channels=self.channels,
                             weight_init=weight_init,
                             has_bias=has_bias,
                             bias_init=bias_init,
                             has_dropout=has_dropout,
                             dropout_rate=dropout_rate,
                             has_layernorm=has_layernorm,
                             layernorm_epsilon=layernorm_epsilon,
                             has_activation=has_activation,
                             act=act)

    def construct(self, x):
        return self.network(x)
```

由于多层感知机模型是满足神经元个数规则的全连接层，所以，MLPNet 模块是调用 FCNet 基础模块实现的。

（2）模型训练实现

模型训练实现如代码 7.7 所示。

代码7.7

```
import mindspore as ms
import mindspore.dataset as ds

from src.dataset import HighEntropyAlloy
from src.model import MlpModel


mlp_data = HighEntropyAlloy(data_dir).process_train_rank_data()
mlp_model = MlpModel (config)
train_mlp(mlp_model, mlp_data, config_dir)


def train_mlp(model, data, seed, params):
    ''' Train MLP ranking network'''
    # load params
    w_decay = params['weight_decay']
    num_epoch = params['num_epoch']
    batch_size = int(params['batch_size'])
    lr = params['lr']
    # prepare train data
    train_x, test_x, train_labels, test_labels = data
    train_data = ds.NumpySlicesDataset(data={'x': train_x, 'y': train_labels},
shuffle=True)
    train_data = train_data.batch(batch_size=batch_size)
    train_iterator = train_data.create_dict_iterator()
```

```
# prepare model training
optimizer = ms.nn.Adam(params=model.trainable_params(), learning_rate=lr,
                       weight_decay=w_decay)

def forward_fn(x, y):
    y_predict = model(x)
    forward_loss = (y_predict - y).square().mean()
    return forward_loss

grad_fn = ms.ops.value_and_grad(forward_fn, None, optimizer.parameters)

@ms.jit()
def train_step(x, y):
    (step_loss, grads) = grad_fn(x, y)
    step_loss = ms.ops.depend(step_loss, optimizer(grads))
    return step_loss

# start model training
epoch_losses = []
for epoch in range(num_epoch):
    model.set_train(True)
    for i, data in enumerate(train_iterator):
        data_x = data['x']
        data_y = data['y']
        iter_loss = train_step(data_x, data_y)
```

7.3 数据驱动的 AI 第一性原理仿真

薛定谔方程描述了量子系统的状态随时间演化的规律，对方程求解能够获得分子或材料的完备的化学及物理性质。随着材料体系中电子数目的增多，薛定谔方程解空间的维度呈指数级增长，很难直接求解方程。实际仿真中常用的 DFT 和 Hatree-Fock 方法将多电子波函数的求解简化为平均场下单电子波函数的求解。这些方法需要通过自洽迭代的方式来求解电子波函数及体系的哈密顿量，计算量仍然较大，并且通常只能对包含几百个原子的体系进行求解。AI 方法的兴起提供了新的解决途径：通过将物理对称性约束融合到 AI 模型中，可以使 AI 模型从 DFT 仿真数据中学习到准确的哈密顿量映射关系，再将学习到的模型应用到"微观结构与训练数据的微观结构相似但整体结构尺度更大"的体系中，可以极大地提升仿真速度，进而扩大仿真规模。

7.3.1 基于等变神经网络的晶体哈密顿量预测

清华大学研究团队提出了一种以材料结构为输入的等变深度学习模型，即深度学习密度泛涵理论哈密顿量（Deep DFT Hamiltonian，DeepH）方法，用来预测哈密顿量，它可以自然地保存欧几里得空间中的旋转、平移对称性，以及存在自旋 - 轨道耦合情况下的对称性等特征。DeepH-E3（三维欧几里得空间）方法实现了从小体系的 DFT 数据中学习端到端高效电子结构计算模型，从而使大规模材料超胞的研究变得可行。该方法可以在高训练效率下达到 sub-meV 预测精度。这项工作不仅提出了一种新的深度学习模型，还为材料研究创造了新的机遇，例如以较小计算开销建立层间摩尔转角材料数据库。

本模型使用了等变神经网络来保证网络的等变性，网络的等变性是指网络对输入的变换操作有相应的响应。例如，对于一个三维原子构型，用神经网络去预测它的各种性质，如势能、电子密度、原子受力等。如果旋转了该原子构型，它的势能和电子密度应该保持不变，因为它们是标量；而原子受力方向应该相应地进行变换，因为它是矢量。这种对称映射需要反映在网络中间结果和最终输出上，等变神经网络可以保证这种映射关系。

E3NN（E3 Neural Network）是满足三维欧几里得空间变换（平移、旋转与反演）等变性的网络。平移的等变性在卷积层中已经满足，因此重点关注旋转与反演两种对称性。E3NN 使用变换的不可约表示作为处理对象，提前确定了网络输入、输出和中间结果的不可约表示，保证计算过程都是根据相应的不可约表示进行变换，从而保证了整体结果的等变性。

7.3.2　创建数据集

以摩尔转角材料为例，先在二维平面内移动材料中的两个范德瓦耳斯层中的一个，随后向每个原子位点插入随机扰动，从而创建可以用于训练的不同结构的摩尔材料。再利用工业工具（例如 OpenMX 等）来计算 DFT 哈密顿矩阵。由于不同工业工具的输出格式不同，因此需要对数据进行格式处理，从而构建图数据。

数据预处理的代码在本案例中并没有实现，可以通过开源的 DeepH 工具进行数据预处理。

由于构建可用于训练的材料结构有一定难度，DeepH 提供了若干个预处理好的数据集，可以直接用来训练。

在获取数据集后，就可以构建训练需要的图数据。

7.3.3　构建神经网络

基于消息传递的神经网络已经广泛用于材料研究，同时将原子序数、原子相对距离以及原子相对方位作为输入。传入一个具有等变性的图神经网络，该网络主要包含若干个点更新模块和边更新模块。点更新模块包含等变全连接层和等变卷积层，通过等变卷积层将点和线的信息进行编码，随后通过消息传递机制对相邻的点和线的值进行更新。边更新模块和点更新模块有相似的结构，都由等变卷积层等基础结构组成。

7.3.4　模型训练

网络总体结构的构建如代码 7.8 所示。

代码 7.8

```
def construct(self, data_x, data_edge_index, data_edge_attr, data_stru_id, data_
pos, data_lattice, data_edge_key,
                data_atom_num_orbital, data_spinful, data_label, data_mask,
data_mask_length,
                mask_node_edge_length_embedded, mask_node_distance_expansion):
        node_one_hot = ops.ones((ops.shape(data_x)[0],1))
        edge_one_hot = ops.ones((ops.shape(data_edge_index[0])[0], 1))
        # 将原子序号编码
        node_fea = self.embedding(node_one_hot)
        edge_length = data_edge_attr[:, 0]
        # (y, z, x) order
        edge_vec = ops.stack((data_edge_attr[:,2] , data_edge_attr[:,3] , data_
edge_attr[:,1]), axis = -1)
        # 检查是否自旋转
        if self.use_sbf:
            edge_sh = self.sh(edge_length, edge_vec)
        else:
            edge_sh = self.sh(edge_vec)
        # 将生成的 nan 转换成 0
        edge_sh = ops.nan_to_num(edge_sh)
        # 通过高斯 bias 调整边长
        edge_length_embedded = self.basis(edge_length)
        # 为了保证 batch shape 一致，需要通过 mask 来保证数据的准确性
        edge_length_embedded = ops.masked_fill(edge_length_embedded, mask_node_
edge_length_embedded, 0.0)
        selfloop_edge = None
        if self.only_ij:
            selfloop_edge = ops.abs(data_edge_attr[:, 0]) < 1e-7
        # 通过高斯 bias 生成 edge_length
        edge_fea = self.distance_expansion(edge_length)
        # 为了保证 batch shape 一致，需要通过 mask 来保证数据的准确性
        edge_fea = ops.masked_fill(edge_fea, mask_node_distance_expansion, 0.0)
        index = 0
        # 将边和点的信息放入点更新模块和边更新模块，进行消息传递和更新
        for node_update_block, edge_update_block in zip(self.node_update_blocks,
self.edge_update_blocks):
            data_batch = ops.zeros((ops.shape(data[0])[0]), ms.int64)
            node_fea = node_update_block(node_fea, node_one_hot, edge_sh, edge_
fea, edge_length_embedded, data[map_dict['edge_index']], data_batch, selfloop_edge,
edge_length)
            if edge_update_block is not None:
                edge_fea = edge_update_block(node_fea, edge_one_hot, edge_sh,
edge_fea, edge_length_embedded, data[map_dict['edge_index']], data_batch)
            index = index + 1
        # 将边的信息再次传入等变全连接层
        edge_fea = self.lin_edge(edge_fea)
        # 用 MSELoss 计算 loss
        mse = ops.pow(ops.abs(edge_fea - data_label), 2)
        mse = ops.mean(ops.masked_select(mse, data_mask))
        return mse
```

通过 GeneratorDataset 加载处理好的训练图数据，并随机打乱、抽取样本，如代码 7.9 所示。

代码7.9

```
GeneratorDataset_train = ds.GeneratorDataset(dataset,column_
names=["x","edge_index","edge_attr","stru_id","pos","lattice","edge_
key","atom_num_orbital","spinful","label","mask"],shuffle=True,sampler =
SubsetRandomSampler(indices[:train_size]))
```

将 Adam 作为优化器，通过 net.trainable_params 获取可更新梯度的参数，如代码 7.10 所示。

代码7.10

```
optimizer = nn.Adam(params=net.trainable_params(), learning_rate=config.lr,
beta1=config.adam_betas[0] , beta2=config.adam_betas[1])
```

通过 ms.value_and_grad 创建求导函数，如代码 7.11 所示。

代码7.11

```
backward = ms.value_and_grad(net, None, weights=net.trainable_params(), has_aux=False)
```

将训练参数传入求导函数，求导函数再将参数传入网络，从而计算 loss 和梯度，如代码 7.12 所示。

代码7.12

```
(loss), grads = backward(batch[0],batch[1],batch[2],batch[3],batch[4],
                batch[5],batch[6],batch[7],batch[8],batch[9],batch[10],batch[11],
                mask_node_edge_length_embedded, mask_node_distance_expansion)
```

通过 self.train_utils.optimizer（grads）更新梯度，如代码 7.13 所示。

代码7.13

```
self.train_utils.optimizer(grads)
```

7.3.5 模型推理

通过 GeneratorDataset 加载处理好的推理图数据，并随机打乱、抽取样本，如代码 7.14 所示。

代码7.14

```
GeneratorDataset_val = ds.GeneratorDataset(dataset,column_names=["x","edge_
index","edge_attr","stru_id","pos","lattice","edge_key","atom_num_
orbital","spinful","label","mask"],shuffle=True,sampler = SubsetRandomSampler(val_
indices))
```

通过加载训练好的 checkpoint 数据来更新权重。通过前向传播过程获取 loss，如代码 7.15 所示。

代码7.15

```
loss = net(batch[0],batch[1],batch[2],batch[3],batch[4],
                batch[5],batch[6],batch[7],batch[8],batch[9],batch[10],batch[11],
                mask_edge_length_embedded, mask_distance_expansion,mask_node_
fea_in)
```

7.4 总结与展望

本章从高熵合金组分设计和 AI 第一性原理仿真两个方面介绍了实践案例，利用这些先进的算法及 AI 框架强大的能力，为耗时且昂贵的传统实验试错及第一性原理计算提供了可替换的解决方案。可以预见，在材料化学领域将不断涌现新的 AI 解决方案，全面提高研究效率。

第 8 章　量子计算应用实践

MindSpore Quantum（MindQuantum）是一套全新的通用量子计算框架。结合了 MindSpore 的强大机器学习能力，MindQuantum 能够针对嘈杂中等规模量子（Noisy Intermediate-Scale Quantum，NISQ）阶段算法进行设计、优化与执行。借助 MindQuantum，我们能够实现变分量子本征求解器（Variational Quantum Eigensolver，VQE）、量子近似优化算法（Quantum Approximate Optimization Algorithm，QAOA）与量子机器学习等变分量子算法，也能够完成如 HHL 算法、Grover 算法和 Shor 算法等通用量子算法。MindQuantum 有着极简的开发模式和极致的性能，为广大科研人员提供了快速设计和验证量子算法的高效平台，让量子计算触手可及。

▋‖8.1　概述

随着摩尔定律逐渐失效，人们分别从材料、理论、架构等多个方面来改进现在的计算模式，以满足人们对算力的需求。量子计算是一种从理论上颠覆传统计算的新型计算模式，它利用量子力学原理进行计算，最早可以追溯到 20 世纪 80 年代。物理学家费曼在当时提出了利用量子力学原理进行计算的想法，他指出，经典计算机在模拟量子系统时会遇到困难，而量子计算机可以更有效地模拟和处理量子系统。

与经典计算类似，量子计算基于比特计算，但量子计算中的比特由受量子力学约束的量子比特构成。量子比特作为量子计算中信息的基本单位，与经典比特相比有较大不同。一个经典比特在同一时间只能处于"0"态或者"1"态，由于量子叠加原理的存在，量子比特在同一时间，能够处于"0"态和"1"态的叠加态。这种叠加态和量子纠缠现象使量子计算具有量子并行计算的能力，由此，超越经典算法复杂度的量子算法被提出。1994 年，物理学家 Peter Shor 提出了著名的 Shor 算法，它能够在多项式时间内完成质因数分解任务，并对 RSA 等加密算法构成巨大威胁。除此之外，还有一些算法也展现出量子计算优越性，例如用于数据库搜索的 Grover 算法和用于线性方程组求解的 HHL 算法。这些算法的提出推动了量子计算的第一波研究高潮出现。

在量子计算蓬勃发展的同时，量子计算机硬件也在进行从无到有的构建。早在 1998 年，IBM 的科研人员就尝试构造和操控量子比特。2011 年，D-Wave 公司推出全球首台商用量子计算机。2019 年，量子计算领域迎来了关键性突破，谷歌利用其推出的 54 量子比特芯片 Sycamore，在 200 s 内完成了经典计算机需要 1 万年才能完成的计算任务。与此同时，中国在量子计算机的研制方面也取得重要进展。中国科学技术大学科研团队在超导量子和光量子两种系统的量子计算方面取得重要进展，成功研制"祖冲之二号"和"九章二号"，使我国成为目前世界上唯一在两种物理体系达到"量子计算优越性"里程碑的国家。

当前阶段，量子芯片的比特数相对较少，而且用于描述量子比特质量的保真度还不够高，量子噪声比较大，前面提到的各种量子算法还无法完全展现应用价值，这一阶段被称为含噪声的中等规模量子（Noisy Intermediate-Scale Quantum，NISQ）阶段。在此阶段，我们需要利用量子误差缓解等技术修正量子芯片中的误差，使其达到可用水平。此外，业界也提出了一些适合在 NISQ 阶段运行的量子算法，例如变分量子算法。在变分量子算法中，量子逻辑门中的旋转角度是一个可以调节的参数，类似机器学习中神经网络的可训练参数。由于参数可调，因此变分量子算法对噪声的容忍度较高。目前已有多种变分量子算法展现了应用价值，包括用于药物设计、催化剂设计的变分量子本征求解器，用于组合优化问题求解的量子近似优化算法，以及各类可完成监督和生成任务的量子机器学习算法。NISQ 阶段的变分量子算法也是 MindQuantum 最擅长处理的量子算法。

8.2　MindQuantum 基本使用指导

在通过量子计算求解实际问题时，通常需要经历如下 3 个阶段。

问题建模阶段：针对待求解的问题，通常需要将其转化为量子计算能够求解的问题，即设计对应的量子算法。

算法实现阶段：利用量子计算框架，将量子算法用量子线路模型实现。

问题求解阶段：利用量子模拟器或者真实量子计算机，运行设计好的量子线路，获得测量结果，并通过后处理得到解答。

在问题建模阶段，我们往往需要根据实际情况设计具体的量子算法，但在算法实现阶段，通常利用 MindQuantum 中预设的量子逻辑门、量子线路等结构，实现量子算法。本节将介绍 MindQuantum 中构成量子算法的基本要素，包括量子逻辑门、量子线路和量子模拟器。

8.2.1　量子逻辑门

在经典电子线路中，电子逻辑门完成基本的逻辑运算功能。与之类似，量子计算中有量子逻辑门，它可以作用在量子比特上，并改变量子比特的状态。与经典逻辑门不同，量子逻辑门需要满足么正性，例如对于任意的量子逻辑门 U：

$$UU^\dagger = I \tag{8-1}$$

其中，符号"†"表示对矩阵进行共轭转置操作。作用在单个量子比特上的门称为单量子比特门；作用在两个量子比特上的门，称为双量子比特门，以此类推。对于作用在 n 个量子比特上的门，我们可以用一个 $2^n \times 2^n$ 的矩阵表示。常见的不含参量子逻辑门如表 8.1 所示。

表8.1　常见的不含参量子逻辑门

量子逻辑门	X	Y	Z	H	T	S
矩阵表示	$\begin{bmatrix} 0 & 1 \\ 1 & 0 \end{bmatrix}$	$\begin{bmatrix} 0 & -i \\ -i & 0 \end{bmatrix}$	$\begin{bmatrix} 1 & 0 \\ 0 & -1 \end{bmatrix}$	$\dfrac{1}{\sqrt{2}}\begin{bmatrix} 1 & 1 \\ 1 & -1 \end{bmatrix}$	$\begin{bmatrix} e^{i\left(-\frac{\pi}{8}\right)} & 0 \\ 0 & e^{i\frac{\pi}{8}} \end{bmatrix}$	$\begin{bmatrix} 1 & 0 \\ 0 & i \end{bmatrix}$

除了表 8.1 中的不含参量子逻辑门，还有一些含参量子逻辑门，即矩阵元素取决于参数，

如表 8.2 所示。

表8.2　常见的含参量子逻辑门

量子逻辑门	RX	RY	RZ
矩阵表示	$RX(\theta) = \begin{bmatrix} \cos\dfrac{\theta}{2} & -i\sin\dfrac{\theta}{2} \\ -i\sin\dfrac{\theta}{2} & \cos\dfrac{\theta}{2} \end{bmatrix}$	$RY(\theta) = \begin{bmatrix} \cos\dfrac{\theta}{2} & -\sin\dfrac{\theta}{2} \\ \sin\dfrac{\theta}{2} & \cos\dfrac{\theta}{2} \end{bmatrix}$	$RZ(\theta) = \begin{bmatrix} e^{-\frac{i\theta}{2}} & 0 \\ 0 & e^{\frac{i\theta}{2}} \end{bmatrix}$

以 **RX** 门为例讲解如何在 MindQuantum 中构建量子逻辑门，具体如代码 8.1 所示。

代码8.1

```
import numpy as np
from mindquantum.core.gates import RX
gate1 = RX(np.pi/2).on(0)
gate2 = RX(np.pi/2).on(0, 1)
gate3 = RX('a').on(0)
```

代码 8.1 中分别生成了 3 个量子逻辑门，通过 on 接口，可以将量子逻辑门作用在不同的量子比特上。gate1 表示作用在 0 号量子比特上的 $RX\left(\dfrac{\pi}{2}\right)$；gate2 表示作用在 0 号量子比特上，并且受 1 号量子比特控制的 $RX\left(\dfrac{\pi}{2}\right)$；gate3 表示含参 **RX** 门，其中的未知参数为 'a'。此外，可以通过代码 8.2 所示的接口来获取量子逻辑门的矩阵。

代码8.2

```
gate3.matrix({'a': 1})
```

得到的矩阵如下：

$$\begin{bmatrix} 0.878 & -0.479i \\ -0.479i & 0.878 \end{bmatrix} \tag{8-2}$$

8.2.2　量子线路

量子线路是对量子逻辑门进行有机组合的容器，通过量子线路可以实现所需的量子算法。图 8.1 所示的线路是量子傅里叶变换算法对应的量子线路。

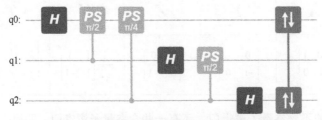

图8.1　量子傅里叶变换算法对应的量子线路

量子线路图一般从左往右看，代表量子逻辑门作用在量子比特上的顺序。最左边的 q0、q1 和 q2 表示该量子线路是一个三量子比特的量子线路，一般将量子比特的初态设置成 $|0\rangle$ 态。

在 MindQuantum 中，可以通过重载的加法运算来搭建量子线路，如代码 8.3 所示。

代码8.3

```
from mindquantum.core.circuit import Circuit
from mindquantum.core.gates import H, X
circ = Circuit()
circ += H.on(0)
circ += X.on(1, 0)
print(circ)
```

代码 8.3 通过 "+ =" 运算符先后将 H 门和 CNOT 门（X 门）添加到量子线路中，该线路可以制备纠缠态，最后将量子线路输出，如图 8.2 所示。

在 Jupyter Notebook 环境中，MindQuantum 还支持将量子线路输出为可缩放矢量图形（Scalable Vector Graphics，SVG）。绘制量子线路如代码 8.4 所示，量子线路的 SVG 输出如图 8.3 所示。

代码8.4

```
circ.svg()
```

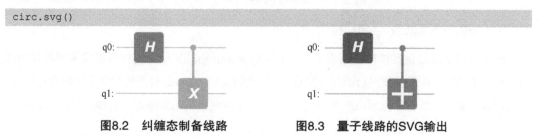

图8.2 纠缠态制备线路   图8.3 量子线路的SVG输出

8.2.3 量子模拟器

当前阶段，真实量子计算机仍属于稀缺资源，造价昂贵，量子比特数较少，且受噪声影响较大。为了能够顺利设计量子算法，我们可以在经典计算机中模拟量子计算机。

对于一个 n 比特的全振幅量子态，需要一个 2^n 维的复数列向量来表示，需要的内存空间与比特数呈指数关系。从这一点来看，我们无法模拟大规模的量子系统，这也是需要制备真实量子计算机的一个原因。表 8.3 给出了不同精度下，经典计算机存储全振幅量子态所需的内存空间。

表8.3 经典计算机存储全振幅量子态所需的内存空间

比特数	空间大小（双精度）	空间大小（单精度）
6	1 KB	0.5 KB
16	1 MB	0.5 MB
26	1 GB	0.5 GB
30	16 GB	8 GB
36	1 TB	0.5 TB
40	16 TB	8 TB
46	1 PB	0.5 PB

在 MindQuantum 中，支持两种量子模拟器——全振幅量子模拟器 mqvector 和密度矩阵模拟器 mqmatrix，且每种量子模拟器都支持单精度模拟和双精度模拟两种模式。全振幅量子模拟器占用的空间更小（2^n 维复数列向量），但只能对纯态系统进行模拟；密度矩阵模拟器占用的空间更大（$2^n \times 2^n$ 矩阵），能够对混态系统进行模拟。

在 MindQuantum 中，可以参考代码 8.5 来声明一个量子模拟器，并通过 apply_circuit 接口将量子线路作用在量子模拟器上。

代码8.5

```
from mindquantum.core.circuit import Circuit
from mindquantum.simulator import Simulator
circ = Circuit().h(0).x(1, 0)

sim = Simulator('mqvector', 2)
sim.apply_circuit(circ)
print(sim.get_qs(ket=True))
```

在代码 8.5 中，利用全振幅量子模拟器对纠缠态制备线路进行模拟，最后获取的量子模拟器的量子态的右矢形式为 $\frac{\sqrt{2}}{2}|0\rangle$ 和 $\frac{\sqrt{2}}{2}|1\rangle$。

除了对量子线路进行模拟输出量子态，MindQuantum 还能完成对更接近真实量子芯片的纠缠态的量子采样。在量子线路后面加上测量门（见代码 8.6），表示最后需要对量子比特进行测量，经过测量的量子比特会随机地塌缩到 $|0\rangle$ 或者 $|1\rangle$ 态上，带测量门的纠缠态制备线路如图 8.4 所示。

代码8.6

```
circ = Circuit().h(0).x(1, 0)
circ.measure_all()
circ.svg()
```

通过 sampling 接口（见代码 8.7）后即可获取量子模拟器对纠缠态的采样结果，对纠缠态的 2000 次采样结果如图 8.5 所示。

代码8.7

```
sim = Simulator('mqvector', 2)
res = sim.sampling(circ, shots=2000)
res.svg()
```

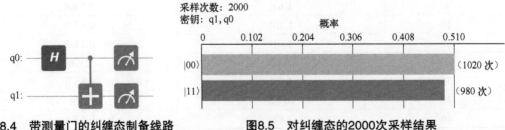

图8.4　带测量门的纠缠态制备线路　　　　图8.5　对纠缠态的2000次采样结果

通过采样，我们发现量子态处于 $|00\rangle$ 态的概率为 51%（1020/2000），处于 $|11\rangle$ 态的概率为 49%（980/2000），两个概率的比例与理论比例 1:1 非常接近。

8.3　利用量子神经网络实现鸢尾花分类

8.3.1　问题描述

鸢尾花数据集是经典机器学习中常用的数据集，该数据集包含 150 个样本，分属 3 个不同的亚属，分别为山鸢尾（setosa）、杂色鸢尾（versicolor）和弗吉尼亚鸢尾（virginica）；每个亚属各有 50 个样本，每个样本包含 4 个特征，分别为花萼长度（sepal length）、花萼宽度（sepal width）、花瓣长度（petal length）和花瓣宽度（petal width）。

选取前 100 个样本（山鸢尾和杂色鸢尾），并随机抽取 80 个样本作为训练集，通过搭建量子神经网络对量子分类器（Ansatz）进行训练。训练完成后，对剩余的 20 个样本进行分类测试，期望预测的准确率尽可能高。

利用量子神经网络实现鸢尾花分类的思路如下。首先需要将 100 个样本进行划分，分成 80 个训练样本和 20 个测试样本，基于训练样本的经典数据计算结果搭建 Encoder 所需的参数。然后，搭建 Encoder，将训练样本的经典数据编码到量子态上。接着，搭建 Ansatz 并构建哈密顿量，通过搭建的量子神经网络层和 MindSpore 的算子对 Ansatz 中的参数进行训练，进而得到最终的量子分类器。最后，对剩余的 20 个测试样本进行分类测试，得到预测的准确率。

8.3.2　数据预处理

首先导入鸢尾花数据集，如代码 8.8 所示。

代码8.8

```
import numpy as np                          # 导入 numpy 库并简记为 np
from sklearn import datasets                # 导入 datasets 模块，用于加载鸢尾花数据集

iris_dataset = datasets.load_iris()         # 加载鸢尾花数据集，并将其命名为 iris_dataset

print(iris_dataset.data.shape)              # 输出 iris_dataset 样本的数据维度
print(iris_dataset.feature_names)           # 输出 iris_dataset 样本的特征名称
print(iris_dataset.target_names)            # 输出 iris_dataset 样本包含的亚属名称
print(iris_dataset.target)                  # 输出 iris_dataset 样本标签的数组
print(iris_dataset.target.shape)            # 输出 iris_dataset 样本标签的数据维度
```

执行代码 8.8，输出如下。

(150, 4)

['sepal length (cm)', 'sepal width (cm)', 'petal length (cm)', 'petal width (cm)']

['setosa' 'versicolor' 'virginica']

[0 0 0 0 0 0 0 0 0 0 0 0 0 0 0 0 0 0 0 0 0 0 0 0 0 0 0 0 0 0 0 0 0 0 0 0 0

0 0 0 0 0 0 0 0 0 0 0 0 0 1 1 1 1 1 1 1 1 1 1 1 1 1 1 1 1 1 1 1 1 1 1 1 1

1 1 1 1 1 1 1 1 1 1 1 1 1 1 1 1 1 1 1 1 1 1 1 1 1 2 2 2 2 2 2 2 2 2 2 2

2 2 2 2 2 2 2 2 2 2 2 2 2 2 2 2 2 2 2 2 2 2 2 2 2 2 2 2 2 2 2 2 2 2 2 2

2 2]

(150,)

从上述输出可以看出，该数据集共有150个样本，分属3个亚属，每个样本均包含4个特征。每个样本有对应的分类编号，0表示样本属于setosa，1表示样本属于versicolor，2表示样本属于virginica。

我们只选取前100个样本，具体执行如代码8.9所示。

代码8.9

```
X = iris_dataset.data[:100, :].astype(np.float32)    # 选取 iris_dataset 的 data 的前
# 100 个数据，将其数据类型转换为 float32，并存储在 X 中
X_feature_names = iris_dataset.feature_names          # 将 iris_dataset 样本的特征名称存储在 X_
# feature_names 中
y = iris_dataset.target[:100].astype(int)             # 选取 iris_dataset 的 target 的前 100 个
# 数据，将其数据类型转换为 int，并存储在 y 中
y_target_names = iris_dataset.target_names[:2]        # 选取 iris_dataset 的 target_names
# 的前 2 个数据，并存储在 y_target_names 中

print(X.shape)                                        # 输出样本的数据维度
print(X_feature_names)                                # 输出样本的特征名称
print(y_target_names)                                 # 输出样本包含的亚属名称
print(y)                                              # 输出样本标签的数组
print(y.shape)                                        # 输出样本标签的数据维度
```

执行代码8.9，输出如下：

(100, 4)

['sepal length (cm)', 'sepal width (cm)', 'petal length (cm)', 'petal width (cm)']

['setosa' 'versicolor']

[0 0 0 0 0 0 0 0 0 0 0 0 0 0 0 0 0 0 0 0 0 0 0 0 0 0 0 0 0 0 0 0 0 0 0 0 0

 0 0 0 0 0 0 0 0 0 0 0 0 1 1 1 1 1 1 1 1 1 1 1 1 1 1 1 1 1 1 1 1 1 1 1 1

1 1 1 1 1 1 1 1 1 1 1 1 1 1 1 1 1 1 1 1 1 1 1 1 1]

(100,)

从上述输出可以看出，此时的数据集 X 中只有100个样本，每个样本依然包含4个特征，但此时只有2种不同的亚属：山鸢尾（setosa）和杂色鸢尾（versicolor）。每个样本有对应的分类编号，0表示样本属于setosa，1表示样本属于versicolor。

　　为了更直观地了解这 100 个样本组成的数据集，基于所有样本的不同特征绘制了散点图，执行代码 8.10，可视化结果如图 8.6 所示。

代码8.10

```
import matplotlib.pyplot as plt                    # 导入 matplotlib.pyplot 模块，并
# 简记为 plt

feature_name = {0: 'sepal length', 1: 'sepal width', 2: 'petal length', 3: 'petal
width'}
axes = plt.figure(figsize=(23, 23)).subplots(4, 4)  # 绘制一个大小为 23 像素 ×23 像素
# 的图，包含 16（4×4）个子图

colormap = {0: 'r', 1: 'g'}                         # 将标签为 0 的样本设置为红色，标
# 签为 1 的样本设置为绿色
cvalue = [colormap[i] for i in y]                   # 将 100 个样本对应的标签设置为
# 相应的颜色

for i in range(4):
    for j in range(4):
        if i != j:
            ax = axes[i][j]                         # 在第 [i]、[j] 个子图上开始
# 绘图
            ax.scatter(X[:, i], X[:, j], c=cvalue)  # 绘制第 [i] 个特征和第 [j] 个
# 特征组成的散点图
            ax.set_xlabel(feature_name[i], fontsize=22)  # 设置 x 轴的名称为第 [i] 个特
# 征的名称，字号为 22
            ax.set_ylabel(feature_name[j], fontsize=22)  # 设置 y 轴的名称为第 [j] 个特
# 征的名称，字号为 22
plt.show()                                          # 渲染图像
```

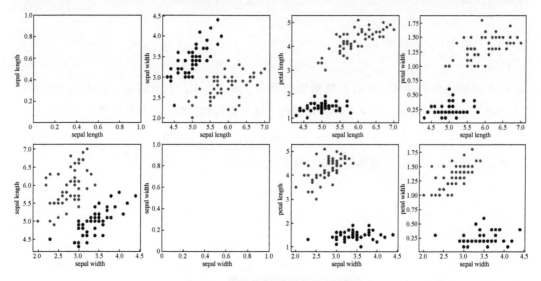

图8.6　鸢尾花数据集可视化结果

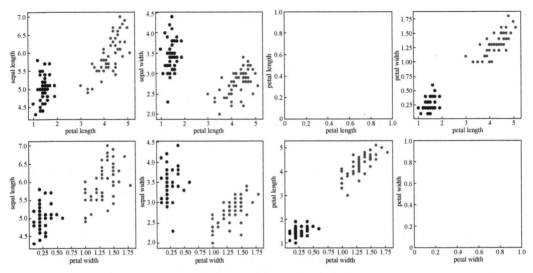

图8.6 鸢尾花数据集可视化结果（续）

在图 8.6 中，深色的点表示标签为"0"的样本，浅色的点表示标签为"1"的样本。可以发现，这两类样本的特征比较容易区分。

接下来，我们需要计算搭建 Encoder 时所需的参数，然后将数据集划分为训练集和测试集，执行代码 8.11。

代码8.11

```
alpha = X[:, :3] * X[:, 1:]              # 在每一个样本中，利用相邻两个特征值计算出一个参数，
# 也就是说每个样本中会多出 3 个参数（因为有 4 个特征值），并存储在 alpha 中
X = np.append(X, alpha, axis=1)          # 沿着 axis=1 的方向，将 alpha 的数据值添加到 X 的特
# 征值中
print(X.shape)                           # 输出 X 的样本的数据维度
```

执行代码 8.11，输出如下：

(100, 7)

从上述输出可以看到，此时的数据集中仍有 100 个样本，但此时每个样本有 7 个特征，前 4 个特征是原来的特征，后 3 个特征是通过上述计算得到的特征，具体计算公式如下：

$$X_{i+4}^j = X_{i+1}^j \times X_{i+1}^j, i = 0,1,2, j = 1,2,\cdots,100 \tag{8-3}$$

然后将数据集分为训练集和测试集，执行代码 8.12。

代码8.12

```
from sklearn.model_selection import train_test_split   # 导入 train_test_split 函数，
# 用来划分数据集

X_train, X_test, y_train, y_test = train_test_split(X, y, test_size=0.2, random_
state=0, shuffle=True)    # 将数据集划分为训练集和测试集

print(X_train.shape)     # 输出训练集中样本的数据维度
```

```
print(X_test.shape)          # 输出测试集中样本的数据维度
```

执行代码，输出如下：

(80, 7)

(20, 7)

从上述输出可以看到，此时的训练集中有 80 个样本，测试集中有 20 个样本，每个样本均有 7 个特征。

部分函数说明如下。

append 主要用于为原始数组添加一些值，一般格式为：np.append(arr, values, axis=None)。其中，arr 表示数组，values 表示添加到数组 arr 中的数据，axis 表示沿着数组的哪个方向添加数据。

train_test_split 是交叉验证中常用的函数，主要用于从样本中按比例随机选取训练集和测试集，一般格式为：train_test_split(X, y, test_size, random_state, shuffle=True)。其中，test_size 表示测试集所占的比例。random_state 表示产生随机数的种子。shuffle=True 表示将数据集打乱，每次以不同的顺序返回数据集。这样处理是为了避免数据顺序对网络训练造成影响。打乱数据集可以增加随机性，提高网络的泛化能力，避免使用规律数据而导致权重更新时的梯度过于极端，从而避免模型陷入过拟合或欠拟合。

8.3.3　搭建编码层线路

根据图 8.7 所示的量子神经网络中 Encoder 的量子线路，可以在 MindQuantum 中搭建编码层线路（Encoder）（见代码 8.13），将经典数据编码到量子态上。

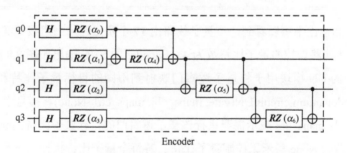

图8.7　量子神经网络中Encoder的量子线路

在这里，我们采用的编码方式是瞬时量子多项式编码（Instantaneous Quantum Polynomial Encoding，IQP 编码）。一般来说，Encoder 的编码方式不固定，可根据问题需要选择不同的编码方式，有时也会根据最后完整量子神经网络的性能对 Encoder 的编码方式进行调整。

Encoder 中的参数 $(a_0,a_1,\cdots,a_6)$ 对应 8.3.2 节中的 7 个特征值。

代码 8.13

```
from mindquantum.core.circuit import Circuit      # 导入 Circuit 模块，用于搭建编码层线路
from mindquantum.core.circuit import UN           # 导入 UN 模块
```

```
from mindquantum.core.gates import H, X, RZ    # 导入量子逻辑门

encoder = Circuit()                            # 初始化量子线路

encoder += UN(H, 4)                            # H门作用在量子比特上
for i in range(4):                             # i = 0, 1, 2, 3
    encoder += RZ(f'alpha_{i}').on(i)          # RZ(-alpha_{i}) 门作用在第 i 位量子比特上
for j in range(3):                             # j = 0, 1, 2
    encoder += X.on(j+1, j)                    # X门作用在第 (j+1) 位量子比特上, 受第 j
# 位量子比特控制
    encoder += RZ(f'alpha_{j+4}').on(j+1)      # RZ(-alpha_{j+4}) 门作用在第 0 位量子比特上
    encoder += X.on(j+1, j)                    # X门作用在第 (j+1) 位量子比特上, 受第 j
# 位量子比特控制

encoder = encoder.no_grad()                    # Encoder 作为整个量子神经网络的第一层,
# 不用对编码层线路中的梯度求导数, 因此调用 no_grad
encoder.summary()                              # 总结 Encoder
encoder.svg()
```

执行代码 8.13, 输出如下:

```
============================Circuit Summary============================
|Total number of gates  : 17.                            |
|Parameter gates        : 7.                             |
|with 7 parameters are  :                                |
|alpha0, alpha1, alpha2, alpha3, alpha4, alpha5, alpha6  .|
|Number qubit of circuit: 4
=======================================================================
```

从代码 8.13 和输出中可以看到, 该量子线路由 17 个量子逻辑门组成, 其中有 7 个含参量子逻辑门, 该量子线路调控的量子比特数为 4。Encoder 的 SVG 输出如图 8.8 所示。

代码 8.13 中的 UN 模块用于将量子逻辑门映射到不同的目标量子比特和控制量子比特, 一般格式为: mindquantum.circuit.UN(gate, maps_obj, maps_ctrl=None)。括号中的 gate 表示需要执行的量子逻辑门; maps_obj 表示需要执行该量子逻辑门的目标量子比特; maps_ctrl 表示控制量子比特, 其值若为 None 表示无控制量子比特。若每个量子比特执行同一个不含参量子逻辑门, 则可以直接使用 UN(gate, N), N 表示量子比特数。

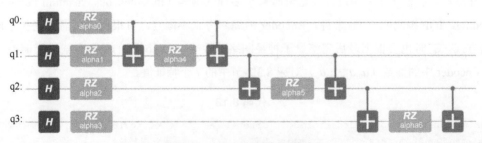

图8.8　Encoder的SVG输出

8.3.4　搭建可训练线路

根据图 8.9 所示的量子神经网络中 Ansatz 的量子线路，可以在 MindQuantum 中搭建可训练线路（Ansatz）。

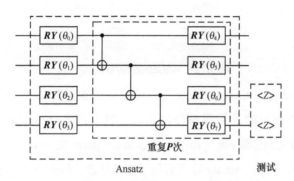

图8.9　量子神经网络中Ansatz的量子线路

Ansatz 与 Encoder 相似，线路结构也不固定，可以尝试采用不同的线路结构来测试最后的结果。

通过 HardwareEfficientAnsatz，即图 8.9 所示的量子线路，搭建可训练线路，如代码 8.14 所示。

代码 8.14

```
from mindquantum.algorithm.nisq import HardwareEfficientAnsatz
HardwareEfficientAnsatz
from mindquantum.core.gates import RY

ansatz = HardwareEfficientAnsatz(4, single_rot_gate_seq=[RY], entangle_gate=X,
depth=3).circuit
ansatz.summary()
ansatz.svg()
```

执行代码 8.14，输出如下：

```
============================Circuit Summary============================
|Total number of gates  : 25.                                          |
|Parameter gates        : 16.                                          |
|with 16 parameters are :                                              |
|d0_n0_0, d0_n1_0, d0_n2_0, d0_n3_0, d1_n0_0, d1_n1_0, d1_n2_0, d1_n3_0, d2_n0_0, |
|d2_n1_0...                                                             |
|Number qubit of circuit: 4                                            |
=======================================================================
```

从代码 8.14 和输出中可以看到，该量子线路由 25 个量子逻辑门组成，其中有 16 个含参量子逻辑门，该量子线路调控的量子比特数为 4。Ansatz 的 SVG 输出如图 8.10 所示。

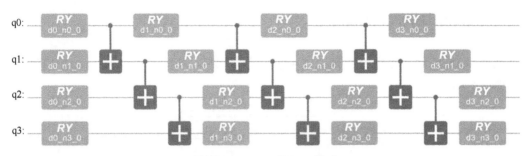

图8.10　Ansatz的SVG输出

代码 8.14 中的 HardwareEfficientAnsatz 是一种容易在量子芯片上实现的 Ansatz，其量子线路由图 8.9 中外虚线框内的量子逻辑门组成，一般格式为：mindquantum.ansatz.Hardware EfficientAnsatz(n_qubits, single_rot_gate_seq, entangle_gate=X, entangle_mapping="linear", depth=1)。其中，n_qubits 表示 Ansatz 对应的量子比特总数；single_rot_gate_seq 表示每个量子比特执行的参数门，后面需要执行的参数门也固定了，只是参数不同；entangle_gate=X 表示执行的纠缠门为 X；entangle_mapping="linear" 表示纠缠门将作用于每对相邻量子比特上；depth 表示图 8.9 中内虚线框内的量子逻辑门的重复次数。

完整的量子线路是由 Encoder 和 Ansatz 组成的，如代码 8.15 所示。这里调用 as_encoder 将量子线路中的所有参数设置为编码参数，调用 as_ansatz 将量子线路中的所有参数设置为待训练参数。

代码8.15

```
circuit = encoder.as_encoder() + ansatz.as_ansatz()
circuit.summary()
circuit.svg()
```

执行代码 8.15，输出如下：

```
============================Circuit Summary============================
|Total number of gates  : 42.                                         |
|Parameter gates        : 23.                                         |
|with 23 parameters are :                                             |
|alpha0, alpha1, alpha2, alpha3, alpha4, alpha5, alpha6, d0_n0_0, d0_n1_0, d0_
n2_0...                                                               |
|Number qubit of circuit: 4                                           |
========================================================================
```

从对完整的量子线路（见图 8.11）的总结中可以看到，该量子线路由 42 个量子逻辑门组成，其中有 23 个含参量子逻辑门，该量子线路调控的量子比特数为 4。

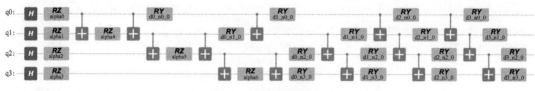

图8.11　完整的量子线路

8.3.5　构建哈密顿量

我们分别对第 2 位和第 3 位量子比特执行泡利 Z 算符测量，构建对应的哈密顿量，如代码 8.16 所示。

代码8.16

```
from mindquantum.core.operators import QubitOperator          # 导入 QubitOperator
# 模块，用于构造泡利 Z 算符
from mindquantum.core.operators import Hamiltonian            # 导入 Hamiltonian
# 模块，用于构建哈密顿量

hams = [Hamiltonian(QubitOperator(f'Z{i}')) for i in [2, 3]]  # 分别对第 2 位和第 3
# 位量子比特执行泡利 Z 算符测量，且将系数都设为 1，构建对应的哈密顿量
for h in hams:
    print(h)
```

执行代码 8.16，输出如下：

1 [Z2]

1 [Z3]

从上述输出可以看到，通过泡利 Z 算符测量，可以得到 2 个哈密顿量测量值，若样本的第 1 个哈密顿量测量值更大，则会将此样本归类到标签为 "0" 的类；若样本的第 2 个哈密顿量测量值更大，则会将此样本归类到标签为 "1" 的类。通过量子神经网络的训练，期望训练样本中标签为 "0" 的样本的第 1 个哈密顿量测量值更大，而标签为 "1" 的样本的第 2 个哈密顿量测量值更大，最后应用此模型来预测新样本的分类。

8.3.6　量子神经网络的训练与预测

如代码 8.17 所示，搭建量子神经网络。

代码8.17

```
import mindspore as ms
from mindquantum.framework import MQLayer                      # 导入 MQLayer
from mindquantum.simulator import Simulator

ms.set_context(mode=ms.PYNATIVE_MODE, device_target="CPU")
```

```
ms.set_seed(1)                                                      # 设置随机数种子
sim = Simulator('mqvector', circuit.n_qubits)
grad_ops = sim.get_expectation_with_grad(hams,
                                         circuit,
                                         parallel_worker=5)
QuantumNet = MQLayer(grad_ops)                                      # 搭建量子神经网络
QuantumNet
```

执行代码 8.17，输出如下：

MQLayer<

    (evolution): MQOps<4 qubits mqvector VQA Operator>

    >

从上述输出可以看到，量子机器学习层已经成功搭建，其可以无缝地与 MindSpore 中的其他算子组合，构成更大的神经网络模型。

接下来定义损失函数，设定需要优化的参数；然后将搭建好的量子机器学习层和 MindSpore 中的其他算子组合，构成更大的神经网络模型；最后对该模型进行训练，如代码 8.18 所示。

代码8.18

```
from mindspore.nn import SoftmaxCrossEntropyWithLogits              # 导入
# SoftmaxCrossEntropyWithLogits 模块，用于定义损失函数
from mindspore.nn import Adam                           # 导入 Adam 模块，用于定义需要
# 优化的参数
from mindspore.train import Accuracy, Model, LossMonitor      # 导入 Accuracy、Model、
# LossMonitor 模块
import mindspore as ms
from mindspore.dataset import NumpySlicesDataset                   # 导入
# NumpySlicesDataset 模块，用于创建模型可以识别的数据集

loss = SoftmaxCrossEntropyWithLogits(sparse=True, reduction=" mean ")    # 通过
# SoftmaxCrossEntropyWithLogits 定义损失函数，sparse=True 表示指定标签使用稀疏格式，
# reduction=" mean " 表示损失函数的降维方法为求均值
opti = Adam(QuantumNet.trainable_params(), learning_rate=0.1)          # 通过 Adam
# 优化器优化 Ansatz 中的参数，需要优化的是 QuantumNet 中可训练的参数，学习率设为 0.1

model = Model(QuantumNet, loss, opti, metrics={'Acc': Accuracy()})       # 建立模型:
# 将使用 MindQuantum 搭建的量子机器学习层和 MindSpore 中的算子组合，构成更大的神经网络模型

train_loader = NumpySlicesDataset({'features': X_train, 'labels': y_train},
shuffle=False).batch(5)    # 通过 NumpySlicesDataset 创建训练集，shuffle=False 表示不打乱数据；
# batch(5) 表示训练集每批次样本点有 5 个
test_loader = NumpySlicesDataset({'features': X_test, 'labels': y_test}).batch(5)
# 通过 NumpySlicesDataset 创建测试集；batch(5) 表示测试集每批次样本点有 5 个

class StepAcc(ms.Callback):                              # 定义关于每一步准确率的回调函数
    def __init__(self, model, test_loader):
        self.model = model
```

```
        self.test_loader = test_loader
        self.acc = []

    def step_end(self, run_context):
        self.acc.append(self.model.eval(self.test_loader, dataset_sink_mode=False)
['Acc'])


monitor = LossMonitor(16)                          # 监控训练中的损失，每 16 步打印一次损失值

acc = StepAcc(model, test_loader)                  # 使用建立的模型和测试样本计算预测准确率

model.train(20, train_loader, callbacks=[monitor, acc], dataset_sink_mode=False)
# 将上述建立的模型训练 20 次
```

执行代码 8.18，输出如下：

epoch: 1 step: 16, loss is 0.6140301823616028

epoch: 2 step: 16, loss is 0.48262983560562134

epoch: 3 step: 16, loss is 0.43457236886024475

epoch: 4 step: 16, loss is 0.4101267457008362

epoch: 5 step: 16, loss is 0.4027639925479889

epoch: 6 step: 16, loss is 0.39859312772750854

epoch: 7 step: 16, loss is 0.39496558904647827

epoch: 8 step: 16, loss is 0.3970319926738739

epoch: 9 step: 16, loss is 0.3954522907733917

epoch: 10 step: 16, loss is 0.39520972967147827

epoch: 11 step: 16, loss is 0.3955090641975403

epoch: 12 step: 16, loss is 0.3953099250793457

epoch: 13 step: 16, loss is 0.39525243639945984

epoch: 14 step: 16, loss is 0.3952508568763733

epoch: 15 step: 16, loss is 0.39521533250808716

epoch: 16 step: 16, loss is 0.39519912004470825

epoch: 17 step: 16, loss is 0.39518338441848755

epoch: 18 step: 16, loss is 0.395169198513031

epoch: 19 step: 16, loss is 0.39515653252601624

epoch: 20 step: 16, loss is 0.3951443135738373

从上述输出可以看到，训练 20 次后，loss 不断下降并趋于稳定，最后收敛至 0.395 左右。

SoftmaxCrossEntropyWithLogits 可以计算数据和标签之间的 softmax 交叉熵。使用交叉熵损失可以测量输入（使用 softmax 函数计算）的概率和目标之间的分布误差。类是互斥的（只

有一个类是正的），一般格式为：SoftmaxCrossEntropyWithLogits(sparse=False, reduction="none")。其中，sparse=False 表示指定标签是否使用稀疏格式，默认值为 False；reduction="none" 表示适用于损失函数的降维方法，可选值为 mean、sum 和 None，如果值为 None，则不执行降维，默认值为 None。

Adam 模块通过自适应矩估计算法更新梯度，可以优化 Ansatz 中的参数，输入的是量子神经网络中可训练的参数。Adam 函数的一般格式为：Adam(QuantumNet.trainable_params(), learning_rate=0.1)。学习率可调。

mindspore.train.Model 是用于训练或测试的高级 API，模型将层分组到具有训练和推理特征的对象中，一般格式为：mindspore.train.Model(network, loss_fn=None, optimizer=None, metrics=None, eval_network=None, eval_indexes=None, amp_level="O0", boost_level="O0")。其中，network 表示要训练的网络（QuantumNet）。loss_fn 表示目标函数，在这里就是定义的 loss 函数。optimizer 表示优化器，用于更新权重，在这里表示定义的 opti。metrics 表示模型在训练和测试期间需要评估的字典或一组度量，在这里就是评估准确率。eval_network 表示用于评估的神经网络。eval_indexes 在定义 eval_network 的情况下使用。amp_level 表示 mindspore.amp.build_train_network 的可选参数为 level。boost_level 表示 mindspore.boost 的可选参数为 boost 模式训练等级。

Accuracy 用于计算准确率，其一般格式为：mindspore.train.Accuracy(eval_type="classification")。其中，eval_type 表示单标签分类和多标签分类的数据集上用于计算准确率的度量，默认值为 classification。

NumpySlicesDataset 使用给定的数据切片创建数据集，主要用于将 Python 数据加载到数据集中，一般格式为：mindspore.dataset.NumpySlicesDataset(data, column_names=None, num_samples=None, num_parallel_workers=1, shuffle=None, sampler=None, num_shards=None, shard_id=None)。

Callback 是用于构建回调的抽象基类，回调是上下文管理器，在运行模型时被调用。可以使用此机制自动初始化和释放资源。回调函数将执行当前步骤或数据轮次中的一些操作。

LossMonitor 主要用于监控训练中的损失，如果损失值是 NAN（不是一个数字）或 INF（无穷大），将终止神经网络的训练，一般格式为：mindspore.train.LossMonitor(per_print_times=1)。其中，per_print_times=1 表示每秒输出一次损失值，默认值为 1。

train 模块用于训练模型，其迭代由 Python 前端控制，一般格式为：train(epoch, train_dataset, callbacks=None, dataset_sink_mode=True, sink_size=1)。其中，epoch 表示总迭代次数；train_dataset 在这里表示定义的 train_loader；callbacks 表示需要回调的损失值和准确率；dataset_sink_mode 表示是否通过数据集通道传递数据；sink_size 表示控制每次数据下沉的 step 数量。

从输出中可以看到 loss 趋于稳定，还可以呈现模型在训练过程中预测的准确率，执行代码 8.19。

代码8.19

```
plt.plot(acc.acc)
plt.title('Statistics of accuracy', fontsize=20)
plt.xlabel('Steps', fontsize=20)
```

```
plt.ylabel('Accuracy', fontsize=20)
Text(0, 0.5, 'Accuracy')
```

从输出的图像（见图 8.12）可以看到，在大约 50 步后，预测的准确率收敛于 1，即预测的准确率接近 100%。

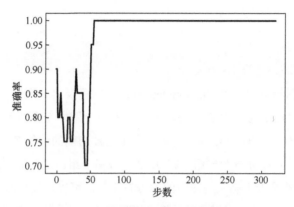

图8.12　训练过程中预测的准确率

最后，测试训练好的模型，将其应用在测试集上，如代码 8.20 所示。

代码8.20

```
from mindspore import ops

predict = np.argmax(ops.Softmax()(model.predict(ms.Tensor(X_test))), axis=1)
correct = model.eval(test_loader, dataset_sink_mode=False)

print("预测分类结果: ", predict)
print("实际分类结果: ", y_test)

print(correct)
```

执行代码 8.20，输出如下：

预测分类结果: [0 1 0 1 1 1 0 1 1 1 1 1 1 0 0 0 0 0 0 0]

实际分类结果: [0 1 0 1 1 1 0 1 1 1 1 1 1 0 0 0 0 0 0 0]

{'Acc': 1.0}

从上述输出可以看到，预测分类结果和实际分类结果完全一致，模型预测的准确率达到了 100%。

至此，实现了通过搭建量子神经网络来解决经典机器学习中的鸢尾花分类问题。

8.4　利用量子近似优化算法实现组合优化问题求解

QAOA 是利用量子计算机来近似解决组合优化问题的量子算法，由 Farhi 等人于 2014 年提出。组合优化问题指的是在有限的可行解集合中找出最优解的一类优化问题，它是运筹学中的一个重要分支，在网络通信、物流交通、芯片设计等行业中发挥着重要作用。由于大多数组合优化问题都可以归为所谓的 NP（非确定性多项式）-hard 问题，人们普遍认为不存在求精确最优解的多项式时间算法，而近似优化算法指的是能在多项式时间内找到问题的一个近似解的算法。

8.4.1 问题描述

Max-Cut 问题是图论中的一个 NP-complete 问题，它需要将一个图中的顶点分成两部分，并使这两部分被切割的边最多。如图 8.13（a）所示，一个图由 5 个顶点构成，相互连接的边为 (0, 1)、(0, 2)、(1, 2)、(2, 3)、(3, 4)、(0, 4)。为了使被切割的边最多，尝试通过图 8.13（b）所示的切割方式，将 1、2、4 分为一组，将 0、3 分成另一组，这样被切割的边有 5 条。后面将用穷举法验证这个解是否正确。当图中的顶点较少时，可以在较短时间内通过穷举法找到最大的切割边数；但当图中的顶点增多时，很难找到有效的经典算法来解决 Max-Cut 问题，因为这类 NP-complete 问题很有可能不存在对应的求精确最优解的多项式时间算法。尽管精确解不容易得到，但可以在多项式时间内找到问题的一个近似解，这就是近似优化算法。下面介绍怎么将 Max-Cut 问题转化为一个哈密顿量的基态能量求解问题。

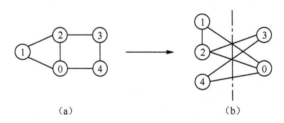

图8.13　Max-Cut问题示意

（a）未切割　　　（b）切割

8.4.2 Max-Cut 问题的量子化

为图 8.13 中的每个顶点赋予一个量子比特，当顶点被分到左边时，将该顶点上的量子比特设置为 $|0\rangle$ 态；当顶点被分到右边时，将该顶点上的量子比特设置为 $|1\rangle$ 态。当两个顶点被分到不同的集合中时，这两个顶点上的量子比特将处于不同的量子态。例如，对于顶点 0 和顶点 1，当连接边被切割时，两个顶点上的量子比特对应的量子态可以表示为 $|01\rangle$（顶点 1：左，顶点 0：右）或 $|10\rangle$（顶点 1：右，顶点 0：左）；若它们被分到同一边，则对应量子态为 $|00\rangle$ 或 $|11\rangle$）。因此，只要找到一个哈密顿量 H，使得当被连线的两个顶点处于不同量子态时，哈密顿量的期望值为 -1，即：

$$\langle 01|\boldsymbol{H}|01\rangle = -1, \langle 10|\boldsymbol{H}|10\rangle = -1 \tag{8-4}$$

而当被连线的两个顶点处于相同量子态时，哈密顿量的期望值为 0，即：

$$\langle 00|\boldsymbol{H}|00\rangle = 0, \langle 11|\boldsymbol{H}|11\rangle = 0 \tag{8-5}$$

随后，只要将哈密顿量的期望值最小化，就可以找到最大切割边数，以及此时对应的分组情况。之所以将处于不同量子态时的期望值设为 –1，是因为在量子神经网络的训练中，Ansatz 中的参数的梯度会一直下降，测量值也会一直减小，该训练方法就是以找到最小值为目标的，这里通过期望值来寻找哈密顿量的基态能量。选择哈密顿量 $\boldsymbol{H} = (\boldsymbol{Z}_1\boldsymbol{Z}_0 - 1)/2$，这里的 $\boldsymbol{Z}$ 为泡利 $\boldsymbol{Z}$ 算符。此时有：

$$\boldsymbol{Z}_1\boldsymbol{Z}_0|00\rangle = |00\rangle, \boldsymbol{Z}_1\boldsymbol{Z}_0|11\rangle = |11\rangle, \boldsymbol{Z}_1\boldsymbol{Z}_0|01\rangle = -|01\rangle, \boldsymbol{Z}_1\boldsymbol{Z}_0|10\rangle = -|10\rangle \tag{8-6}$$

因此，当顶点被分到不同集合中时：

$$\begin{cases} \langle 01|\boldsymbol{H}|01\rangle = \dfrac{1}{2}\langle 01|\boldsymbol{Z}_1\boldsymbol{Z}_0|01\rangle - \dfrac{1}{2} = -1 \\ \langle 10|\boldsymbol{H}|10\rangle = \dfrac{1}{2}\langle 10|\boldsymbol{Z}_1\boldsymbol{Z}_0|10\rangle - \dfrac{1}{2} = -1 \end{cases} \tag{8-7}$$

当顶点被分到同一集合中时，不难验证：

$$\begin{cases} \langle 00|\boldsymbol{H}|00\rangle = \dfrac{1}{2}\langle 00|\boldsymbol{Z}_1\boldsymbol{Z}_0|00\rangle - \dfrac{1}{2} = 0 \\ \langle 11|\boldsymbol{H}|11\rangle = \dfrac{1}{2}\langle 11|\boldsymbol{Z}_1\boldsymbol{Z}_0|11\rangle - \dfrac{1}{2} = 0 \end{cases} \tag{8-8}$$

因此，只要写出每条边对应的哈密顿量，然后对所有边求和，即可得到图对应的哈密顿量 $\boldsymbol{H}$。利用量子计算机求得 $\boldsymbol{H}$ 的基态能量与基态，就可以得到该图对应的 Max-Cut 问题的切割方案与最大切割边数。

8.4.3　QAOA 流程

QAOA 流程包括如下步骤，如图 8.14 所示。

第 1 步，搭建 QAOA 量子线路。

第 2 步，初始化量子线路中的参数。

第 3 步，运行该量子线路，得到量子态 $|\psi\rangle$。

第 4 步，计算目标哈密顿量 $\boldsymbol{H}_C$ 的期望值 $\langle\psi|\boldsymbol{H}_C|\psi\rangle$。

第 5 步，根据第 4 步的结果，使用 Adam 优化器优化量子线路中的参数。

第 6 步，重复第 3 ~ 5 步，直到第 4 步结果基本不再变化。

第 7 步，根据第 4 步的结果，计算目标问题的近似解。

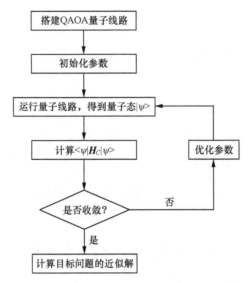

图8.14　QAOA流程

在该流程中，第 2～6 步都可以由 MindSpore 和 MindQuantum 中现成的包和函数来实现，因此将重点关注第 1 步——量子线路的搭建。

QAOA 中的线路是基于量子绝热演化的量子线路 Ansatz。量子绝热演化使系统先处于某一简单哈密顿量 H_B 的基态上，然后令简单的哈密顿量 H_B 绝热地、缓慢地演化至某一复杂的哈密顿量 H_C。根据绝热定理，系统将始终保持在哈密顿量的基态上，最终达到复杂哈密顿量 H_C 的基态。

采用以上思路，选取初始简单哈密顿量。将量子线路制备到 H_B 的基态，通过对所有量子比特作用 Hadamard 门即可实现。然后连接 Ansatz 含参线路，不断地优化其中的参数，使得 Ansatz 越来越接近真实绝热演化的效果，最终得到量子线路的过程可以视为近似模拟了一个真实的绝热演化过程。

8.4.4　搭建 QAOA 量子神经网络

1. 导入相关依赖

如代码 8.21 所示，导入相关依赖。

代码8.21

```
from mindquantum.core.circuit import Circuit, UN
from mindquantum.core.gates import H, ZZ, RX
from mindquantum.core.operators import Hamiltonian, QubitOperator
from mindquantum.framework import MQAnsatzOnlyLayer
from mindquantum.simulator import Simulator
import networkx as nx
import mindspore.nn as nn
```

2. 搭建待求解的图

通过 add_path 可在图中添加边，如代码 8.22 所示。待求解的图的结构如图 8.15 所示。

代码8.22

```
g = nx.Graph()
nx.add_path(g, [0, 1])
nx.add_path(g, [1, 2])
nx.add_path(g, [2, 3])
nx.add_path(g, [3, 4])
nx.add_path(g, [0, 4])
nx.add_path(g, [0, 2])
nx.draw(g, with_labels=True, font_weight='bold')
```

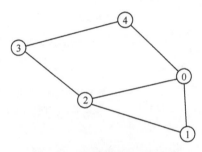

图8.15　待求解的图的结构

3. 搭建 Ansatz

需要搭建的 Ansatz 由 $U_C(\gamma)$ 和 $U_B(\beta)$ 这两个酉变换交替构成。其中，$U_C(\gamma)$ 酉变换可以由 **ZZ** 门实现；$U_B(\beta)$ 相当于在每个量子比特上作用一个 **RX** 旋转门。γ 和 β 是可训练的参数。

搭建单层量子线路，如代码 8.23 所示。Ansatz 如图 8.16 所示。

代码8.23

```
def build_hc(g, para):
    hc = Circuit()                        # 创建量子线路对象
    for i in g.edges:
        hc += ZZ(para).on(i)              # 对图中的每条边作用 ZZ 门
    hc.barrier()                          # 添加 barrier，更加美观地展示量子线路
return hc
def build_hb(g, para):
    hb = Circuit()
    for i in g.nodes:
        hb += RX(para).on(i)
    hb.barrier()
return hb
return hc
# pylint: disable=W0104
circuit = build_hc(g, 'gamma') + build_hb(g, 'beta')
circuit.svg()
```

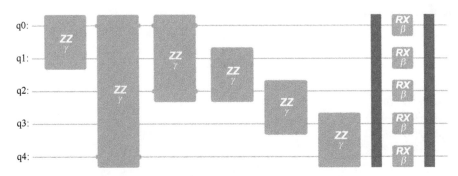

图8.16　Ansatz

为了使最后优化的结果足够准确，需要通过代码 8.24 搭建多层量子线路。

代码8.24

```
def build_ansatz(g, p):                          # g 表示 Max-Cut 问题的图，p 表示 Ansatz 的层数
    circ = Circuit()
    for i in range(p):
        circ += build_hc(g, f'g{i}')             # 添加 hc 对应的量子线路，参数记为 g0、g1、g2…
        circ += build_hb(g, f'b{i}')             # 添加 hb 对应的量子线路，参数记为 b0、b1、b2…
    return circ
```

构建图 8.15 对应的哈密顿量（忽略常数项和系数），如代码 8.25 所示。

代码8.25

```
def build_ham(g):
    ham = QubitOperator()
    for i in g.edges:
        ham += QubitOperator(f'Z{i[0]} Z{i[1]}')
    return ham
```

4. 搭建待训练的量子神经网络

使用 MQAnsatzOnlyLayer 搭建待训练的量子神经网络，并采用 Adam 优化器，如代码 8.26 所示。

代码8.26

```
import mindspore as ms
ms.set_context(mode=ms.PYNATIVE_MODE, device_target="CPU")

sim = Simulator('mqvector', circ.n_qubits)                        # 创建量子模拟器，backend
# 使用 mqvector，能模拟 5 个比特（circ 线路中包含的比特数）
grad_ops = sim.get_expectation_with_grad(ham, circ)              # 获取计算变分量子线路的期望
# 值和梯度的算子
net = MQAnsatzOnlyLayer(grad_ops)                                # 生成能对量子神经网络进行一
# 步训练的算子
opti = nn.Adam(net.trainable_params(), learning_rate=0.05)      # 设置针对网络中所有可训练参
# 数、学习率为 0.05 的 Adam 优化器
train_net = nn.TrainOneStepCell(net, opti)                       # 对量子神经网络进行一步训练
```

8.4.5　训练并展示结果

执行代码 8.27，训练量子神经网络。

代码8.27

```
for i in range(200):
    cut = (len(g.edges) - train_net()) / 2          # 将量子神经网络训练一步，并计算训练得
# 到的切割边数。'train_net' 运行一次，量子神经网络就训练一步
    if i%10 == 0:
        print("train step:", i, ", cut:", cut)      # 每训练 10 步，输出当前训练步数和当前
# 得到的切割边数
```

执行代码 8.27，输出如下：

train step: 0 , cut: [3.0001478]

train step: 10 , cut: [4.1718774]

train step: 20 , cut: [4.6871986]

train step: 30 , cut: [4.7258005]

train step: 40 , cut: [4.804503]

train step: 50 , cut: [4.8477592]

train step: 60 , cut: [4.8705964]

train step: 70 , cut: [4.9060946]

train step: 80 , cut: [4.933446]

train step: 90 , cut: [4.9356637]

train step: 100 , cut: [4.938308]

train step: 110 , cut: [4.9390197]

train step: 120 , cut: [4.939068]

train step: 130 , cut: [4.9392157]

train step: 140 , cut: [4.939249]

train step: 150 , cut: [4.939247]

train step: 160 , cut: [4.939255]

train step: 170 , cut: [4.939257]

train step: 180 , cut: [4.939257]

train step: 190 , cut: [4.939257]

根据上面的训练结果可以发现，该问题的哈密顿量的基态能量对应的切割边数接近 5。

那么如何得到想要的采样结果与分布呢？接下来可以通过获取量子线路的采样结果和分布来得到最大切割边数对应的节点分割情况。然后将最优参数提取出来并存储为字典，与之前线路中命名的参数一一对应。最后对量子线路进行 1000 次采样，绘制出最终量子态在计算基矢下的概率分布情况，如代码 8.28 所示。

代码8.28

```
pr = dict(zip(ansatz.params_name, net.weight.asnumpy()))    # 获取线路参数
print(pr)
circ.measure_all()                                          # 为线路中所有量子比特添加
# 测量门
sim.sampling(circ, pr=pr, shots=1000).svg()                 # 运行量子线路 1000 次并输
# 出结果
```

执行代码，输出如下：

{'g0': 0.22448167, 'b0': -1.1390871, 'g1': 0.45314747, 'b1': -0.94472605, 'g2': 0.5338268, 'b2': -0.67756957, 'g3': 0.58400834, 'b3': -0.38243017}

根据概率分布情况（见图 8.17）发现，该 Max-Cut 问题有 4 个简并解，每个解对应的概率大概为 25%。

01001：编号为 1、2、4 的顶点在左边，编号为 0、3 的顶点在右边。

10110：编号为 0、3 的顶点在左边，编号为 1、2、4 的顶点在右边。

01011：编号为 2、4 的顶点在左边，编号为 0、1、3 的顶点在右边。

10100：编号为 0、1、3 的顶点在左边，编号为 2、4 的顶点在右边。

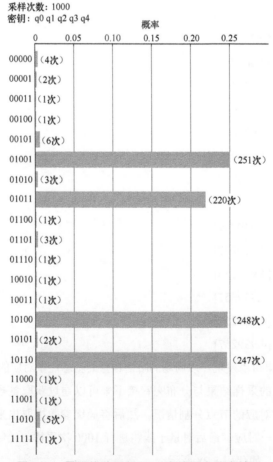

图8.17　量子线路运行1000次的概率分布情况

▌⊪8.5　总结与展望

　　量子计算是人们在突破传统计算、寻求新的计算模式时探索出来的一种新的计算范式。在理论上已经证明，量子计算能够在特定领域以超越传统计算的多项式级乃至指数级的速度完成质因数分解、数据库搜索等任务。本章介绍了 MindQuantum 的基本使用方法，并结合传统机器学习算法，完成了量子 - 经典混合运算框架的搭建，成功地在鸢尾花分类、组合优化问题求解等传统场景中，提供了量子计算的解决方案，为探索更多、更有价值的量子算法铺平了道路。

参考文献

[1] JIN X, CHENG P, CHEN W L, et al. Prediction model of velocity field around circular cylinder over various reynolds numbers by fusion convolutional neural networks based on pressure on the cylinder[J]. Physics of Fluids, 2018, 30(4):047105.

[2] LEE S, YOU D. Data-driven prediction of unsteady flow over a circular cylinder using deep learning[J]. Journal of Fluid Mechanics, 2019, 879:217-254.

[3] KIM J, LEE C. Prediction of turbulent heat transfer using convolutional neural networks[J]. Journal of Fluid Mechanics, 2020, 882:A18 .

[4] RAISSI M, WANGZ, TRIANTAFYLLOU M S, et al. Deep learning of vortex-induced vibrations[J]. Journal of Fluid Mechanics, 2019, 861:119-137.

[5] SEKAR V, KHOO B C. Fast flow field prediction over airfoils using deep learning approach[J]. Physics of Fluids, 2019, 31(5):057103.

[6] AFSHAR Y, BHATNAGAR S, PAN S, et al. Prediction of aerodynamic flow fields using convolutional neural networks[J]. Computational Mechanics, 2019, 64:525-545.

[7] LI Y, CHANG J, WANG Z, et al. Inversion and reconstruction of supersonic cascade passage flow field based on a model comprising transposed network and residual network[J]. Physics of Fluids, 2019, 31(12):126102.

[8] LI Y, CHANG J, KONG C, et al. Flow field reconstruction and prediction of the supersonic cascade channel based on a symmetry neural network under complex and variable conditions[J]. AIP Advances, 2020, 10(6):065116.

[9] WANG T, WANG J, WU Y, et al. A fault diagnosis model based on weighted extension neural network for turbo-generator sets on small samples with noise[J]. Chinese Journal of Aeronautics, 2020, 33(10):2757-2769.

[10] AMSALLEM D, ZAHR M J, FARHAT C. Nonlinear model order reduction based on local reduced-order bases[J]. International Journal for Numerical Methods in Engineering, 2012, 92(10):891-916.

[11] LING J, TEMPLETON J. Evaluation of machine learning algorithms for prediction of regions of high reynolds averaged navier stokes uncertainty[J]. Physics of Fluids, 2015, 27(8):085103.

[12] TRACEY B, DURAISAMY K, ALONSO J. Application of supervised learning to quantify uncertainties in turbulence and combustion modeling[C]//51st AIAA Aerospace Sciences Meeting including the New Horizons Forum and Aerospace Exposition. Texas, USA:AIAA, 2013: 259.

[13] LING J, KURZAWSKI A, TEMPLETON J, et al. Reynolds averaged turbulence modelling using deep neural networks with embedded invariance[J]. Journal of Fluid Mechanics, 2016, 807:155-166.

[14] WANG Z, LUO K, LI DONG, et al. Investigations of data-driven closure for subgrid-scale stress in large-eddy simulation[J]. Physics of Fluids, 2018, 30(12):125101.

[15] MASSA A, OLIVERI G, SALUCCI M, et al. Learning-by-examples techniques as applied to electromagnetics[J]. Journal of Electromagnetic Waves and Applications, 2018, 32(4):516-541.

[16] MAULIK R, SAN O, JACOB J D, et al. Sub-grid scale model classification and blending through deep learning[J]. Journal of Fluid Mechanics, 2019, 870:784-812.

[17] JOHANNES S. Protein homology detection by HMM–HMM comparison[J]. Bioinformatics, 2005, 21(7):951-960.

[18] TEGGE A N, ZHENG W, JESSE E, et al. Nncon: improved protein contact map prediction using 2d-recursive neural networks[J]. Nucleic Acids Research, 2009, 37(2):W515-W518.

[19] JONES D T, TAYLOR W R, THORNTON J M, et al. A new approach to protein fold recognition[J]. Nature, 1992, 358(6381):86-89.

[20] INGRAHAM J, RIESSELMAN A J, SANDER C, et al. Learning protein structure with a differentiable simulator[EB/OL]. 2018[2024-05-01].

[21] HEGYI H, GERSTEIN M. The relationship between protein structure and function: a comprehensive survey with application to the yeast genome[J]. Journal of Molecular Biology, 1999, 288(1):147-164.

[22] ZACHARAKI E I. Prediction of protein function using a deep convolutional neural network ensemble[J]. PeerJ Computer Science, 2017, 3(7).

[23] SANDBERG M, ERIKSSON L, JONSSON J, et al. New chemical descriptors relevant for the design of biologically active peptides. A multivariate characterization of 87 amino acids[J]. Journal of Medicinal Chemistry, 1998, 41(14):2481-2491.

[24] ASGARI E, MOFRAD M R K. Continuous distributed representation of biological sequences for deep proteomics and genomics[J]. PLOS ONE, 2015, 10(11):e0141287.

[25] YANG K K, ZACHARY W, BEDBROOK C N, et al. Learned protein embeddings for machine learning[J]. Bioinformatics, 2018, 34(15):2642-2648.

[26] JOKINEN E, HEINONEN M, LHDESMKI H. mGPfusion: predicting protein stability changes with Gaussian process kernel learning and data fusion[J]. Bioinformatics, 2018, 34(13):i274-i283.

[27] HAN X, WANG X, ZHOU K, et al. Develop machine learning-based regression predictive models for engineering protein solubility[J]. Bioinformatics, 2019, 35(22):4640–4646.

[28] YUTAKA S, MISAKI O, HIKARU N, et al. Machine-learning-guided mutagenesis for directed evolution of fluorescent proteins[J]. ACS Synthetic Biology, 2018, 7(9):2014–2022.

[29] CAO R, FREITAS C, CHAN L, et al. ProLanGO: protein function prediction using neural machine translation based on a recurrent neural network[J]. Molecules, 2017, 22(10):1732.

[30] JIMÉNEZ J, DOERR S, MARTÍNEZ-ROSELL G, et al. DeepSite: protein-binding site predictor using 3D-convolutional neural networks[J]. Bioinformatics, 2017, 33(19):3036–3042.

[31] WU Z, KAN S B J, LEWIS R D, et al. Machine learning-assisted directed protein evolution with combinatorial libraries[J]. Proceedings of the National Academy of Sciences, 2019, 116(18):8852-8858.

[32] MADANI A, KRAUSE B, GREENE E R, et al. Deep neural language modeling enables functional protein generation across families[EB/OL].(2021-07)[2024-01-03].

[33] WEI Z, CHEN X. Deep-learning schemes for full-wave nonlinear inverse scattering problems[J]. IEEE Transactions on Geoscience and Remote Sensing, 2018, 57(4):1849–1860.

[34] WEI Z, CHEN X. Physics-inspired convolutional neural network for solving full-wave inverse

scattering problems[J]. IEEE Transactions on Antennas and Propagation, 2019, 67(9):6138–6148.

[35] LECCI M, TESTOLINA P, REBATO M, et al. Machine learning-aided design of thinned antenna arrays for optimized network level performance[C]//14th European Conference on Antennas and Propagation (EuCAP). Copenhagen, Denmark: IEEE, 2020:1–5.

[36] KOZIEL S, PIETRENKO-DABROWSKA A. Rapid multi-criterial antenna optimization by means of pareto front triangulation and interpolative design predictors[J]. IEEE Access, 2021(9):35670-35680.

[37] LIU B, AKINSOLU MO, ALI N, et al. Efficient global optimisation of microwave antennas based on a parallel surrogate model-assisted evolutionary algorithm[J]. IET Microwaves, Antennas & Propagation, 2019,13(2):149-155.

[38] LIU B, AKINSOLU M O, SONG C, et al. An efficient method for complex antenna design based on a self adaptive surrogate model-assisted optimization technique[J]. IEEE Transactions on Antennas and Propagation, 2021, 69(4):2302-2315.

[39] XUE M, SHI D, HE Y, et al. A novel intelligent antenna synthesis system using hybrid machine learning algorithms[C]// 2019 International Symposium on Electromagnetic Compatibility-EMC EUROPE. Barcelona, Spain: IEEE, 2019:902-907.

[40] SHARMA Y, ZHANG H H, XIN H. Machine learning techniques for optimizing design of double t-shaped monopole antenna[J]. IEEE Transactions on Antennas and Propagation, 2020, 68(7):5658-5663.

[41] CUI L, ZHANG Y, ZHANG R, et al. A modified efficient KNN method for antenna optimization and design[J]. IEEE Transactions on Antennas and Propagation, 2020, 68(10):6858-6866.

[42] KIM J H, CHOI S W. A deep learning-based approach for radiation pattern synthesis of an array antenna[J]. IEEE Access, 2020(8):226059-226063.

[43] GECGEL S, GOZTEPE C, KURT G K. Transmit antenna selection for large-scale MIMO GSM with machine learning[J]. IEEE Wireless Communications Letters, 2019, 9(1):113-116.

[44] VU T X, CHATZINOTAS S, NGUYEN V D, et al. Machine learning-enabled joint antenna selection and precoding design: from offline complexity to online performance[J]. IEEE Transactions on Wireless Communications, 2021, 20(6):3710-3722.

[45] CHEN S W, TAO C S. PolSAR image classification using polarimetric-feature-driven deep convolutional neural network[J]. IEEE Geoscience and Remote Sensing Letters, 2018, 15(4):627- 631.

[46] HAN X H, CHEN Y W. Deep residual network of spectral and spatial fusion for hyperspectral image super-resolution[C]// Fifth International Conference on Multimedia Big Data (BigMM). Singapore: IEEE, 2019:266-270.

[47] LI P, WANG P, BERNTORP K, et al. Exploiting temporal relations on radar perception for autonomous driving[C]//Proceedings of the IEEE/CVF Conference on Computer Vision and Pattern Recognition. New Orleans, USA:IEEE, 2022:17071-17080.

[48] PARASHAR K N, OVENEKE M C, RYKUNOV M, et al. Micro-doppler feature extraction using convolutional auto-encoders for low latency target classification[C]// 2017 IEEE Radar Conference. Seattle, USA: IEEE, 2017:1739-1744.

[49] TORRES A D J, SANGUINETTI L, BJRNSON E. Electromagnetic interference in RIS-aided communications[J]. IEEE Wireless Communications Letters, 2021, 11(4):668-672.

[50] OLEKSANDRA G, HYUNMO Y, KISIK K, et al. Deep-learning-based algorithm for the removal of electromagnetic interference noise in photoacoustic endoscopic image processing[J]. Sensors, 2022, 22(10):3961.

[51] OSBORNE A P, ZHANG J, SIMPSON M J, et al. Application of machine learning techniques to improve multi-radar multi-sensor (MRMS) precipitation estimates in the western United States[J]. Artificial Intelligence for the Earth Systems, 2023, 2(2):220053.

[52] RAVURI S, LENC K, WILLSON M, et al. Skillful precipitation nowcasting using deep generative models of radar[J]. Nature, 2021, 597(7878):672-677.

[53] PEGION K, KIRTMAN B P, BECKER E. Understanding predictability of daily southeast US precipitation using explainable machine learning[J]. Artificial Intelligence for the Earth Systems, 2022, 1(4):e220011.

[54] MAYER K J, BARNES E A. Subseasonal forecasts of opportunity identified by an explainable neural network[J]. Geophysical Research Letters, 2021, 48(10):e2020GL092092.

[55] MITAL U, DWIVEDI D, ZGEN-XIAN I, et al. Modeling spatial distribution of snow water equivalent by combining meteorological and satellite data with lidar maps[J]. Artificial Intelligence for the Earth Systems,2022, 1(4):e220010.

[56] GALEA D, KUNKEL J, LAWRENCE B N. TCDetect: a new method of detecting the presence of tropical cyclones using deep learning[J]. Artificial Intelligence for the Earth Systems, 2023, 2(3):e220045.

[57] FRIEDLINGSTEIN P, MEINSHAUSEN M, ARORA V K, et al. Uncertainties in CMIP5 climate projections due to carbon cycle feedbacks[J]. Journal of Climate, 2014, 27(2):511-526.

[58] SHETA A F, GHATASHEH N, FARIS H. Forecasting global carbon dioxide emission using auto-regressive with exogenous input and evolutionary product unit neural network models[C]// International Conference on Information and Communication Systems (ICICS). Amman, Jordan: ICICS, 2015:182-187.

[59] CHEN J, ASHTON I G, STEELE E C, et al. A real-time spatiotemporal machine learning framework for the prediction of nearshore wave conditions[J]. Artificial Intelligence for the Earth Systems, 2023, 2(1):e220033.

[60] DONG B, SUTTON R T, HIGHWOOD E, et al. The impacts of European and Asian anthropogenic sulfur dioxide emissions on Sahel rainfall[J]. Journal of Climate, 2014, 27(18):7000-7017.

[61] NAUTH D, LOUGHNER C P, TZORTZIOU M. The influence of synoptic- scale wind patterns on column-integrated nitrogen dioxide, ground-level ozone, and the development of sea-breeze circulations in the New York city metropolitan area[J]. Journal of Applied Meteorology and Climatology, 2023, 62(6):645-655.

[62] BAKER K, SCHEFF P. Assessing meteorological variable and process relationships to modeled PM2.5 ammonium nitrate and ammonium sulfate in the central United States[J]. Journal of Applied Meteorology and Climatology, 2008, 47(9):2395-2404.

[63] GOSWAMI P, BARUAH J. Evaluation of forecast potential with GCM-driven fields for

pollution over an urban air basin[J]. Journal of Applied Meteorology and Climatology, 2013, 52(6):1329-1347.

[64] KULISZ M, KUJAWSKA J, AUBAKIROVA Z. Application of artificial neural networks model to predict the levels of sulfur dioxides in the air of Zamość, Poland[J]. Journal of Physics: Conference Series, 2022, 2412(1):012005.

[65] HMADAN M A, ABDELHAFEZ E, SHAWABKEH R. Forecasting air pollution with sulfur dioxide emitted from burning desulfurized diesel using artificial neural network[J]. Ecological Engineering & Environmental Technology, 2021:22.

[66] DUEBEN P D, SCHULTZ M G, CHANTRY M. Challenges and benchmark datasets for machine learning in the atmospheric sciences: definition, status, and outlook[J]. Artificial Intelligence for the Earth Systems, 2022, 1(3):e210002.

[67] JAECHANG L, SEONGOK R, WOO K J, et al. Molecular generative model based on conditional variational autoencoder for de novo molecular design[J]. Journal of Cheminformatics, 2018, 10(1):1-9.

[68] SCHWALLER P, PETRAGLIA R, ZULLO V, et al. Predicting retrosynthetic pathways using transformer-based models and a hyper-graph exploration strategy[J]. Chemical Science, 2020, 11(12):3316-3325.

[69] BEHLER J, PARRINELLO M. Generalized neural-network representation of high-dimensional potential-energy surfaces[J]. Physical Review Letters, 2007, 98(14):146401.

[70] SMITH J S, ISAYEV O, ROITBERG A E. ANI-1: an extensible neural network potential with DFT accuracy at force field computational cost[J]. Chemical Science, 2017, 8(4):3192-3203.

[71] ZHANG X C, WU C K, YANG Z J, et al. MG-BERT: leveraging unsupervised atomic representation learning for molecular property prediction[J]. Briefings in Bioinformatics, 2021, 22(6):6.

[72] GILMER J, SCHOENHOLZ S S, RILEY P F, et al. Neural message passing for quantum chemistry[C]//International Conference on Machine Learning. Sydney, Australia: PMLR, 2017:1263-1272.

[73] LU C, LIU Q, WANG C, et al. Molecular property prediction: a multilevel quantum interactions modeling perspective[C]//Proceedings of the AAAI Conference on Artificial Intelligence. 2019, 33(1):1052-1060.

[74] COLEY C W, GREEN W H, JENSEN K F. RDChiral: an RDKit wrapper for handling stereochemistry in retrosynthetic template extraction and application[J]. Journal of Chemical Information and Modeling, 2019, 59(6):2529-2537.

[75] SEGLER M H S, WALLER M P. Neural-symbolic machine learning for retrosynthesis and reaction prediction[J]. Chemistry–A European Journal, 2017, 23(25):5966-5971.

[76] LIU B, RAMSUNDAR B, KAWTHEKAR P, et al. Retrosynthetic reaction prediction using neural sequence-to-sequence models[J]. ACS Central Science, 2017, 3(10):1103-1113.

[77] SCHRECK J S, COLEY C W, BISHOP K J M. Learning retrosynthetic planning through simulated experience[J]. ACS Central Science, 2019, 5(6):970-981.

[78] COLEY C W, THOMAS D A, LUMMISS J A M, et al. A robotic platform for flow synthesis of organic compounds informed by AI planning[J]. Science, 2019, 365(6453):eaax1566.

[79] ZHU Q, ZHANG F, HUANG Y, et al. An all-round AI-chemist with a scientific mind[J]. National Science Review, 2022, 9(10):nwac190.

[80] SERVEDIO R, GORTLER S. Equivalences and separations between quantum and classical learnability[J]. SIAM Journal on Computing, 2004, 33(5):1067-1092.

[81] LLOYD S, MOHSENI M, REBENTROST P. Quantum algorithms for supervised and unsupervised machine learning[EB/OL]. (2013-11-04)[2024-05-05].

[82] HARROW A W, NAPP J C. Low-depth gradient measurements can improve convergence in variational hybrid quantum-classical algorithms[J]. Physical Review Letters, 2021, 126(14):140502.

[83] ANGUITA D, RIDELLA S, RIVIECCIO F, et al. Quantum optimization for training support vector machines[J]. Neural Networks, 2003, 16(5-6):763-770.

[84] DURRY C, HOYER P. A quantum algorithm for finding the minimum[EB/OL].(1996-01-07) [2024-01-04].

[85] WITTEK P. Quantum machine learning: what quantum computing means to data mining[EB/OL]. (2014-09-10)[2024-01-06].

[86] HAVLÍČEK V, CÓRCOLES A D, TEMME K, et al. Supervised learning with quantum-enhanced feature spaces[J]. Nature, 2019, 567(7747):209-212.

[87] BEER K, BONDARENKO D, FARRELLY T, et al. Training deep quantum neural networks[J]. Nature Communications, 2020, 11(1):808.

[88] FARHI E, NEVEN H. Classification with quantum neural networks on near term processors[EB/OL].(2018-08-30)[2024-03-04].

[89] TACCHINO F, MACCHIAVELLO C, GERACE D, et al. An artificial neuron implemented on an actual quantum processor[J]. NPJ Quantum Information, 2019, 5(1):26.

[90] CAO Y, GUERRESCHI G G, ASPURU-GUZIK A. Quantum neuron: an elementary building block for machine learning on quantum computers[EB/OL]. (2017-11-30)[2024-03-03].

[91] WAN K H, DAHLSTEN O, KRISTJÁNSSON H, et al. Quantum generalisation of feedforward neural networks[J]. NPJ Quantum Information, 2017, 3(1):36.

[92] HENDERSON M, SHAKYA S, PRADHAN S, et al. Quanvolutional neural networks: powering image recognition with quantum circuits[J]. Quantum Machine Intelligence, 2020, 2(1):2.

[93] LYU H, SHA N, QIN S, et al. Advances in neural information processing systems[EB/OL]. (2019-12-01)[2024-03-07].

[94] CRESWELL A, WHITE T, DUMOULIN V, et al. Generative adversarial networks: an overview[J]. IEEE Signal Processing Magazine, 2017, 35(1):53-65.

[95] LLOYD S, WEEDBROOK C. Quantum generative adversarial learning[J]. Physical Review Letters, 2018, 121(4): 040502.

[96] SULLIVAN D M. Electromagnetic simulation using the FDTD method[M]. New York: John Wiley & Sons, 2013.

[97] RAISSI M, PERDIKARIS P, KARNIADAKIS G E. Physics-informed neural networks: a deep learning framework for solving forward and inverse problems involving nonlinear partial differential equations[J]. Journal of Computational Physics, 2019, 378: 686-707.

[98] MIRDITA M, OVCHINNIKOV S, STEINEGGER M. ColabFold: making protein folding

accessible to all[J]. Nature Methods, 2022, 19(6):679-82.

[99] JUMPER J, EVANS R, PRITZEL A, et al. Applying and improving AlphaFold at CASP14[J]. Proteins: Structure, Function, and Bioinformatics, 2021, 89(12):1711-1721.

[100] JUMPER J, EVANS R, PRITZEL A, et al. Highly accurate protein structure prediction with AlphaFold[J]. Nature, 2021, 596(7873): 583-589.

[101] TERWILLIGER T, POON B, AFONINE P, et al. Improved AlphaFold modeling with implicit experimental information[J]. Nature Methods, 2022, 19(11):1376-1382.

[102] LI Z, KOVACHKI N B, AZIZZADENESHELI K, et al. Fourier neural operator for parametric partial differential equations[EB/OL]. (2020-10-18)[2024-03-05].

[103] XIONG W, HUANG X, ZHANG Z, et al. Koopman neural operator as a mesh-free solver of non-linear partial differential equations[J]. Journal of Computational Physics, 2024, 513(15):113194.

[104] RAVURI S, LENC K, WILLSON M, et al. Skillful precipitation nowcasting using deep generative models of radar[J]. Nature, 2021, 597(7878):672-677.

[105] RAO Z, TUNG P Y, XIE R, et al. Machine learning-enabled high-entropy alloy discovery[J]. Science, 2022, 378(6615): 78-85.

[106] GONG X, LI H, ZOU N, et al. General framework for E(3)-equivariant neural network representation of density functional theory Hamiltonian[J]. Nature Communications, 2023, 14(1): 2848.

[107] TOLSTIKHIN I, BOUSQUET O, GELLY S, et al. Wasserstein auto-encoders[EB/OL].(2019-12-05)[2024-03-04].

[108] PRESKILL J. Quantum computing in the NISQ era and beyond[J]. Quantum, 2018(2): 79.

[109] FARHI E, GOLDSTONE J, GUTMANN S. A quantum approximate optimization algorithm[EB/OL]. (2014-11-14)[2024-04-03].

[110] CEREZO M, ARRASMITH A, BABBUSH R, et al. Variational quantum algorithms[J]. Nature Reviews Physics, 2021, 3(9): 625-644.

[111] YUAN X, ENDO S, ZHAO Q, et al. Theory of variational quantum simulation[J]. Quantum, 2019(3): 191.

[112] XU X, SUN J, ENDO S, et al. Variational algorithms for linear algebra[J]. Science Bulletin, 2019, 66(21): 2181-2188.

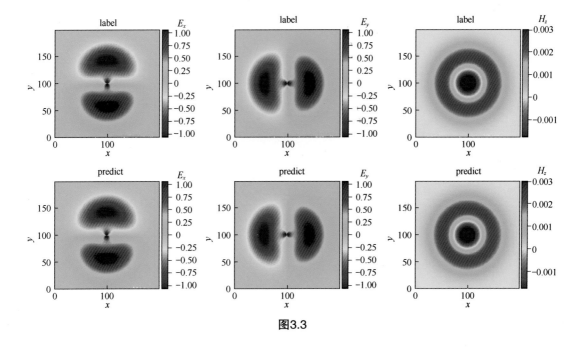

图3.3

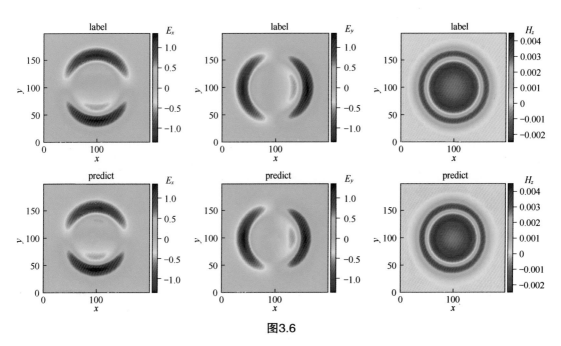

图3.6

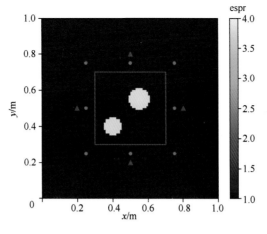

图3.17

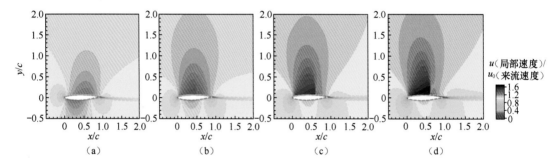

图5.9

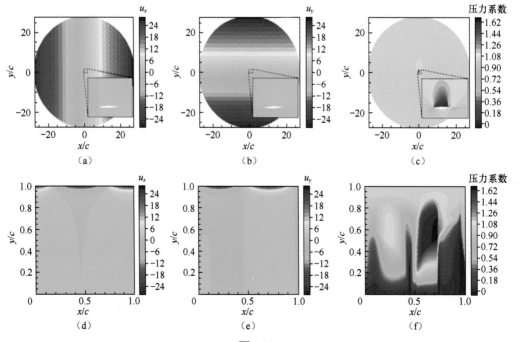

图5.10

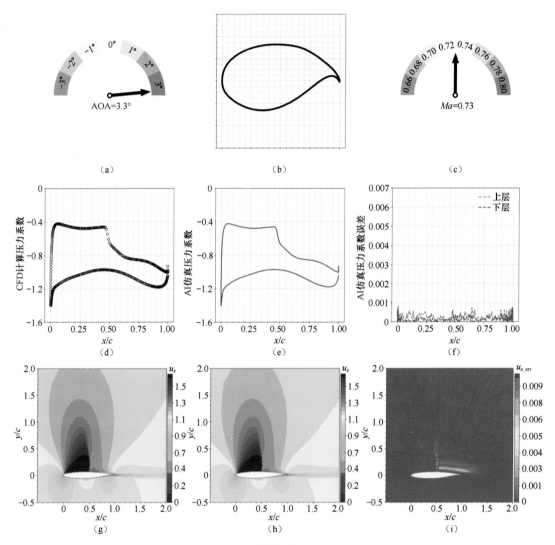

AOA=3.3° （a） （b） Ma=0.73 （c）

（d） （e） （f）

（g） （h） （i）

图5.11

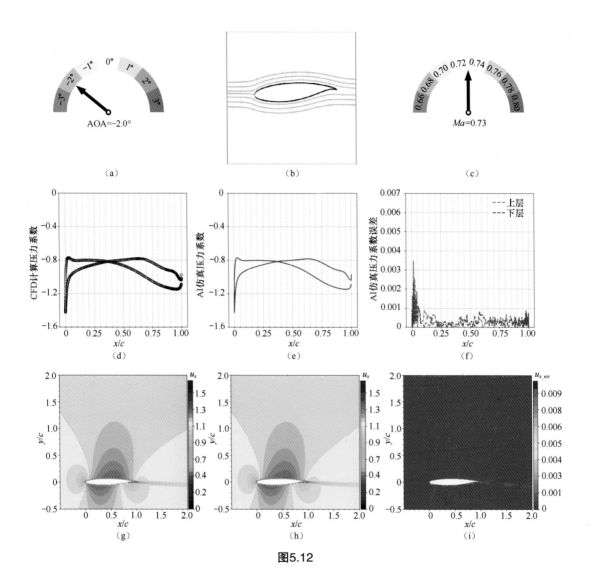

图5.12

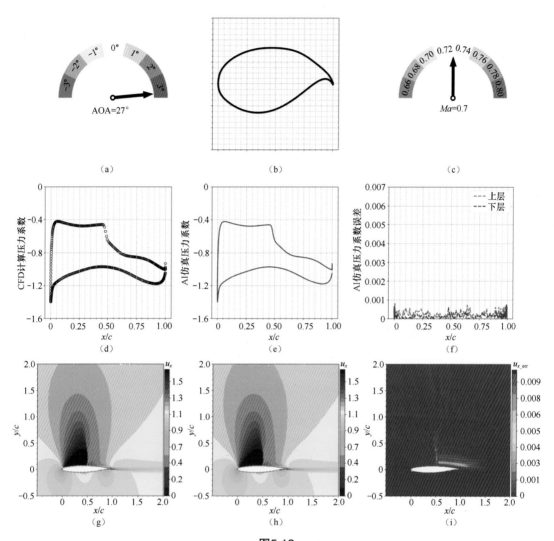

图5.13

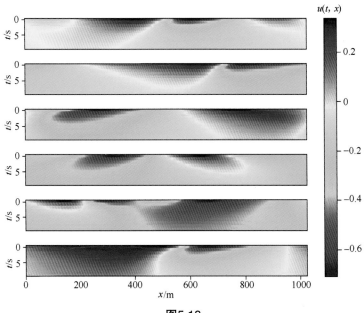

图5.18

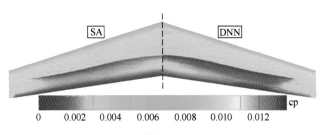

图5.26

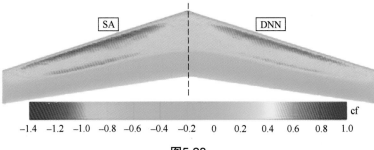

图5.28

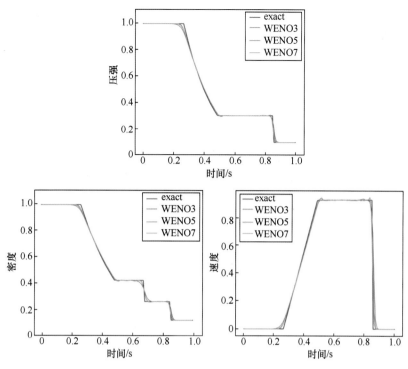

图5.30

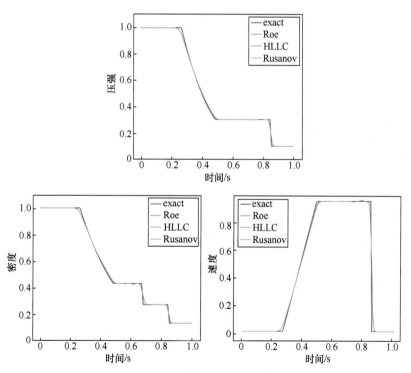

图5.31

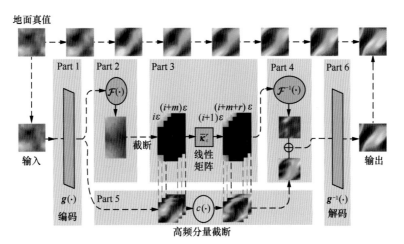

图6.1

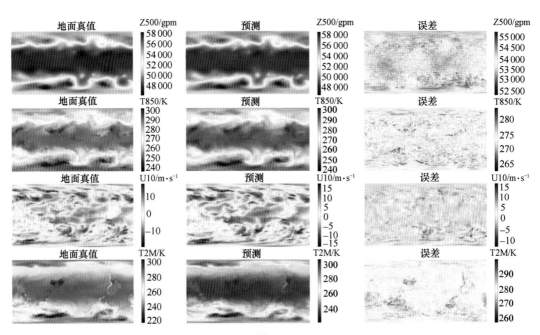

图6.3